Tobias Hoch

Food Craving: Palatabilität von Kartoffelchips

Tobias Hoch

Food Craving: Palatabilität von Kartoffelchips

Fütterungsversuche - Verhaltensstudien - regionsspezifische Messung der Gehirnaktivität von Ratten mittels MEMRI

Südwestdeutscher Verlag für Hochschulschriften

Impressum/Imprint (nur für Deutschland/only for Germany)
Bibliografische Information der Deutschen Nationalbibliothek: Die Deutsche Nationalbibliothek verzeichnet diese Publikation in der Deutschen Nationalbibliografie; detaillierte bibliografische Daten sind im Internet über http://dnb.d-nb.de abrufbar.
Alle in diesem Buch genannten Marken und Produktnamen unterliegen warenzeichen-, marken- oder patentrechtlichem Schutz bzw. sind Warenzeichen oder eingetragene Warenzeichen der jeweiligen Inhaber. Die Wiedergabe von Marken, Produktnamen, Gebrauchsnamen, Handelsnamen, Warenbezeichnungen u.s.w. in diesem Werk berechtigt auch ohne besondere Kennzeichnung nicht zu der Annahme, dass solche Namen im Sinne der Warenzeichen- und Markenschutzgesetzgebung als frei zu betrachten wären und daher von jedermann benutzt werden dürften.

Verlag: Südwestdeutscher Verlag für Hochschulschriften GmbH & Co. KG
Dudweiler Landstr. 99, 66123 Saarbrücken, Deutschland
Telefon +49 681 37 20 271-1, Telefax +49 681 37 20 271-0
Email: info@svh-verlag.de

Zugl.: Erlangen, Friedrich-Alexander-Universität, Diss., 2011

Herstellung in Deutschland:
Schaltungsdienst Lange o.H.G., Berlin
Books on Demand GmbH, Norderstedt
Reha GmbH, Saarbrücken
Amazon Distribution GmbH, Leipzig
ISBN: 978-3-8381-2962-4

Imprint (only for USA, GB)
Bibliographic information published by the Deutsche Nationalbibliothek: The Deutsche Nationalbibliothek lists this publication in the Deutsche Nationalbibliografie; detailed bibliographic data are available in the Internet at http://dnb.d-nb.de.
Any brand names and product names mentioned in this book are subject to trademark, brand or patent protection and are trademarks or registered trademarks of their respective holders. The use of brand names, product names, common names, trade names, product descriptions etc. even without a particular marking in this works is in no way to be construed to mean that such names may be regarded as unrestricted in respect of trademark and brand protection legislation and could thus be used by anyone.

Publisher: Südwestdeutscher Verlag für Hochschulschriften GmbH & Co. KG
Dudweiler Landstr. 99, 66123 Saarbrücken, Germany
Phone +49 681 37 20 271-1, Fax +49 681 37 20 271-0
Email: info@svh-verlag.de

Printed in the U.S.A.
Printed in the U.K. by (see last page)
ISBN: 978-3-8381-2962-4

Copyright © 2011 by the author and Südwestdeutscher Verlag für Hochschulschriften GmbH & Co. KG and licensors
All rights reserved. Saarbrücken 2011

Inhaltsverzeichnis

Abkürzungsverzeichnis v

Abbildungsverzeichnis ix

Tabellenverzeichnis xiii

1 Einleitung 1
    1.1 Das Phänomen »Food Craving« 1
    1.2 Regulation der Nahrungsaufnahme durch Neurotransmitter und Hormone 3
    1.3 Funktion und Anwendung von Magnetresonanztomographie 9
        1.3.1 Grundprinzip 9
        1.3.2 Relaxation 11
        1.3.3 Bildkontrast 12
        1.3.4 Weitere wichtige Messparameter 15
        1.3.5 Aufbau eines Magnetresonanztomographen 16
        1.3.6 Einsatz von Magnetresonanztomographie zur funktionellen Gehirnuntersuchung 17
    1.4 Ziel der Arbeit 21

2 Material und Methoden 23
    2.1 Fütterungsstudie 23
        2.1.1 Versuchstiere 23
        2.1.2 Versuchsaufbau 24
        2.1.3 Auswertung 25
        2.1.4 Futter 25
        2.1.5 Messungen im MRT 28
        2.1.6 Vorbereitung der Versuchstiere 29
        2.1.7 Auswertung 30
    2.2 Erstellung des digitalen Gehirnatlanten 32

Inhaltsverzeichnis

2.3 Zeitkinetik der Manganaufnahme ins Gehirn 33
    2.3.1 Versuchstiere 33
    2.3.2 Anästhesie 33
    2.3.3 Injektion von $MnCl_2$ 33
    2.3.4 Vorbereitung zur Messung mittels MRT 34
2.4 Untersuchung futterspezifischer Auswirkungen auf Bewegungsaktivität und strukturspezifische Gehirnaktivität 34
    2.4.1 Versuchstiere 34
    2.4.2 Vorversuche 35
    2.4.3 Funktion und Umbau der osmotischen Pumpen 35
    2.4.4 Implantation 36
    2.4.5 Ablauf der Untersuchung futterspezifischer Auswirkungen auf Bewegungsaktivität und strukturspezifische Gehirnaktivität . . 37
2.5 Statistische Tests 38
2.6 Software, Verbrauchsmaterialien und Geräte 40

3 Ergebnisse und Diskussion   **41**
3.1 Präferenztests 41
    3.1.1 Optimierung des Versuchsaufbaus 42
    3.1.2 Ergebnisse der Präferenztests im Testsystem Kartoffelchips . . . 43
    3.1.3 Ergebnisse der Präferenztests des Testsystems Fett und Kohlenhydrate 51
    3.1.4 Ergebnisse der Präferenztests des Testsystems Schokolade 54
    3.1.5 Diskussion der Präferenztests 57
    3.1.6 Zusammenfassung der Präferenztests 70
3.2 Kombination von Verhaltenstests und bildgebender Magnetresonanztomographie 72
3.3 Zeitkinetik der Manganaufnahme ins Gehirn 73
    3.3.1 Darstellung der Grauwerte 75
    3.3.2 Normierung der Bilddaten 79
    3.3.3 Erkenntnisse aus der Zeitkinetik für weitere Anwendungen . . . 81
    3.3.4 Weitere Ergebnisse dieser Teilstudie 82
    3.3.5 Einordnung und Diskussion des Kapitels Zeitkinetik 87
    3.3.6 Zusammenfassung des Kapitels Zeitkinetik 87

3.4 Untersuchung futterspezifischer Auswirkungen auf Bewegungsaktivität
und strukturspezifische Gehirnaktivität 89
    3.4.1 Methodenentwicklung zur Verknüpfung von Fütterung mit Messung im MRT mittels MEMRI 89
    3.4.2 Futteraufnahme 93
    3.4.3 Aktivitätsprofile 95
    3.4.4 Gehirnaktivitätsmessungen mittels MEMRI 102
    3.4.5 Diskussion der Untersuchung futterspezifischer Auswirkungen auf Bewegungsaktivität und strukturspezifische Gehirnaktivität 139
    3.4.6 Zusammenfassung der Untersuchung futterspezifischer Auswirkungen auf Bewegungsaktivität und strukturspezifische Gehirnaktivität 150

4 Zusammenfassung   **151**

5 Summary   **155**

6 Anhang   **159**
    6.1 Atlas 159
        6.1.1 Atlas Thalamus 159
        6.1.2 Atlas Cortex 164
        6.1.3 Atlas Limbic 166
        6.1.4 Atlas Rest 173
    6.2 Clusteranalyse 176

Literaturverzeichnis   **177**

Abkürzungsverzeichnis

AcbC	Kern des Nucleus Accumbens
AcbSh	Hülle des Nucleus Accumbens
AmCo	Cortikale Amygdala
Ampitr	Amygdalo-Piriform Transition
AuCx	Auditorischer Cortex
BNST	Bed Nuclei der Stria Terminalis
BOLD	Blood Oxygen Level Dependency, Kontrast aufgrund des Blutsauerstoffgehaltes
Ca^{2+}	Zweifach positiv geladenes Calcium-Ion
Cb	Cerebellum
CBF	Cerebral Blood Flow, Cerebraler Blutfluss
CBV	Verebral Blood Volume, Cerebrales Blutvolumen
CgCx	Cingulärer Cortex (Cingulum)
Cl	Claustrum
Cl^-	Einfach negativ geladenes Chlorid-Ion
CnF	Cuneiform Nucleus
CO_2	Kohlendioxid
CoM	Corpora Mammillaria
CPu	Caudate Putamen (Striatum)
EntCx	Entorhinaler Cortex
FLASH	Fast Low-Angle Shot
fMRI	Funktionelle Magnetresonazbildgebung
FOV	Field-of-View, Sichtfeld
Fr3Cx	Frontale Cortexregion 3
FT	Fourier-Transformation
GALP	Galaninähnliches Peptid
Gi	Gigantozellulärer Reticulärer Nucleus
GnL	Lateraler Geniculate Nucleus
GnM	Medialer Geniculate Nucleus

Abkürzungsverzeichnis

GnV	Ventraler Geniculate Nucleus
GPV	Ventraler Globus Pallidus
hc	Hippocampus
hc	Perirhinaler Cortex
hcDS	Dorsales Subiculum
hcVS	Ventrales Subiculum
HF-Impuls	Hochfrequenzimpuls
HyArc	Nucleus Arcuatus
HyDM	Dorsomedialer Hypothalamus
HyL	Lateraler Hypothalamus
HyPo	Posteriorer Hyopthalamus
IC	Inferiorer Colliculus
ILCx	Infralimbischer Cortex
InsCx	Insulärer Cortex (Insula)
IP	Nucleus Interpeduncularis
K^+	Einfach positiv geladenes Kalium-Ion
M1Cx	Primärer Motorischer Cortex
M2Cx	Sekundärer Motorischer Cortex
MCx	Motorischer Cortex
MDEFT	Modified Driven Equilibrium Fourier Transform
MdV	Ventraler Medullärer Reticulärer Nucleus
MEMRI	Manganese Enhanced Magnetic Resonace Imaging, Manganverstärkte Magnetresonanztomographie
MES	Mesencephalische Region
MHz	Megahertz
Mn^{2+}	Zweifach positiv geladenes Mangan-Ion
$MnCl_2$	Manganchlorid
MRI	Magnetic Resonance Imaging
MRT	Magnetresonanztomographie
Na^+	Einfach positiv geladenes Natrium-Ion
NAc	Nucleus Accumbens
NaCl	Natriumchlorid
ON	Olfaktorische Kerne
OrbCx	Orbitaler Cortex
PAG	Periaquäduktales Grau

PBnL	Lateraler Parabrachialer Nucleus
PGiL	Lateraler Paragigantozellulärer Nucleus
PirCx	Piriform Cortex
PnO	Pontine Reticulärer Nucleus Oral
PrLCx	Prälimbischer Cortex
PTA	Prätectale Region
PtACx	Parietaler Assoziationscortex
PVA	Vorderer Paraverntrikulärer Thalamischer Nucleus
Raphe	Raphe-Kerne
RARE	Rapid Acquisition with Relaxation Enhancement
Red	Nucleus Ruber
RF-Impuls	Radiofrequenzimpuls
ROI	Region of Interest
RtL	Lateraler Reticulärer Nucleus
Rtpc	Parvizellulärer Reticulärer Nucleus
S1Cx	Primärer Somatosensorischer Cortex
S2Cx	Sekundärer Somatosensorischer Cortex
SCx	Somatosensorischer Cortex
Sept	Septum
SN	Substantia Nigra
Sol	Tractus Solitarius
T	Tesla
TE	Echozeit
TeACx	Temporaler Assoziationscortex
Teg	Tegmentale Kerne
TegAV	Ventrale Tegmentale Region (Tegmentum)
thDL	Dorsolateraler Thalamischer Nucleus
thMD	Mediodorsaler Thalamus
thPo	Posteriorer Thalamus
thVM	Ventromedialer Thalamus
TR	Repetitionszeit
ZI	Zona Incerta

Abbildungsverzeichnis

1.1	Aufbau von Nervenzellen und Synapsen	5
1.2	Magnetisches Moment	10
1.3	Verhalten der Spins mit und ohne Magnetfeld	11
1.4	Longitudinale Relaxation T1	11
1.5	Transversale Relaxation T2	12
1.6	Gradient des Magnetfeldes in z-Richtung	14
1.7	Zweidimensionale Ortskodierung durch den y- und x-Gradienten	15
1.8	Gegenseitige Beeinflussung von FOV und Matrix	16
1.9	Dreidimensionale Bildgebung	18
2.1	Aufbau der Käfige im Versuchsraum	24
2.2	Zählimpulse	25
2.3	Alzet® Osmotische Pumpe	36
2.4	Implantation der osmotischen Pumpe	37
3.1	Versuchsaufbau für die Präferenztests	42
3.2	Zusammensetzung der Kartoffelchips und des Chipsmodells	44
3.3	Zusammensetzung der Testfutter des Testsystems Kartoffelchips	44
3.4	Präferenztests zwischen Kartoffelchips und deren Bestandteilen	45
3.5	Zeitlicher Verlauf der Einzeltests zwischen dem Chipsfutter (Chips) und der Mischung des Fett- und Kohlenhydratanteils von Kartoffelchips (F+KH) sowie dem Chipsfutter und dem Fettanteil von Kartoffelchips (F) an aufeinanderfolgenden Testtagen	46
3.6	Zeitlicher Verlauf der Einzeltests zwischen den beiden vorher unbekannten Futtersorten Chipsfutter und der Fett-Kohlenhydrat-Mischung	47
3.7	Präferenztests zwischen den Bestandteilen von Kartoffelchips und Standardfutter sowie der Bestandteile gegeneinander	49
3.8	Präferenztests zwischen fettfreiem und fetthaltigem Chipsfutter sowie deren Bestandteilen	50

Abbildungsverzeichnis

3.9 Zusammensetzung der Testfutter mit variierendem Fett- und Kohlenhydratanteil 51
3.10 Präferenztests zwischen Futtern mit variablen Gehalten von Fett und Kohlenhydraten 53
3.11 Zusammensetzung der Schokoladenstreusel und des Modells der Schokoladenstreusel 54
3.12 Zusammensetzung der Testfutter des Testsystems Schokolade 55
3.13 Präferenztests zwischen Schokolade und deren Bestandteilen 56
3.14 Ablauf der Messungen zu den einzelnen Zeitpunkte mit einer initialen Injektion von Manganchlorid-Lösung am Zeitpunkt 0 h. 74
3.15 Zeitverlauf der Grauwerte der Strukturengruppen 77
3.16 Kontraständerung bei Manganaufnahme ins Gehirn 78
3.17 Zeitverlauf der z-Scores der Strukturengruppen 80
3.18 Balkendiagramm Zeitverlauf der z-Scores der Strukturengruppen 81
3.19 Zeitverlauf der z-Scores der Einzelstrukturen der Strukturengruppen .. 84
3.20 Verlauf der z-Scores der 4 Hauptcluster nach Clusteranalyse 85
3.21 Verlauf des Lateralisierungsindex 86
3.22 Implantation der osmotischen Pumpe 92
3.23 Ablauf der Untersuchung futterspezifischer Auswirkungen auf Bewegungsaktivität und strukturspezifische Gehirnaktivität 93
3.24 Vergleich der Futteraufnahme zwischen den vier Käfigen mit jeweils vier Tieren 94
3.25 Vergleich Futteraufnahme vor und nach der Implantation der osmotischen Pumpe 95
3.26 Aktivitätsvergleich der Tiere der drei Futtergruppen 97
3.27 Verlauf der Nachtaktivität über die Testtage der drei Phasen 101
3.28 Balkendiagramm z-Scores Thalamus 1/3 103
3.29 Balkendiagramm z-Scores Thalamus 2/3 103
3.30 Balkendiagramm z-Scores Thalamus 3/3 104
3.31 Balkendiagramm z-Scores Cortex 1/2 104
3.32 Balkendiagramm z-Scores Cortex 2/2 105
3.33 Balkendiagramm z-Scores Limbic 1/3 105
3.34 Balkendiagramm z-Scores Limbic 2/3 106
3.35 Balkendiagramm z-Scores Limbic 3/3 106
3.36 Balkendiagramm z-Scores Rest 1/2 107

3.37 Balkendiagramm z-Scores Rest 2/2 107
3.38 Signifikante Unterschiede in der Aktivierung des HyDM 111
3.39 Signifikante Unterschiede in der Aktivierung des PVA 112
3.40 Signifikante Unterschiede in der Aktivierung der Raphe 114
3.41 Signifikante Unterschiede in der Aktivierung des hcDS 117
3.42 Signifikante Unterschiede in der Aktivierung des NAc 119
3.43 Signifikante Unterschiede in der Aktivierung des CPu 120
3.44 Signifikante Unterschiede in der Aktivierung der ZI 124
3.45 Signifikante Unterschiede in der Aktivierung des CgCx 126
3.46 Signifikante Unterschiede in der Aktivierung des Gi 129
3.47 Signifikante Unterschiede in der Aktivierung der Teg 130
3.48 Signifikante Unterschiede in der Aktivierung des thPo 131
3.49 Signifikante Unterschiede in der Aktivierung des MCx 132
3.50 Signifikant unterschiedlich aktivierte Gehirnbereiche im Vergleich der Fett-Kohlenhydrat- mit der Standardfuttergruppe sowie der Chips- mit der Standardfuttergruppe 143

Tabellenverzeichnis

1.1	Neurotransmitter	4
1.2	Hormone	6
2.1	Versuchstiere Fütterungsstudie	23
2.2	Futterzusammensetzung Chips vs. Bestandteile	26
2.3	Futterzusammensetzung Standardfutter Altromin 1320	26
2.4	Futterzusammensetzung Fettgehalt	27
2.5	Futterzusammensetzung Schokolade	28
2.6	Scanner-Parameter der *in vivo* Messungen	29
2.7	Scanner-Parameter der *in situ* Messungen	30
2.8	Versuchstiere Untersuchung futterspezifischer Auswirkungen auf Bewegungs- und strukturspezifische Gehirnaktivität	35
2.9	Parameter Vorversuche	35
2.10	Software, Verbrauchsmaterialien und Geräte	40
3.1	Energiegehalt der Futterkomponenten des Testsystems Kartoffelchips	63
3.2	Energiegehalt Testfutter Testsystem Kartoffelchips	64
3.3	Energiegehalt Testfutter Testsystem Fett und Kohlenhydrate	66
3.4	Energiegehalt Futterkomponenten Testsystem Schokolade	69
3.5	Energiegehalt der Testfutter des Testsystems Schokolade	70
3.6	Gehirnregionen, die im Zusammenhang mit der Regulation der Nahrungsaufnahme stehen und futterspezifisch signifikant unterschiedlich aktiviert werden.	109
3.7	Gehirnregionen, die im Zusammenhang mit der Regulation von Belohnung und Sucht stehen und futterspezifisch signifikant unterschiedlich aktiviert werden.	115
3.8	Gehirnregionen, die im Zusammenhang mit der Regulation von Emotionen und Motivation stehen und futterspezifisch signifikant unterschiedlich aktiviert werden.	125

Tabellenverzeichnis

3.9 Gehirnregionen, die im Zusammenhang mit der Regulation von Schlaf und Aufmerksamkeit stehen und futterspezifisch signifikant unterschiedlich aktiviert werden. 127

3.10 Gehirnregionen, die im Zusammenhang mit der Regulation der Aktivität und Bewegung stehen und futterspezifisch signifikant unterschiedlich aktiviert werden. 132

3.11 Gehirnregionen, die im Zusammenhang mit der Regulation von Lernen und Gedächtnis stehen und futterspezifisch signifikant unterschiedlich aktiviert werden. 133

3.12 Gehirnregionen, die im Zusammenhang mit der Regulation von sonstigen Vorgängen stehen und futterspezifisch signifikant unterschiedlich aktiviert werden. 136

3.13 Anzahl der signifikant unterschiedlich aktivierten Strukturen einer Funktionalität 143

6.1 Zugehörige Strukturen zum Atlas Thalamus 164
6.2 Zugehörige Strukturen zum Atlas Cortex 166
6.3 Zugehörige Strukturen zum Atlas Limbic 173
6.4 Zugehörige Strukturen zum Atlas Rest 175
6.5 Einteilung der Strukturen nach Clusteranalyse 176

1 Einleitung

Viele Menschen waren in ihrem Leben mit sehr hoher Wahrscheinlichkeit dem Phänomen »Food Craving« bereits des Öfteren ausgesetzt [1]. Nämlich immer dann, wenn sie ein starkes Verlangen spürten, ein bestimmtes Lebensmittel aufnehmen zu wollen obwohl bereits ein gewisser Sättigungsgrad eingesetzt hat. Wer hat sich nicht schon einmal in der Situation wiedergefunden, von einer angebrochenen Tafel Schokolade immer noch ein weiteres kleines Stück zu essen, bis nichts mehr übrig war? Wer kennt nicht die geöffnete Packung Kartoffelchips, in die man unbewusst und ohne Hunger immer wieder greift bis sie schließlich leer ist? Analog zur Vielschichtigkeit dieser Erscheinung, existieren zahlreiche Meinungen und Ansichten bezogen auf die Auslöser dieses Phänomens. Neben teilweise abenteuerlichen Thesen wie beispielsweise zugesetzten geheimnisvollen suchtauslösenden Substanzen sind jedoch auch vielseitige Erklärungsversuche in unterschiedlichen wissenschaftlichen Disziplinen zu finden. So wurden in diesem Zusammenhang bereits Forschungsergebnisse aus den Bereichen Psychologie, Zellbiologie oder Gehirnforschung publiziert. Auf die strukturelle Zusammensetzung eines Lebensmittels, die im Zusammenhang mit seiner zwanghaften Aufnahme steht, gehen jedoch bisher sehr wenige Studien ein. Die folgende Einführung soll einen Überblick über die komplizierten Vorgänge, die mit dem Phänomen »Food Craving« in Verbindung stehen geben und auf die in dieser Arbeit verwendeten Methoden hinführen.

1.1 Das Phänomen »Food Craving«

»Food Craving« wird beschrieben als ein sehr starkes, häufig auftretendes Verlangen nach bestimmten Lebensmitteln. Hinzu kommt, dass dieses Verlangen oftmals mit einer Vorliebe für ein bestimmtes Lebensmittel verbunden ist ohne gleichbedeutend mit einer erhöhten Aufnahme zu sein [2]. Ein wichtiges Merkmal von »Food Craving« ist der spezifische Appetit für ein Lebensmittel ohne den unspezifischen Einfluss durch Hunger [3]. Dies bestätigt vermutlich die Erfahrung vieler Menschen, die einem Zwang unterliegen, Süßigkeiten, Schokolade, Kartoffelchips oder andere energiereiche Lebensmittel zu konsumieren, obwohl diese zusätzliche Energie nicht benötigt wird. Daher

1. Einleitung

stellt diese zwanghafte Aufnahme eine ernstzunehmende Gefahr für die Entstehung von Übergewicht und den daraus resultierenden Folgeerkrankungen dar [4]. Die frühere Meinung, dass ein starkes Verlangen nach bestimmten Lebensmitteln durch einen Mangel an Nährstoffen ausgelöst wird, wurde mittlerweile revidiert, wobei unter anderem psychologische Effekte für dieses Phänomen verantwortlich sein sollen [2]. Im Rahmen dieser Arbeit wurden unter anderem durch psychologische Effekte ausgelöste physiologische Auswirkungen auf den Organismus, insbesondere auf das Gehirn von Ratten untersucht. Auf Basis von Fragebögen wurden in früheren Studien einige Lebensmittel ermittelt, die ein zwanghaftes Verhalten auslösen konnten. Zunächst wurde festgestellt, dass Unterschiede zwischen Männern und Frauen bestehen. So gaben männliche Studienteilnehmer eher eine Vorliebe für Lebensmittel mit einem hohen Protein- und Fettanteil an, wohingegen Frauen eher einen hohen Kohlenhydrat- und Fettanteil präferierten. Somit wurde bei Männern eher eine Vorliebe für herzhafte (Fleisch, Pizza) und bei Frauen eher für süße Lebensmittel (Kuchen, Schokolade) postuliert. Bei beiden Geschlechtern scheint jedoch ein ausreichender Fettgehalt wichtig für die Auslösung von »Food Craving« zu sein [5]. In einer weiteren Studie berichteten 25 weibliche Teilnehmer über Erfahrungen mit der zwanghaften Aufnahme von Schokolade, Süßigkeiten, Getreideprodukten oder herzhaften Lebensmitteln [6]. Als Auslöser dieses Zwanges wurde als wichtigster Parameter die bildliche Vorstellung beispielsweise von Schokolade, Eiscreme, Kartoffelchips oder auch Pizza ermittelt, gefolgt von Geschmack und Geruch. Vernachlässigbare Effekte auf »Food Craving« scheinen von Geräuschen bei der Nahrungsaufnahme oder haptischen Eindrücken auszugehen [7]. Die Auswirkungen der bildlichen Vorstellungskraft wurde bei einer Studie genutzt, die beim Menschen mittels funktioneller Magnetresonanztomographie Aktivierung von spezifischen Gehirnbereichen nachweisen konnte. So wurden durch die Vorstellung von Geschmackserlebnissen attraktiver Lebensmittel Strukturen im Gehirn aktiviert, die auch im Zusammenhang mit der Aufnahme des jeweiligen Suchtmittels bei Alkohol- oder Drogensucht aktiviert werden [3]. Zudem konnte festgestellt werden, dass die Präsentation von Nahrungsmitteln im Allgemeinen im Gegensatz zu neutralen Stimuli die Gehirnaktivität von Menschen erhöht [8]. Dass das zwanghafte Aufnehmen von Nahrung vermutlich größtenteils durch psychologische und weniger durch körperliche Effekte ausgelöst wird, wird durch die Forschungsergebnisse von Kemps et al. [9] dadurch erklärt, dass die Unterdrückung von »Food Craving« ebenso wie dessen Auslösung durch Vorstellungskraft möglich ist. Die Vorliebe für bestimmte Lebensmittel kann jedoch auch unterbewusst auftreten, wenn beispielsweise nicht sensorische Eindrücke eines Lebensmittels sondern postingestive Effekte wie sie z.B. durch intragastrische Injektion einer Glucoselösung in den Darm ausgelöst werden einen Einfluss ausüben. Dies konnte bei einer bildgebenden Magnetresonanztomographie-Studie an Ratten gezeigt werden, in der beispielsweise eine in den Darm eingebrachte Zuckerlösung die spezifische Aktivierung von Gehirnbereichen auslösen konnte [10]. So ist es auch möglich, dass ein starkes Verlangen nach einem Lebensmittel auftritt, das subjektiv als eher nicht attraktiv eingestuft wird [11], jedoch aufgrund positiver Auswirkungen auf den Energiehaushalt des Körpers von Regulationssystemen als besonders wertvoll angesehen wird. Als Parallele kann hierfür die Drogensucht angeführt werden [12], die auch weiterhin besteht, wenn die konsumierte Droge nicht mehr subjektiv als »gut« beurteilt wird [13], jedoch noch immer zu »positiven« Auswirkungen in Form von Entspannung, einem Belohnungsgefühl oder auch zum Nachlassen von Entzugserscheinungen führt. Der Begriff »Craving« stammt ursprünglich aus dem Bereich der Drogen- oder Alkoholsucht und beschreibt dort das zwanghafte Verhalten im Bezug auf das jeweilige Suchtmittel [14]. Dadurch, dass die Bezeichnung »Craving« sowohl im Zusammenhang mit einem Suchtverhalten im Hinblick auf Drogen oder Alkohol, aber auch im Bezug auf das Verlangen nach bestimmten Lebensmitteln verwendet wird, ergibt sich folglich die Frage daraus: Handelt es sich hierbei im eine zufällige Überschneidung der Definitionen, oder können auch durch Lebensmittel suchtähnliche Verhaltensweisen ausgelöst werden [15]?

1.2 Regulation der Nahrungsaufnahme durch Neurotransmitter und Hormone

Wie nahezu alle biochemischen Vorgänge im Körper, die vom Gehirn gesteuert werden, wird auch die Nahrungsaufnahme über ein sehr komplexes System von Neurotransmittern reguliert, die in verschiedenen Gehirnbereichen vorliegen. Zahlreiche Studien beschäftigten sich bereits mit der Funktion und dem Vorkommen dieser Botenstoffe. Vorgänge, die durch eine Aktivitätsänderung im Gehirn ausgelöst werden, können entweder durch Aktivierung oder Deaktivierung einer entsprechenden Gehirnregion veranlasst werden. So ist beispielsweise möglich, dass bestimmte exzitatorische Neurotransmitter eine Gehirnaktivität induzieren und somit ein bestimmter Vorgang ausgelöst wird. Umgekehrt besteht die Möglichkeit, dass eine Gehirnregion ständig Aktivität zeigen würde, die nur durch inhibitorische Neurotransmitter unterbunden wird. Häufig vorkommende Neurotransmitter sind in Tabelle 1.1 zusammengestellt. Die exzitatori-

Tab. 1.1: Neurotransmitter nach [16]

Transmitter	Typische Wirkung
Acetylcholin	meist exzitatorisch
Biogene Amine	
GABA	inhibitorisch
Dopamin	inhibitorisch
Serotonin	inhibitorisch
Noradrenalin	teils inhibitorisch, teils exzitatorisch
Histamin	teils inhibitorisch, teils exzitatorisch
Aminosäuren	
Glycin	inhibitorisch
Glutamat	exzitatorisch
Neuropeptide	
Substanz P	exzitatorisch
Endogene Opiate	
Gasförmige Transmitter	
Stickoxid	
Kohlenmonoxid	

sche bzw. inhibitorische Funktion eines Neurotransmitters wird nicht durch ihn selbst, sondern durch den Rezeptor bestimmt, an der er bindet. So ist es möglich, dass der selbe Transmitter an einem Rezeptor eine Aktivierung und an einem andersartigen Rezeptor eine Inhibition hervorruft. Dennoch existiert die Einteilung in exzitatorische und inhibitorische Neurotransmitter, da die Transmitter typischerweise an bestimmte Rezeptoren binden [16].

Neurotransmitter sorgen also für eine Erregungsübertragung, die an chemischen Synapsen im Gehirn stattfindet. Synaptische Endknöpfchen befinden sich typischerweise an einem Ende der Nervenzelle, wobei sie über ein Axon mit dem Perikaryon verbunden sind (Abb. 1.1(a)). Der Aufbau einer Synapse ist in Abbildung 1.1(b) dargestellt. Sie besteht aus einem synaptischen Endknöpfchen mit der präsynaptischen Membran, die sich am Ende jedes Axons befindet. Die präsynaptische Membran ist durch den 20-30 nm breiten synaptischen Spalt von der postsynaptischen Membran getrennt. Die Reizweiterleitung über diesen Spalt hinweg erfolgt durch die Freisetzung von Neurotransmittern an der präsynaptischen Membran, die über einen aktivitätsabhängigen Einstrom von Ca^{2+} in die Synapse ausgelöst wird. An der postsynaptischen Membran binden die freigesetzten Botenstoffe an Rezeptoren wodurch es zur Öffnung von Ionenkanälen kommt, was wiederum zu einer Potentialänderung, diesmal an der postsynapti-

1.2. Regulation der Nahrungsaufnahme durch Neurotransmitter und Hormone

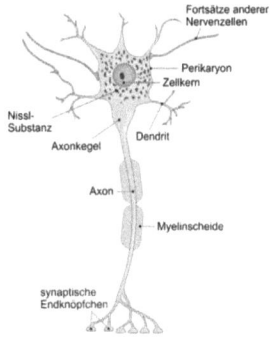
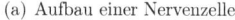
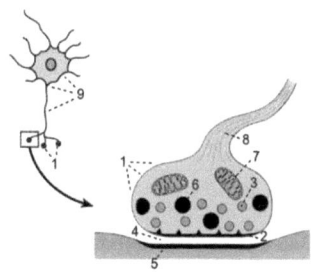

(a) Aufbau einer Nervenzelle

(b) Chemische Synapse; 1: synaptisches Endknöpfchen, 2: präsynaptische Membran, 3: synaptische Vesikel, 4: synaptischer Spalt, 5: postsynaptische Membran, 6: lösliche Proteine enthaltende sekretorische Granula, 7: Mitochondrien, 8: Neurotubuli, 9: gesamtes Neuron

Abb. 1.1: Aufbau von Nervenzellen und Synapsen nach [17]

schen Membran führt. Wird dadurch ein Einstrom von Na^+ induziert (Depolarisation), handelt es sich um eine exzitatorische Synapse, da dadurch ein Aktionspotential ausgelöst wird, welches die Erregung der Zelle hervorruft. Der Ausstrom von K^+ bzw. der Einstrom von Cl^- löst durch Hyperpolarisation eine hemmende Wirkung aus, da die Auslösung eines Aktionspotentials unwahrscheinlicher wird. In diesem Fall spricht man von einer inhibitorischen Synapse [16].

Neben den Neurotransmittern im Gehirn sind noch weitere Botenstoffe an der Regulation der Nahrungsaufnahme beteiligt: Die Hormone. Bei Hormonen handelt es sich um Signalmoleküle, die von Teilen des Gehirns oder von anderen Organen freigesetzt werden. Der Transport der Hormone erfolgt über die Blutbahn, wobei die Botenstoffe in den Organen, für die sie bestimmt sind, durch Bindung an Rezeptoren ein Signal auslösen. Somit ist es möglich, dass Organe, die nicht direkt miteinander verknüpft sind in Kontakt treten und Informationen austauschen können. Da diese Hormone teilweise im Gehirn gebildet bzw. durch Signale aus definierten Gehirnregionen freigesetzt werden, können bestimmte Vorgänge wie beispielsweise die Nahrungsaufnahme direkt vom Gehirn gesteuert werden. Die Gehirnaktivität lässt also direkte Schlüsse auf die ausgelösten Signale zu [18]. Hormone, die an der Regulation der Nahrungsaufnahme

1. Einleitung

Tab. 1.2: Hormone nach [18] und [19]

Hormon	Wirkung (Beispiel)	Vorkommen
Corticotropin-freisetzendes Hormon (CRH)	Unterdrückung von Nahrungsaufnahme	Limbisches System, Hirnstamm, Rückenmark
Neuropeptid Y	Regulation der Nahrungsaufnahme und CRH-Freisetzung	Hypothalamus
Agouti-ähnliches Protein (AgRP)	Stimulation der Nahrungsaufnahme	Hypothalamus
Ghrelin	Mediator der Nahrungsaufnahme, Freisetzung geht Nahrungsaufnahme voraus	Hypothalamus
Melanozyten-stimulierendes Hormon (α-MSH)	Regulation von Hunger über Sättigungssignal	Hypothalamus
Opioide	Initiieren Nahrungsaufnahme	Gehirn
Leptin	Status der Ernährungssituation	Fettzellen
Cholecystokinin (CCK)	Regulation der Nahrungsaufnahme	Zwölffingerdarm

beteiligt sind, sind in Tabelle 1.2 zusammengestellt. Da der Fokus dieser Arbeit auf den Vorgängen im Gehirn liegt und die Konsequenzen von Hormonen auf periphere Organe hier nebensächlich sind, wird im Folgenden weitergehend auf die Neurotransmitter eingegangen.

Die Auswirkungen von Drogen und Alkohol auf die Neurotransmitter wurden bereits in verschiedenen Studien untersucht. So konnte festgestellt werden, dass durch Drogenkonsum der Dopaminspiegel im Nucleus Accumbens, der zentralen Struktur des Belohnungszentrums, stark ansteigt. Diese Aktivierung des Nucleus Accumbens folgt offenbar bei der Aufnahme von Zucker einem sehr ähnlichen Mechanismus. Allgemein wird vermutet, dass der gleiche Effekt auch durch andere Lebensmittel hervorgerufen wird, wenn auch in geringerem Maße als durch Drogen. In diesem Zusammenhang wurde beschrieben, dass die Aktivierung verschiedener Gehirnstrukturen durch die direkten pharmakologischen Effekte bei Drogenkonsum schneller erfolgt als bei Nahrungsaufnahme, da hier die Effekte in eine schnelle, jedoch schwächere Aktivierung durch sensorische Eindrücke und späte postingestive, metabolische Effekte aufgeteilt sind. Medikamente, die gegen Drogensucht eingesetzt werden können, zeigen teilweise auch Wirksamkeit bei

1.2. Regulation der Nahrungsaufnahme durch Neurotransmitter und Hormone

der Behandlung von Übergewicht, das durch übermäßige Nahrungsaufnahme ausgelöst wurde [20]. Dies zeigt, dass sich die Signalwege bei Drogensucht und Nahrungsaufnahme zumindest teilweise decken. Die Regulation der Nahrungsaufnahme wird jedoch durch die Beteiligung mehrerer Signalwege als deutlich komplexer eingestuft [21]. Die Analyse des Dopamingehaltes im Nucleus Accumbens von Ratten durch Mikrodialyse und Flüssigchromatographie zeigte eine Abhängigkeit der Dopaminausschüttung von der bereitgestellten Futtersorte. So wurde bei der Fütterung von attraktivem Futter (Teegebäck) ein Anstieg der Dopaminkonzentration im Vergleich zur Fütterung von Standardfutter beobachtet [22], was jedoch auch auf den erhöhten Futterverbrauch zurückzuführen sein könnte [23]. Es wird also eine Dopaminausschüttung im Zusammenhang mit der Futtersorte und der aufgenommenen Futtermenge diskutiert. Geiger et al. konnten ebenfalls zeigen, dass im Nucleus Accumbens von Ratten bei der Bereitstellung und Aufnahme einer freien Auswahl verschiedener attraktiver Futtersorten (»Cafeteria Diet«) in Ratten eine erhöhte Dopaminausschüttung im Vergleich zu einer Bereitstellung von Standardfutter festzustellen war. Zudem wurde berichtet, dass bei übergewichtigen Versuchstieren eine geringere Ausschüttung von Dopamin festzustellen war. Dieser Effekt führt folglich zu einem schwächeren Belohnungssignal bei gleicher Nahrungsaufnahme, was möglicherweise von den übergewichtigen Tieren durch eine erhöhte Nahrungsaufnahme kompensiert wird. Das Belohnungssystem scheint also bei Übergewicht unterdrückt zu sein [24]. Eine weitere Auswirkung von attraktiven Lebensmitteln auf die Dopaminausschüttung im Nucleus Accumbens wurde durch Mais-Snacks mit Käsegeschmack beobachtet. So konnte ein Anstieg von Dopamin in dieser Gehirnregion bei Ratten durch Bereitstellung des vorher unbekannten Snacks festgestellt werden [25]. Vergleichbare Studien mit Mikrodialyse-Sonden im Globus Pallidus zeigten ebenfalls einen Anstieg der Dopamin-Konzentration bei der Bereitstellung von attraktivem Futter [26]. Aber auch wenn den Tieren die Möglichkeit gegeben wurde, sich vorher mit dem Snack vertraut zu machen und somit eine Verknüpfung zwischen Nährwert und Geschmack eintreten konnte, wurde eine erhöhte Dopaminausschüttung im Nucleus Accumbens festgestellt. Unterschiede zwischen bekanntem und unbekanntem Stimulus konnten lediglich in der räumlichen Verteilung der Dopaminfreisetzung festgestellt werden. So wurde berichtet, dass eine Ausschüttung bei unbekanntem Stimulus sowohl im Kern als auch in der Hülle des Nucleus Accumbens, jedoch vorrangig in der Hülle festzustellen war, wohingegen bei bekanntem Stimulus schon beim Geruch des Snacks eine Freisetzung lediglich im Kern detektiert werden konnte [27]. Möglicherweise lösen attraktive Futtersorten im Allgemeinen in Ratten bereits bei der Feststel-

1. Einleitung

lung des Geruchs Vorgänge im Belohnungssystem durch Ausschüttung von Dopamin aus [26]. Ein Unterschied in der Intensität einer Dopaminausschüttung im Nucleus Accumbens konnte in einer Studie unter Verwendung von Vanillezuckerpellets festgestellt werden. So führte hier der unbekannte Stimulus zu einer höheren Freisetzung des Neurotransmitters als der vorher bekannte [28].

Neben diesen erwähnten Gehirnbereichen, die durch die Detektion beteiligter Hormone und Neurotransmitter bereits eingehend untersucht wurden, existieren zusätzliche Anhaltspunkte für eine Beteiligung weiterer Gehirnbereiche an Food Craving bzw. Sucht im Allgemeinen. Mit hoher Wahrscheinlichkeit sind auch bei den im Folgenden erwähnten Gehirnstrukturen Neurotransmitter entscheidend an der jeweiligen Funktion beteiligt, jedoch wurden die zugrunde liegenden Studien nicht mit dem Hauptaugenmerk auf beteiligte Neurotransmitter durchgeführt. Der Orbitofrontale Cortex, der auch als »secondary taste cortex« fungiert spielt eine Rolle bei der Beurteilung von Belohung, Risiko und Emotion bei der Entscheidungsfindung, bei emotionalem und belohnungsgesteuertem Verhalten bzw. bei der Regulation der Nahrungsaufnahme nicht nur über sensorische Eindrücke sondern auch über die Wertigkeit. Des Weiteren erfährt er durch auditive, geschmackliche, geruchliche, somatosensorische (Konsistenz, Textur, Fett) und visuelle Reize eine Aktivierung [29][30]. Die Insula, mit der Funktion als »primary taste cortex«, übt Funktionen im Bereich des Geschmacksgedächtnisses (Geschmack, Geruch) aus und ist beteiligt an der Ausbildung von Emotionen indem sie Eindrücke in Emotionen umwandelt, was bereits bei Untersuchungen der Drogensucht festgestellt wurde. Möglicherweise spielt sie eine generelle Rolle beim Verlangen nach Lebensmitteln, da sie durch ansprechende Konsistenz/Viskosität von Lebensmitteln - auch durch Fett - aktiviert wird, egal ob Hunger vorliegt oder nicht [30][31]. Des Weiteren wird von Aktivitätsänderungen im Zusammenhang mit Sucht/Craving im Bereich von Caudate, Parahippocampal gyrus, Amygdala, Putamen, Anterior Cingulate und Hypothalamus berichtet [3][30][8]. Beim Menschen wurde ebenfalls bereits eine Aktivierung verschiedener Gehirnregionen bei der Präsentation des Stimulus »attraktive Nahrung« mittels funktioneller Magnetresonanztomographie (fMRI) festgestellt [32]. In der Auswahl der beschriebenen Studien konnten Hinweise auf eine Aktivierung einzelner Gehirnregionen abhängig von der Art bzw. Menge des bereitgestellten Futters im Rattenmodell gewonnen werden. Zur Untersuchung der hier dargestellten Ergebnisse aus der Literatur wurden vorrangig invasive Analysemethoden wie die direkte Implantation von Sonden in den Gehirnbereich von Interesse eingesetzt. Aufgrund der Komplexität der Vorgänge bei der Nahrungsaufnahme wird dadurch jedoch lediglich ein kleiner Ausschnitt der ablaufenden Prozesse beleuchtet. Um einen umfassenderen Überblick zu erhalten sind andere Messmethoden nötig. So kann beispielsweise die im Folgenden beschriebene Magnetresonanztomographie zu einem besseren Verständnis der Regulationsmechanismen im Gehirn, die bei der Aufnahme von attraktiven Lebensmitteln wirksam sind, beitragen.

1.3 Funktion und Anwendung von Magnetresonanztomographie

Für eine objektive Untersuchung von Gehirnfunktionen bzw. der Aktivierung spezifischer Gehirnbereiche zur Ermittlung von Vorgängen bei der Auswahl und der Aufnahme verschiedener Nahrung, ist die Analytik mittels Magnetresonanztomographie (MRT) sehr gut geeignet. Dieses bildgebende Verfahren wird in verschiedenen Bereichen medizinischer Diagnostik erfolgreich eingesetzt. So ist es auch möglich, die regionsspezifische Aktivierung des Gehirns durch verschiedene Stimuli zu detektieren (siehe Kapitel 1.3.6). Hierbei treten subjektive Eindrücke, wie sie beispielsweise bei der Ermittlung von Lebensmittelpräferenzen über Fragebögen auftreten, in den Hintergrund. Somit können auch unbewusste Auswirkungen eines Lebensmittels auf physiologische Prozesse erfasst und dadurch auch Erkenntnisse über das Phänomen »Food Craving« gewonnen werden. Im Folgenden werden die Grundlagen der Magnetresonanztomographie dargestellt und die physikalischen Prozesse dieses bildgebenden Verfahrens erläutert. Die Beschreibung der Magnetresonanztomographie wurde in starker Anlehnung an Weishaupt (2009): *Wie funktioniert MRI? Eine Einführung in Physik und Funktionsweise der Magnetresonanzbildgebung* [33] angefertigt und alle verwendeten Abbildungen diesem Werk entnommen.

1.3.1 Grundprinzip

Magnetresonanztomographie (MRT bzw. »Magnetic Resonance Imaging« MRI) basiert auf den physikalischen Eigenschaften rotierender Ladungen, primär dem sogenannten Kernspin. Dabei dreht sich ein Kern, z.B. ein Wasserstoffatom (^{1}H) wie ein Kreisel um seine eigene Achse und besitzt somit einen gewissen Drehimpuls. Bei Atomen mit ungerader Massenzahl, also mit einer ungeraden Summe an Protonen und Neutronen kommt hinzu, dass die Atomkerne Dipoleigenschaften besitzen. Für die Diagnostik mittels MRT finden z.B. Kohlenstoff (^{13}C), Fluor (^{19}F), oder das genannte Wasser-

1. Einleitung

stoffatom (^{1}H) als körpereigene detektierbare Atome, sowie z.B. Gadoliniumkomplexe (^{155}Gd bzw. ^{157}Gd) oder Mangan (^{25}Mn) als verabreichte Kontrastmittel Verwendung. Aufgrund dessen, dass die Atomkerne eine rotierende Ladung darstellen, bilden sie ein schwaches Magnetfeld B aus und dienen somit als Grundlage für die Bildgebung mittels MRT (Abb. 1.2).

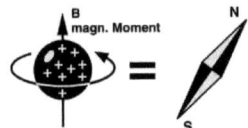

Abb. 1.2: Magnetisches Moment

Im Magnetresonanztomographen wird durch eine stark gekühlte supraleitende Spule ein starkes Magnetfeld erzeugt. Übliche Magnetfeldstärken reichen aktuell von 1 Tesla (T) für humane Diagnostik bis hin zu 17 T für Forschungszwecke an Kleintieren. Dieses starke Magnetfeld, das bis zu 200000fach stärker als das Erdmagnetfeld sein kann, sorgt dafür, dass sich die bis dahin in beliebigen Richtungen rotierenden dipolaren Atome im Magnetfeld ausrichten (Abb. 1.3(a) und 1.3(b)). Diese Ausrichtung erfolgt parallel oder antiparallel zum Magnetfeld, wobei die parallele Ausrichtung energetisch minimal günstiger ist und somit leicht bevorzugt eingenommen wird. Lediglich dieser kleine Unterschied in den Ausrichtungen sorgt für ein messbares Signal. Da sich die Kerne wie Kreisel verhalten, verfallen sie in eine Präzessionsbewegung und rotieren mit der für sie charakteristischen Larmorfrequenz um die Achse des Magnetfeldes (Abb. 1.3(c)). Durch einen geeigneten Hochfrequenzimpuls mit der Larmorfrequenz, die im Radiofrequenzbereich liegt (HF- bzw. RF-Impuls), kann durch Resonanzeffekte eine Auslenkung der Atome aus ihrer parallelen bzw. antiparallelen Ausrichtung erfolgen. Die Larmorfrequenz besitzt einen für jedes Element charakteristischen Wert, der direkt propotional zur Stärke des externen Magnetfeldes ist. Sie berechnet sich wie in Formel 1.1 angegeben.

$$\omega_0 = \gamma_0 \cdot B_0 \tag{1.1}$$

Dabei handelt es sich bei ω_0 um die Larmorfrequenz [MHz], bei γ_0 um das für jedes Element spezifische gyromagnetische Verhältnis [MHz/T] und bei B_0 um die Magnetfeldstärke [T]. Nach Abschaltung dieser Energiezufuhr kehren die Atomkerne wieder in ihre Ausgangslage zurück. Die dabei frei werdende Energie wird von Empfangsspulen registriert und anschließend durch Computer in Bilddaten umgewandelt.

1.3. Funktion und Anwendung von Magnetresonanztomographie

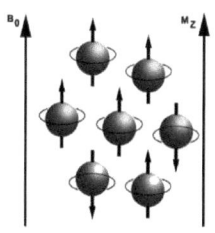
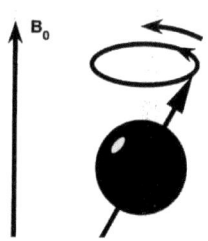

(a) Rotation der Spins ohne Magnetfeld in beliebiger Richtung

(b) Parallele und antiparallele Ausrichtung der Spins im Magnetfeld

(c) Präzession im Magnetfeld

Abb. 1.3: Verhalten der Spins mit und ohne Magnetfeld

1.3.2 Relaxation

Nach der Anregung der Spins mit einem HF-Impuls mit der Larmorfrequenz fallen die Atomkerne in ihre ursprüngliche Ausrichtung zurück, was durch zwei unabhängige Effekte hervorgerufen wird: Die Spin-Gitter-Wechselwirkung (T1-Relaxation) bzw. die Spin-Spin-Wechselwirkung (T2-Relaxation).

T1: Longitudinale Relaxation

Die Energiezufuhr durch den HF-Impuls lenkt die Spins um einen bestimmten Winkel α z.B. 90° (Pulswinkel bzw. Flip Angle) aus ihrer ursprünglichen Ausrichtung ab. Dabei entsteht die sogenannte transversale Magnetisierung M_{XY}, die in der Empfangsspule ein Magnetresonanz-Signal (MR-Signal) erzeugt. Nach Ende des Pulses werden die Spins durch das Magnetfeld in die vorherige Ebene zurück gezwungen, wobei das MR-Signal unter Energieabgabe der Spins an das Gitter abnimmt, weshalb auch die Bezeichnung Spin-Gitter-Relaxation gebräuchlich ist. Die Magnetisierung in Richtung von M_z wird dabei wieder aufgebaut (Abb. 1.4).

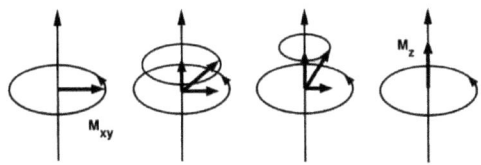

Abb. 1.4: Longitudinale Relaxation T1

1. Einleitung

T2/T2*: Transversale Relaxation

Die T2-Relaxation, auch Spin-Spin-Relaxation genannt, läuft gleichzeitig, jedoch unabhängig von T1 ab. Dieser Effekt beschreibt die Dephasierung der Spins in XY-Richtung. Direkt nach der Anregung ist die Rotation eines Teiles der Spins in Phase, d.h. die Spins rotieren mit der gleichen Geschwindigkeit und sind nicht zeitlich versetzt. Die dabei resultierende transversale Magnetisierung M_{XY} verringert sich im gleichen Maße wie die Spins mit der Zeit dephasieren, sich also zeitlich verschieben, wobei auch das MR-Signal abnimmt (Abb. 1.5). Die Gründe dafür liegen in der gegenseitigen Wechselwirkung und Energieübertragung der Spins.

Zusätzlich sorgen Magnetfeldinhomogenitäten und Wechselwirkungen an Gewebegrenzflächen dafür, dass die Spins außer Phase geraten. Durch diesen zusätzlichen Effekt läuft die Dephasierung schneller ab als durch die T2-Relaxationszeit zu erwarten wäre. Diese tatsächlich gemessene Relaxationszeit wird als T2* bezeichnet.

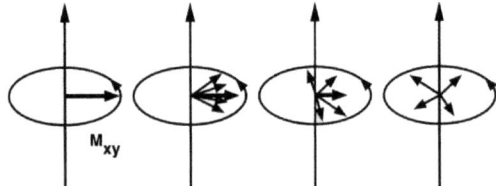

Abb. 1.5: Transversale Relaxation T2

1.3.3 Bildkontrast

Der Bildkontrast einer MR-Messung ist abhängig von der Protonendichte, die das Maximum der Signalstärke limitiert, von der gewebespezifischen T1-Zeit, sowie der T2-Zeit, die u.a. durch Gewebegrenzflächen beeinflusst wird. Der jeweilige Bildkontrast kann über verschiedene Parameter beeinflusst werden, die diese Effekte stärker oder weniger stark in Erscheinung treten lassen.

TR: Repetitionszeit

Als Repetitionszeit (TR) bezeichnet man die Zeit zwischen zwei aufeinander folgenden Anregungen der gleichen Schicht. Eine mehrmalige Anregung einer Schicht ist nötig, um ein komplettes Bild erzeugen zu können. Durch Variation von TR lassen sich die

Unterschiede in der T1-Relaxation der verschiedenen Gewebe darstellen. Bei kurzer Repetitionszeit werden primär die Gewebe dargestellt, die eine schnelle T1-Relaxation besitzen. Sie erscheinen im Bild im Gegensatz zu den Geweben mit einer langen T1-Relaxation hell. Mangan als Kontrastmittel verkürzt stark die Longitudinale Relaxation (T1) und wird somit im Bild als besonders hell dargestellt. Je kürzer die Repetitionszeit gewählt wird, desto stärker gewichtet ist der T1-Kontrast des Bildes, da sich die Kerne dieser Gewebe schneller wieder in der Richtung des Magnetfeldes ausrichten und somit ein stärkeres Signal resultiert.

TE: Echozeit

Bei der Echozeit TE handelt es sich um die Zeitspanne zwischen Anregung und Messung des MR-Signals. Eine Variation der Echozeit reguliert den Einfluss der Transversalen Relaxation T2 auf den Bildkontrast. Wird TE kurz gewählt, spricht man von geringer, bei langer TE von starker T2-Gewichtung. Gewebe mit kurzer T2-Relaxation erscheinen auf T2-gewichteten Bildern dunkel, Gewebe mit langer T2-Relaxation hell.

Bildgewichtung

Verschiedene Kombinationen der Repetitionszeit TR und der Echozeit TE ermöglichen verschiedene Bildkontraste. Soll der Unterschied der Gewebe in T1-Relaxation im Vordergrund stehen werden sowohl TR als auch TE kurz gewählt. Übliche Parameter liegen hier bei TR/TE von 340/13 ms. Für eine T2-Gewichtung müssen beide Zeitparameter relativ lang gewählt werden, z.B. TR/TE 3500/120 ms. Eine dritte Möglichkeit stellt die Gewichtung auf die Protonendichte dar. Die Kombination von langer TR (z.B. 4400 ms) und kurzer TE (z.B. 40 ms) werden u.a. zur Darstellung hochauflösender Bilder verwendet. Auch in Kombination mit Manganchlorid als Kontrastmittel - wie in den Studien dieser Arbeit verwendet - zeigt sich durch die Parameter TR = 4000 ms und TE = 5,2 ms ein guter Bildkontrast.

Schichtwahl und Ortskodierung

In einem homogenen Magnetfeld würde bei einem HF-Impuls mit der Larmorfrequenz eines bestimmten Kerns jeder Kern dieser Art, der sich im Magnetfeld befindet, angeregt. Um selektiv eine bestimmte Schicht anregen zu können, darf das Magnetfeld nicht homogen sein, sondern muss durch eine weitere Spule (Gradientenspule) entlang des Körpers, also in z-Richtung moduliert werden, so dass ein Gradient entlang des

1. Einleitung

Magnetfeldes entsteht. Somit herrscht an jeder Stelle des Körpers in z-Richtung eine unterschiedliche Magnetfeldstärke, was zu einer unterschiedlichen Larmorfrequenz der Kerne führt. Selbst Kerne der gleichen Art haben damit also eine leicht verschiedene Larmorfrequenz und können somit unabhängig voneinander angeregt werden. Dies führt dazu, dass das Signal exakt einer bestimmten Schicht zugeordnet werden kann (Abb. 1.6). Je stärker der Gradient im Magnetfeld ist, desto dünnere Schichten können ausgewählt werden.

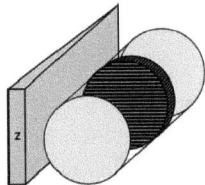

Abb. 1.6: Gradient des Magnetfeldes in z-Richtung

Um jeden Bildpunkt im dreidimensionalen Raum eindeutig identifizieren zu können, sind weitere Gradientenspulen nötig. Der Gradient in y-Richtung wird als Phasengradient bezeichnet, der dafür sorgt, dass die Larmorfrequenz oben im Magnetfeld etwas höher als unten ist. Die oberen Kerne kreisen dabei also durch das veränderte Magnetfeld schneller als die unteren Kerne, was zu einer Phasenverschiebung führt (Abb. 1.7). Wird der Gradient nach einer gewissen Zeit wieder abgeschaltet, ist das Magnetfeld in y-Richtung wieder homogen. Die Kerne kreisen somit wieder in der gleichen Geschwindigkeit, sind allerdings nicht mehr in Phase.
Die Ortskodierung in x-Richtung erfolgt ebenfalls über einen Gradienten, der dazu führt, dass die Kerne mit unterschiedlicher Geschwindigkeit rotieren. Somit ergibt sich für jede Spalte einer Schicht eine etwas unterschiedliche Larmorfrequenz. Ohne diesen Gradienten würde kein Frequenzspektrum, sondern lediglich ein einziges Signal mit der Larmorfrequenz empfangen werden (Abb. 1.7). Somit kann also durch Phasen- und Frequenzgradienten das Signal in y- und x-Richtung eindeutig einem Ort zugeordnet werden. Die Ortskodierung basiert auf einer Fourier-Transformation (FT), die in einem Frequenzspektrum jede vorkommende Frequenz in der x-Richtung bestimmen kann. Um jede Position in y-Richtung selektiv anregen zu können, sind viele aufeinanderfolgende HF-Impulse nötig, wobei bei jedem Puls eine andere Phasenkodie-

1.3. Funktion und Anwendung von Magnetresonanztomographie

rung angewendet wird was einer weiteren FT entspricht. Durch diese zweidimensionale FT kann aufgrund des wiederholten Ablaufs der Messsequenz auch die Position in y-Richtung eindeutig identifiziert werden.

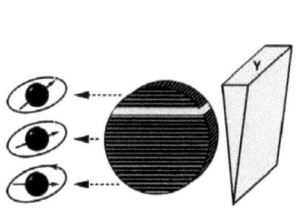
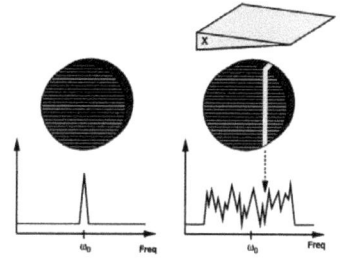

(a) Phasengradient durch den y-Gradienten

(b) Frequenzgradient durch den x-Gradienten, was den Empfang eines Frequenzspektrums (rechts) ergibt. Links lediglich das Signal der Larmorfrequenz ohne x-Gradienten)

Abb. 1.7: Zweidimensionale Ortskodierung durch den y- und x-Gradienten

Da in einigen Fällen - wie auch bei den im Rahmen dieser Arbeit durchgeführten Studien - eine dreidimensionale Bildgebung gewünscht ist, ist eine weitere FT in z-Richtung analog zu der in y-Richtung nötig. Dadurch ergibt sich allerdings ein höherer Rechenaufwand und durch die zusätzlich nötigen Wiederholungen der Messsequenz eine wesentlich längere Bildaufnahmezeit. Dafür ist der Informationsgehalt einer solchen dreidimensionalen FT um einiges höher und ermöglicht beliebige Rekonstruktionen und dreidimensionale Bilddarstellungen.

1.3.4 Weitere wichtige Messparameter

Schichtdicke

Die Auswahl der Schichtdicke muss unter Berücksichtigung zweier Hauptaspekte erfolgen. Zum einen ergibt sich durch eine geringere Schichtdicke eine höhere Auflösung, da mehr Schichten bezogen auf die Länge eines Körpers aufgenommen werden können. Allerdings verringert sich bei dünneren Schichten auch das Signal, was zu einem kleineren Signal-Rausch-Verhältnis führt. Kleinere Unterschiede zwischen benachbarten

1. Einleitung

Volumenelementen sind somit weniger gut zu detektieren. Die Wahl der Schichtdicke muss demnach für die jeweilige Anwendung angepasst werden.

Field-of-View und Matrix

Unter dem Sichtfeld »Field-of-View« (FOV) versteht man den Bereich des Körpers der abgebildet werden soll. Bei Gehirnuntersuchungen sollte also das FOV gerade so groß sein, dass die maximale Breite und Höhe des Gehirns darin liegen. Bei der Matrix handelt es sich um die Anzahl der Schnitte in x- und y-Richtung, also um die Unterteilung des Rasters im FOV. Bei einem kleineren FOV werden bei gleichbleibender Matrix die resultierenden Pixel folglich kleiner was eine höhere Auflösung bedeutet, allerdings auf Kosten des Signal-Rausch-Verhältnisses. Ebenso einen Einfluss auf die Auflösung hat die Veränderung der Matrix bei gleichbleibendem FOV. Eine Verkleinerung der Matrix hat dabei eine verminderte Auflösung zur Folge. Allerdings wird aufgrund der Vergrößerung der Volumenteile auch das Signal-Rausch-Verhältnis günstiger (Abb. 1.8).

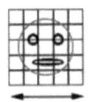
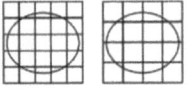

(a) Verkleinerung des FOV führt zu einer besseren Auflösung, da die Volumenteile bei gleichbleibender Matrixgröße kleiner werden

(b) Verkleinerung der Matrixgröße führt bei gleichbleibendem FOV zu einer schlechteren Auflösung

Abb. 1.8: Gegenseitige Beeinflussung von FOV und Matrix

1.3.5 Aufbau eines Magnetresonanztomographen

Ein Magnetresonanztomograph ist aus folgenden Hauptkomponenten aufgebaut:

- starker Magnet, der ein starkes homogenes Magnetfeld aufbaut, für Magnetfelder ab 0,5 T meist ein supraleitender Magnet aus einer Niobium-Titan Legierung, der durch flüssiges Helium sehr stark gekühlt wird und die Spule somit supraleitend macht

1.3. Funktion und Anwendung von Magnetresonanztomographie

- weitere Spulen, die Inhomogenitäten im Magnetfeld ausgleichen können (»Shimspulen«)

- Abschirmung des Magneten, um Magnetfeldinhomogenitäten so gering wie möglich zu halten und um die Ausdehnung des Magnetfeldes nach außen zu begrenzen. Möglich sind passive Abschirmung durch einen Käfig aus Eisen um den Magnetresonanztomographen, also Bau eines abgetrennten Raumes mit Eisenwänden und -decke, oder aktive Abschirmung durch ein zweites, äußeres erzeugtes Magnetfeld, das dem inneren Magnetfeld entgegenwirkt.

- Gradientenspulen in allen drei Raumrichtungen um die Schichtwahl und Ortskodierung zu ermöglichen

- Hochfrequenzsender, der durch Aussenden eines Pulses mit der gewünschten Larmorfrequenz die Kerne, die von Interesse sind, anregt

- Hochfrequenzempfänger zur Aufnahme des MR-Signals

- Computer zur Steuerung des Gradienten und der Anregung, zur Rekonstruktion der Datensätze, zur Bildkonstruktion und zur Darstellung der erhaltenen Bilder

1.3.6 Einsatz von Magnetresonanztomographie zur funktionellen Gehirnuntersuchung

Die Bildgebung mit Hilfe magnetresonanztomographischer Verfahren kann zur Diagnostik in den verschiedensten Körperbereichen eingesetzt werden. Durch die Möglichkeit, dreidimensionale Darstellungen zu erzielen, können Strukturen und Gewebe mit einem sehr hohen Informationsgehalt analysiert werden. Aufnahme von Schichten in x-, y- und z-Richtung des Raumes ermöglichen so beispielsweise die Konstruktion eines dreidimensionalen Gehirns einer Ratte, wie es in Abbildung 1.9 dargestellt ist.

Neben dieser Darstellung der Form und Struktur von Geweben, werden in der sogenannten funktionellen Magnetresonanztomographie beispielsweise Erkenntnisse über dynamische Stoffwechselvorgänge gewonnen. Klassischerweise werden hierfür eine Änderung des Blutflusses (»CBF«, cerebral blood flow, Blutstrom ins Gehirn) bzw. des Blutvolumens (»CBV«, Cerebral Blood Volume) detektiert, was Rückschlüsse auf eine Aktivierung der betreffenden Gehirnregion zulässt. Zudem ist die Detektion einer Aktivität über Kontrastmittel möglich, wobei Hämoglobin als körpereigenes Kontrastmittel eine große Rolle spielt. Als Kontrastmittel können Atome, Ionen oder Verbindungen

1. Einleitung

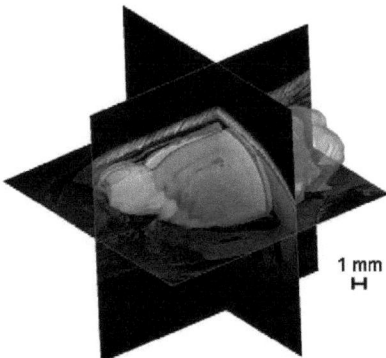

Abb. 1.9: Dreidimensionale Bildgebung, die durch die Darstellung der 3 Raumebenen in x-, y-, und z-Richtung verdeutlicht ist. In grau schattiert ist die Oberfläche eines Rattengehirns sichtbar

mit ungerader Nukleonenzahl eingesetzt werden, da sie rotierende Ladungen darstellen und somit ein mittels MRT detektierbares Magnetfeld ausbilden. Dadurch kann die Position, an der sich das Kontrastmittel befindet, exakt lokalisiert werden, wodurch Rückschlüsse auf die Abläufe an dieser Position getroffen werden können. Wird ein Sauerstoff tragendes Hämoglobin deoxygeniert, entsteht daraus Deoxyhämoglobin. Dieses Molekül ist im Gegensatz zu der oxygenierten Form paramagnetisch und fungiert deshalb als Kontrastmittel bei der funktionellen Magnetresonanztomographie. Es resultiert der sogenannte BOLD-Kontrast (»Blood Oxygen Level Dependency«) [34]. Hierbei wird folglich ein erhöhter Sauerstoffverbrauch detektiert, der in Bereichen des Gehirns mit einer hohen Aktivität auftritt. Diese drei beschriebenen Verfahren werden vielseitig in Forschung und Diagnostik eingesetzt [33]. Die Effekte, die durch dieses Verfahren detektiert werden, treten sehr rasch bei einer Aktivitätsänderung auf. Bei Beobachtung der Auswirkung eines Stimulus auf die Gehirnaktivität muss eine Messung daher direkt nach bzw. gleichzeitig mit dem Reiz durchgeführt werden. Der Stimulus muss aus diesem Grund direkt im Magnetresonanztomographen erfolgen, was sich für einige Stimuli wie z.B. Schmerzreize sehr gut einrichten lässt [35]. Die Erforschung anderer Reize, wie beispielsweise Bewegung oder Nahrungsaufnahme mit Hilfe dieses bildgebenden Verfahrens ist jedoch nahezu ausgeschlossen, da für die Messung absolute Bewegungslosigkeit erforderlich ist und deshalb verwendete Versuchstiere während der Messung narkotisiert werden. Daher sind diese Methoden für die Detek-

1.3. Funktion und Anwendung von Magnetresonanztomographie

tion aktiver Gehirnregionen, die über einen längeren Zeitraum ablaufen oder einen speziellen Aufbau bzw. freie Bewegung benötigen nicht geeignet. Für solche Zwecke muss ein exogenes Kontrastmittel herangezogen werden, das außerhalb des Magnetresonanztomographen appliziert werden kann. Die Verwendung von Manganchlorid als Kontrastmittel fand bereits in den verschiedensten Studien erfolgreiche Anwendung. Diese Methode wird als manganverstärkte Magnetresonanztomographie (»MEMRI«, Manganese Enhanced Magnetic Resonace Imaging) bezeichnet. Hierbei ist es möglich, dass die Messung Stunden bis Tage nach Applikation des Kontrastmittels und Auftreten des Reizes stattfinden kann [36]. Bei MEMRI wird ausgenutzt, dass Mn^{2+} aufgrund des ähnlichen Ionenradius und der gleichen Ladung analog zu Ca^{2+} transportiert wird, jedoch in den Synapsen akkumuliert und aufgrund seiner paramagnetischen Natur als Kontrastmittel fungiert [37]. Erhöhte Aktivität in einem Gehirnbereich geht mit einem erhöhten Einstrom von Ca^{2+} in das synaptische Endknöpfchen einher. Steht neben Ca^{2+} zusätzlich Mn^{2+} zur Verfügung wird auch dieses in diesen Teil der Synapse transportiert, wo es sich schließlich anreichert [16]. Durch systemische Manganinjektion konnte auf diese Art beispielsweise die Neuroarchitektur des Nagergehirns *in vivo* in großer Detailgenauigkeit abgebildet werden [38]. Auch in Verbindung mit anderen funktionellen Messungen mittels BOLD wurde MEMRI bereits zur unterstützenden Strukturaufklärung herangezogen [39]. Die Aufnahme von Mn^{2+} ins Gehirn ist nicht ohne Einschränkungen möglich, da es sich um ein sehr hydrophiles Kontrastmittel handelt und die Blut-Hirn-Schranke dafür sorgt, dass solche Fremdstoffe schlecht ins Gehirn aufgenommen werden [16]. Über Bereiche mit einer schwächeren Blut-Hirn-Schranke, wie z.B. das Ventrikelsystem, kann Mn^{2+} jedoch auch die restlichen Gehirnstrukturen erreichen [40]. Dadurch lässt sich in verschiedenen Arealen eine unterschiedliche Zeitkinetik der Manganaufnahme feststellen [41]. Anwendung fand die Detektion aktivierter Gehirnstrukturen mittels MEMRI in den verschiedensten Forschungsbereichen. So wurde beispielsweise festgestellt, dass jedes Barthaar von Ratten bei Stimulation einen definierten Bereich im Gehirn aktiviert. Damit konnten Anhaltspunkte über die Verarbeitung somatosensorischer Eindrücke in Ratten gewonnen werden [42]. Zahlreiche Studien wurden im Bezug auf das olfaktorische System durchgeführt, da dieses über eine systemische Injektion relativ leicht für Mn^{2+} zugänglich ist [43]. Damit konnte der Signalweg beim Riechvorgang beschrieben werden. So wurde die Atemluft von Mäusen mit einer fein zerstäubten Mischung aus einer Manganchloridlösung und einem olfaktorischen Stimulus versetzt. Bei der Verfolgung des Signalweges über kontinuierliche Messungen wurde festgestellt, dass unterschiedliche Gerüche verschiedene Teile

1. Einleitung

des olfaktorischen Systems aktivieren konnten [44][45]. Die weitere Verarbeitung olfaktorischer Signale ausgehend vom olfaktorischen Bulbus, der ersten Struktur in der Kaskade der Verarbeitung von Signalen, die durch Gerüche ausgelöst werden, wurde in weiteren Studien mittels MEMRI untersucht. Durch Injektion von Manganchloridlösungen in den olfaktorischen Bulbus konnten so nachfolgende Gehirnstrukturen bei der Weiterleitung von Reizen durch Gerüche identifiziert werden [46][47][48]. Auch im Bezug auf die Vorgänge beim Sehen konnte die Magnetresonanztomographie mit Mn^{2+} mit Erfolg eingesetzt werden. Durch Injektion einer Manganchloridlösung in den Sehnerv im Auge von Mäusen war es möglich, die Signalweiterleitung ins Gehirn sichtbar zu machen [49][50]. In diesem Zusammenhang wurde beispielsweise eine schichtweise Analyse des optischen Cortex in Ratten nach systemischer Applikation von $MnCl_2$ durchgeführt. Damit konnte die unterschiedliche Aktivierung der Sehrinde bei Helligkeit und Dunkelheit untersucht werden [51]. Auch bei Totenkopfäffchen wurde eine Untersuchung des visuellen Cortex mittels MEMRI ermöglicht [52]. Weiterhin wurde die Auswirkung anderer Sinneseindrücke auf Prozesse im Gehirn z.B. anhand des Einflusses verschiedener Tonhöhen und Lautstärken auf die Aktivierung von Gehirnbereichen, die für die Verarbeitung akustischer Reize zuständig sind, untersucht [53][54]. Darüber hinaus konnte ein Unterschied der Gehirnaktivität in einzelnen Gehirnstrukturen zwischen hungrigen und satten Mäusen mittels MEMRI festgestellt werden [55]. Eine weitere Studie zeigte, dass Auswirkungen der Aufnahme bestimmter Futtersorten auf das Gehirn nach Injektion des gastrointestinalen Peptid-Hormons Cholecystokinin durch Magnetresonanztomographie mit dem funktionellen Kontrastmittel Mn^{2+} gut untersucht werden konnten [56]. Die Erforschung der Vorgänge im Gehirn, die für die Nahrungsaufnahme zuständig sind, ist von großer Bedeutung. Sie sind wichtig für das Verständnis von Zwängen im Bezug auf die Nahrungsaufnahme, die beispielsweise zu Übergewicht führen können. Dieses teilweise krankhafte Verhalten kann wesentlich besser bekämpft werden, wenn die ablaufenden Vorgänge bekannt sind. Aus diesem Grund wurden auch bereits funktionelle Magnetresonanzuntersuchungen am Menschen durchgeführt, die die Aktivität ausgewählter Gehirnregionen in Abhängigkeit verschiedener Stimuli wie Viskosität, Fett- und Energiegehalt ermitteln sollten [30]. Wie bei den vorher beschriebenen Tierstudien konnten aber bisher auch bei Studien mit Menschen nur ausgewählte Gehirnregionen untersucht werden. In der vorliegenden Arbeit sollten in einem ungerichteten Ansatz Vorgänge im gesamten Gehirn untersucht werden, um die Prozesse bei der Nahrungsaufnahme in ihrer ganzen Komplexität besser verstehen zu können.

1.4 Ziel der Arbeit

Im Rahmen dieser Arbeit sollte zunächst untersucht werden, in wieweit bei Ratten durch Fütterung von Kartoffelchips eine Nahrungsaufnahme trotz Sättigung induziert werden kann. Hierfür sollten die Effekte von Kartoffelchips und deren Inhaltsstoffe auf die Nahrungsaufnahme mittels einer Verhaltensstudie und einer bildgebenden MRT-Studie an Ratten untersucht werden. Zunächst sollte durch eine Verhaltensstudie die zusätzliche Aufnahme von Kartoffelchips in ad libitum gefütterten Ratten quantifiziert und die dafür verantwortlichen Inhaltsstoffe der Kartoffelchips identifiziert werden. Im Anschluss daran sollte mittels mangangestützter Magnetresonanztomographie (MEMRI) untersucht werden, welchen Einfluss die Aufnahme verschiedener Futtersorten auf die Aktivität einzelner Gehirnregionen ausübt. Dabei sollten vor allem spezifische Effekte von Kartoffelchips, Standardfutter und einer Mischung der Inhaltsstoffe von Kartoffelchips untersucht werden, die bei den Verhaltensstudien die stärkste Aktivität zeigten. Zu diesem Zweck sollte ein MEMRI-Messprotokoll und die dafür nötige sehr aufwendige Auswertung etabliert werden. Durch das nicht-invasive Messverfahren können die Ergebnisse der Verhaltensstudien mit der Aktivierung einzelner Gehirnregionen korreliert werden, da für alle Teilstudien die Verwendung der gleichen Tiere ermöglicht wird.

2 Material und Methoden

2.1 Fütterungsstudie

2.1.1 Versuchstiere

Die Fütterungsversuche wurden mit insgesamt 26 männlichen Ratten wie in Tabelle 2.1 dargestellt durchgeführt. Zunächst kamen 8 Wistar-Ratten (Charles River, Sulzfeld, Deutschland) mit einem Anfangsgewicht von 210 ± 8 g und einem Endgewicht von 571 ± 41 g zum Einsatz, wobei bei der Reproduktion 10 SD-Ratten (Sprague-Dawley, CD®, Charles River, Sulzfeld, Deutschland) mit einem Anfangsgewicht von 181 ± 14 g und einem Endgewicht von 640 ± 95 g verwendet wurden. Die zweite Reproduktion der Tests Chips vs. F+KH mit naiven Ratten wurde mit 8 weiteren männlichen Wistar-Ratten (Charles River, Sulzfeld, Deutschland) mit einem Anfangsgewicht von 299 ± 22 g durchgeführt. Nach einer Quarantäne- und Eingewöhnungszeit von mindestens 7 Tagen wurden alle Tiere in den Räumen des Instituts für Pharmakologie der Universität Erlangen in Makrolon–Käfigen des Typs IV gehalten und zweimal pro Woche in Käfige mit frischem Einstreu umgesetzt. Eine durchgängige Versorgung mit Haltungsfutter (Altromin 1324, Lage, Deutschland) in Pelletform sowie mit Trinkwasser wurde sichergestellt.

Tab. 2.1: Versuchstiere Fütterungsstudie

	Gruppe 1	Gruppe 2	Reproduktion Chips vs. F+KH
Art	Wistar	SD	Wistar
Anzahl	8	10	8
pro Käfig	4	5	4
Gesamt		26	
Anfangsgewicht [g]	210 ± 8	181 ± 14	299 ± 22
Endgewicht [g]	571 ± 41	640 ± 95	n.b.

2.1.2 Versuchsaufbau

An den Testtagen wurden den Tieren zu drei Zeitpunkten (09:00 Uhr, 12:30 Uhr und 16:00 Uhr) für jeweils 10 Minuten zwei Futterarten in einem freiwilligen Präferenztest zusätzlich zu Standardfutterpellets zur Verfügung gestellt. Die Ratten hatten also die freie Wahl zwischen den beiden Futtersorten, ohne den Zwang überhaupt Testfutter aufnehmen zu müssen, da zu keiner Zeit Futterdeprivation bestand. Die Position der Futterbehälter wurde bei jeder Durchführung des Versuchsprotokolls getauscht, so dass die Tiere nicht die Möglichkeit hatten eine Futtersorte mit einer Seite des Käfigs zu verbinden. Zwei aufeinanderfolgenden Testtagen mit den gleichen gegeneinander getesteten Futterarten folgte mindestens ein Tag ohne Test, um den Ratten eine gewisse Erholung vor den nächsten Präferenztests zu ermöglichen. Die Position der beiden Testfutterbehälter, sowie der Pelletfutter- und Wasservorrat ist in Abbildung 2.1(b) dargestellt. Der gesamte Versuchsaufbau kann Abbildung 2.1(a) entnommen werden. Die Beobachtung der Käfige während der Präferenztests wurde durch Webcams ermöglicht, die über dem Käfig angebracht wurden. So konnte der für die Beobachtung der Aktivität interessante vordere Bereich des Käfigs von ihnen erfasst werden. Eine Lampe mit für die Ratten nicht wahrnehmbarem Licht (Rotlichtlampe) sorgte in der Nacht für ausreichende Beleuchtung der Käfige.

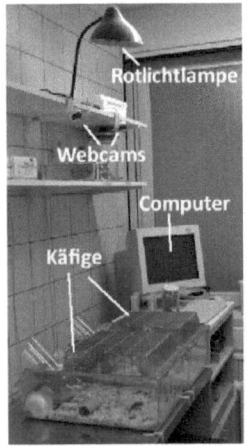

(a) Versuchsaufbau   (b) Käfigaufbau

Abb. 2.1: Aufbau der Käfige im Versuchsraum

2.1.3 Auswertung

Die Auswertung der Präferenztests erfolgte anhand der beiden Parameter Futteraufnahme und Zählimpulse.

Futteraufnahme

Die Futteraufnahme wurde durch Differenzwägung der Futterbehälter vor und nach dem Präferenztest dokumentiert. Dabei wurde darauf geachtet, dass z.b. kein Futter durch die Tiere auf dem Käfigboden verteilt wurde. Durch eingehende Beobachtung konnte dies als Fehlerquelle ausgeschlossen werden.

Zählimpulse

Die Zählimpulse stellten ein weiteres Attraktivitätsmerkmal dar. Dafür wurden die Tests mit Kameras aufgenommen, wobei alle 10 Sekunden ein Bild festgehalten wurde. Dies entspricht 60 Bilder pro Käfig pro Test. Ein Zählimpuls wurde dann als »Ein Tier frisst an einem Futternapf« definiert. In Abbildung 2.2 wurden z.b. 3 Zählimpulse auf der linken sowie 2 Zählimpulse auf der rechten Seite registriert.

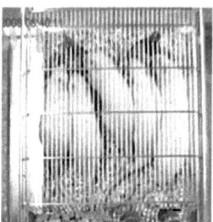

Abb. 2.2: Zählimpulse

2.1.4 Futter

Die Zusammensetzung der getesteten Futter basiert auf der Zusammensetzung der Mischung von 50 % gesalzenen Kartoffelchips ohne Geschmacksverstärker (Pfiff, Norma, Deutschland) mit 50 % pulverförmigem Standardfutter (Altromin 1321, Lage, Deutschland) und kann Tabelle 2.2 entnommen werden. Die Mischung mit Standardfutter in Pulverform war nötig, um eine vergleichbare Konsistenz der Futtersorten herzustellen. Als Fettquelle wurde Sonnenblumenöl (Picobello, Norma, Deutschland) verwendet, als

2. Material und Methoden

Kohlenhydratquelle diente Maltodextrin (Dextrin 15 aus Maisstärke, Fluka, Deutschland). Der Proteingehalt der Kartoffelchips (6 %) wurde im Chipsmodell (F+KH) zur Vereinfachung durch Kohlenhydrate ersetzt (Abb. 3.2). Als Vergleich zu den fetthaltigen Kartoffelchips wurden fettfreie Kartoffelchips (Lay's® Light® Original, Frito-Lay North America, Inc.) mit dem Fettersatzstoff Olestra® verwendet. Die Zusammensetzung des verwendeten Standardfutters kann Tabelle 2.3 entnommen werden.

Tab. 2.2: Futterzusammensetzung Chips vs. Bestandteile

Name	Zusammensetzung	
Standard	100 %	Standardfutter
Chips	50 %	zerkleinerte Kartoffelchips
	50 %	Standardfutter
Chips-O	50 %	fettfreie Kartoffelchips
	50 %	Standardfutter
F+KH	17,5 %	Sonnenblumenöl
	32,5 %	Maltodextrin
	50 %	Standardfutter
F	17,5 %	Sonnenblumenöl
	82,5 %	Standardfutter
KH	32,5 %	Maltodextrin
	67,5 %	Standardfutter

Tab. 2.3: Futterzusammensetzung Standardfutter Altromin 1320 nach Herstellerangabe *www.altromin.de/altro_engl/specifications/1320.pdf*

Rohnährstoffe	Gehalt [%]
Trockensubstanz	89
Rohprotein	19
Rohfett	4
Rohfaser	6
Rohasche	7
Stickstoff freie Extraktstoffe	53
Umsetzbare Energie aus	**Anteil [%]**
Protein	24
Fett	11
Kohlenhydrate	65

Außerdem wurde ein weiterer Präferenztest durchgeführt, der die Abhängigkeit der Attraktivität der Testfutter vom Fettgehalt untersuchen sollte. Hierfür wurden Testfutter mit steigenem Fett- und sinkendem Kohlenhydratanteil in einer Mischung mit 50 % pulverförmigem Standardfutter (Altromin 1321, Lage, Deutschland) gegen das Chips-Modell mit festem Gehalt an Fett (17,5 % Sonnenblumenöl) und Kohlenhydraten (32,5 % Maltodextrin) in pulverförmigem Standardfutter getestet. Die genaue Zusammensetzung der Testfutter kann Tabelle 2.4 entnommen werden.

Tab. 2.4: Futterzusammensetzung Fettgehalt

Name	Zusammensetzung	
5 F 45 KH	5 %	Sonnenblumenöl
	45 %	Maltodextrin
10 F 40 KH	10 %	Sonnenblumenöl
	40 %	Maltodextrin
17 F 32 KH	17,5 %	Sonnenblumenöl
	32,5 %	Maltodextrin
25 F 25 KH	25 %	Sonnenblumenöl
	25 %	Maltodextrin
30 F 20 KH	30 %	Sonnenblumenöl
	20 %	Maltodextrin
35 F 15 KH	15 %	Sonnenblumenöl
	25 %	Maltodextrin
40 F 10 KH	40 %	Sonnenblumenöl
	10 %	Maltodextrin
45 F 5 KH	45 %	Sonnenblumenöl
	5 %	Maltodextrin
50 F 0 KH	50 %	Sonnenblumenöl
	0 %	Maltodextrin

Als weiteres Testsystem wurde Schokolade gegen die Bestandteile Fett, Zucker und Milchpulver getestet. Hierfür wurden Milchschokoladen-Streusel (EDEKA Backstube, Hamburg, Deutschland) verwendet, die den Ratten wie die Kartoffelchips in einer 50 %igen Mischung mit Standardfutter in Pulverform (Altromin 1321, Lage, Deutschland) angeboten wurden. Als Grundlage für die Mischung der Zutaten dienten die Angaben aus dem Zutatenverzeichnis, also 17 g/100 g Fett, 70 g/100 g Kohlenhydrate und 5,8 g/100 g Protein. Die Fettquelle stellte Pflanzenfett (100 % reines Pflanzenfett, Normin, Dresden, Deutschland) dar, Kohlenhydrate wurden durch Puderzucker (Südzucker, Mannheim, Deutschland) und das Protein durch Magermilchpulver (Skim Milk Powder, Fluka, Schweiz) geliefert (Abb. 3.11). Die Testfutter setzten sich also wie in Tabelle 2.5 gezeigt zusammen.

Tab. 2.5: Futterzusammensetzung Schokolade

Name	Zusammensetzung	
Standard	100 %	Standardfutter
Sch	50 %	Milchschokoladenstreusel
	50 %	Standardfutter
Z	31,6 %	Puderzucker
	68,4 %	Standardfutter
F	8,5 %	Pflanzenfett
	91,5 %	Standardfutter
M	7 %	Magermilchpulver
	93 %	Standardfutter
F+Z	8,5 %	Pflanzenfett
	31,6 %	Puderzucker
	59,9 %	Standardfutter
F+M	8,5 %	Pflanzenfett
	7 %	Magermilchpulver
	84,5 %	Standardfutter
Z+M	31,6 %	Puderzucker
	7 %	Magermilchpulver
	61,4 %	Standardfutter
F+Z+M	8,5 %	Pflanzenfett
	31,6 %	Puderzucker
	7 %	Magermilchpulver
	52,9 %	Standardfutter

2.1.5 Messungen im MRT

Die folgenden Magnetresonanz-Untersuchungen im MRT wurden nach dem Messprinzip MEMRI (Manganese Enhanced Magnetic Resonace Imaging) durchgeführt. In den aktiven Bereichen des Gehirns tritt ein erhöhter Transport von Ca^{2+} auf. Mn^{2+} wird im Gehirn aufgrund der gleichen Ladung und des ähnlichen Ionenradius analog zu Ca^{2+} behandelt, akkumuliert jedoch in den aktiven Gehirnregionen und wird nur langsam wieder ausgewaschen [57]. Zudem fungiert Mn^{2+} aufgrund seiner paramagnetischen Natur als Kontrastmittel im Magnetresonanztomographen. So lässt sich die Aktivität des Gehirns rückblickend über die Akkumulationszeit bestimmen.

Die Messungen wurden in einem 4.7 T BRUKER Biospec 47/40 Scanner mit einer Bohrung von 40 cm und einem unabhängigen Spulensystem durchgeführt. Eine direkt über dem Kopf der Ratte angebrachte Empfangspule in Kombination mit einem Ratten-Ganzkörperresonator als Sender ermöglicht ein bestmögliches Singal-Rausch-

Tab. 2.6: Scanner-Parameter der *in vivo* Messungen

Parameter	Tripilot	FLASH 3D	MDEFT 3D
T_R [ms]	100	50	4000
T_E [ms]	6	7,6	5,2
T_I [ms]			1000
α		30°	15°
Matrix	128x128	256x128x64	256x128x64
Sichtfeld [mm]	50x50	280x280	280x280
Schichtdicke [mm]	2	28	0,8
Dauer	ca. 12 s	ca. 20 Min	ca. 20 Min

Verhältnis. Nach der Positionierung im Magneten wurde die Lage der Ratte in allen drei Raumrichtungen mit einer Tripilot-Sequenz überprüft und optimiert. Die Optimierung umfasste ebenfalls die Abstimmung der Spule auf die erwünschte Resonatorfrequenz ω_0 (»Tuning«) sowie die Anpassung der Impedanz des gesamte äußeren Schaltkreises an die Spulenimpedanz (»Matching«). Zur Korrektur von Magnetfeldinhomogenitäten im Bildausschnitt von Interesse wurde der sogenannte »FastmapScout« (Paravision, Bruker) verwendet. Im Anschluss daran erfolgten die Messungen mit den beiden Protokollen FLASH 3D (»Fast Low-Angle Shot«) und MDEFT 3D (»Modified Driven Equilibrium Fourier Transform«). Alle Parameter der Messprotokolle für *in vivo* Messungen sind in Tabelle 2.6 zusammengestellt. Der Großteil der Tiere wurde zusätzlich hochauflösend vermessen. Dafür wurden die Tiere mittels CO_2 getötet und im Anschluss daran mit den Messsequenzen aus Tabelle 2.7 *in situ* vermessen. Die resultierenden Bilder liefern detailgetreuere Darstellungen mit einer höheren Auflösung, wurden jedoch für die Auswertung der funktionellen Unterschiede zwischen den Futtergruppen nicht verwendet, da Blutgerinnungseffekte *ex vivo* für Unregelmäßigkeiten bzw. Artefakte in den Bilddaten sorgten wobei falsche Grauwerte detektiert worden wären. Diese Grauwerte hätten nicht ausschließlich die Verteilung von Mn^{2+} widergespiegelt. Deshalb wäre kein Rückschluss auf Aktivierung dieser Gehirnregion möglich gewesen.

2.1.6 Vorbereitung der Versuchstiere

Die Versuchstiere wurden mit 5 % Isofluran (Baxter Deutschland GmbH, Unterschleißheim), das durch ein Gemisch aus O_2/N_2O (1:2) verdampft wurde, betäubt und auf

2. Material und Methoden

Tab. 2.7: Scanner-Parameter der *in situ* Messungen

Parameter	MDEFT hires	FLASH hires	RARE hires
T_R [ms]	4000	50	1200
T_E [ms]	5,2	7,6	43,1
T_I [ms]	1000		
α	15°	30°	180°
Matrix	256x256x128	256x256x128	256x256x128
Sichtfeld [mm]	280x280	280x280	280x280
Schichtdicke [mm]	0,44	28	28
Dauer	5:40 h	4:33 h	2:44 h

einem für den Magnetresonanztomographen geeigneten Plexiglasträger mittels einer Nasen-Mund-Maske sowie einer Beißstange befestigt, die einen sicheren Halt sowie die anhaltende Narkose durch 1–2 % Isofluran gewährleistete. Während der Messung wurde die Körpertemperatur der Tiere durch im Plexiglasträger zirkulierendes Wasser auf 37° C konstant gehalten, sowie die Atmung durch einen druckempfindlichen Atmungssensor überwacht. Die Narkose wurde über die Isoflurankonzentration auf eine Atmungsrate zwischen 60 und 80 Impulsen pro Minute eingestellt.

2.1.7 Auswertung

Regionsspezifische Auswertung

Die bei den Messungen erhaltenen Rohdaten wurden in Amira® (Visage Imaging GmbH, Berlin, Deutschland) importiert, in MagnAn 2.2 (BioCom GbR, Uttenreuth, Deutschland) geöffnet und im Datenformat »array« zur weiteren Auswertung abgespeichert. Die entstandenen Bilddaten wurden falls nötig so rotiert, dass sie eine exakt waagerechte Position einnahmen. Im Anschluss daran wurden die Bilddaten mit einer digitalisierten Form des »Rat Brain Atlas« [58], dessen Erstellung in Kapitel 2.2 beschrieben wird, überlagert und somit eine Stanzmaske erstellt. Teilweise war dafür ein Hinzufügen bzw. Löschen ein bis zweier Schichten des Bildmaterials nötig, was sich durch die verschiedenen Positionen der Tiere im MRT erklären lässt. Jeder Schnitt des Atlanten wurde auf jeden Schnitt des Bildmaterials jedes Tieres separat angepasst um eine größtmögliche Genauigkeit zu erreichen. Diese für jedes Tier angepasste Labelmaske ermöglicht im Anschluss die Quantifizierung der Grauwerte, also der Helligkeit der Bilddaten und liefert somit regionsspezifische Zahlenwerte. Die weitere Auswer-

2.1. Fütterungsstudie

tung erfolgte in Microsoft Excel 2003. Zur Normierung wurden sogenannte z-Scores pro Struktur und Tier nach Formel 2.1 berechnet.

$$\text{z-Score} = \frac{\text{Grauwert (Struktur) - Grauwert (Gesamtgehirn)}}{\text{Standardabweichung Grauwert (Gesamtgehirn)}} \qquad (2.1)$$

Diese z-Scores ermöglichen den Bezug der einzelnen Gehirnregionen auf das Gesamtgehirn (Mittelwert aller ausgewerteter Strukturen) und somit eine gute Vergleichbarkeit der Tiere untereinander sowie der Messwerte eines Tieres zu den verschiedenen Messzeitpunkten. Aus diesen z-Scores wurde für die weitere statistische Auswertung der Mittelwert sowie die Standardabweichung pro Struktur pro Futtergruppe berechnet. Für die Darstellungen in Kapitel 3.4.4 wurden relative Aktivierungen durch Chips bzw. die F+KH-Mischung im Vergleich zu Standardfutter nach Formel 2.2 berechnet.

$$\frac{|\text{z-Score (Struktur Standardfutter) - z-Score (Struktur Chips bzw. F+KH)}|}{|\text{z-Score (Struktur Standardfutter)}|} \qquad (2.2)$$

Voxelbasierte Auswertung der Bilddaten

Zusätzlich zur Auswertung über den digitalen Gehirnatlas wurde eine statistische Auswertung über die Bilddaten durchgeführt. Diese beinhaltete einen voxelweisen t-Test, also statistische Berechnungen auf Basis jedes dreidimensionalen Bildpunktes. Hierfür wurden die Bilddaten mittels z-Scores in der Visualisierungssoftware Amira normiert, indem jeder Datensatz, also die Grauwertdaten jedes Einzeltieres, der in Formel 2.3 dargestellten Rechenoperation unterworfen wurde.

$$\frac{\text{A (angehängter Datensatz) - mittlerer Grauwert (Gesamtgehirn)}}{\text{Standardabweichung Grauwert (Gesamtgehirn)}} \qquad (2.3)$$

Im Anschluss daran wurden die tierweise segmentierten Bilddaten aller Gruppen auf ein Tier registriert und pro Gruppe ein gemitteltes Bild sowie die Standardabweichung pro Voxel berechnet. Anhand dieser Daten konnte mittels der Software MagnAN 2.2 ein voxelweiser t-Test durchgeführt werden. Die daraus resultierenden p-Werte wurden in Amira zur Visualisierung aufbereitet.

2. Material und Methoden

2.2 Erstellung des digitalen Gehirnatlanten

Die Messungen im Magnetresonanztomographen liefern Bilder des gesamten Gehirns mit verschiedenen Grauwerten. Helle Bereiche sind durch die Wahl der Parameter gleichbedeutend mit hoher Mangan-Einlagerung, stehen also im Zusammenhang mit einer erhöhten Aktivität, wobei in den weniger aktiven Bereichen weniger Mangan akkumuliert. Dies führt zu einem dunkleren Eindruck in den Bildern. Um einen objektiven Unterschied zwischen den resultierenden Grauwerten zu erhalten, müssen die Regionen von Interesse (ROI, »Regions of Interest«) mit Hilfe einer geeigneten Software ausgewertet werden. Denkbar ist beispielsweise die manuelle Markierung der gewünschten Gehirnbereiche separat bei jeder Messung, was aber zu einem relativ geringen Informationsgehalt bei sehr hohem Aufwand führt. Deshalb wurde im Rahmen dieser Arbeit eine digitale Form des »Rat Brain Atlas« [58] erstellt. Hierfür wurden 166 Gehirnregionen definiert, indem ihnen insgesamt über 400 Unterstrukturen der 166 Regionen mit Hilfe der gedruckten Form des Atlas zugeordnet wurden. Diese Zuordnung erfolgte manuell durch Erstellung sogenannter Labelmasken in der Software Amira® (Visage Imaging GmbH, Berlin, Deutschland). Eine Liste der zugrundeliegenden sowie resultierenden Gehirnbereiche findet sich im Anhang unter 6.1. Da der digitale Atlas 162 Schichten in y-Richtung umfasst, bei den Magnetresonanz-Messungen aufgrund der größeren Schichtdicke jedoch lediglich 64 Schnitte aufgenommen werden, mussten die relevanten Schichten zunächst manuell identifiziert werden. Dafür wurde der graphische Mittelwert der Gehirne von 5 Ratten aus der Messung 8 Stunden nach Injektion von Manganchlorid (siehe Kapitel 3.3) herangezogen. Die für die Untersuchung futterspezifischer Auswirkungen auf Bewegungs- und strukturspezifische Gehirnaktivität (Kapitel 3.4) sowie die Zeitkinetik der Manganaufnahme ins Gehirn (Kapitel 3.3) verwendeten Tiere waren gleichartig und wiesen ein sehr ähnliches Körpergewicht auf. Deshalb konnten die ausgesuchten Schichten als gleichermaßen sehr gut geeignet für die weiteren Auswertungen beider Studien angesehen werden. Aus den relevanten Schichten wurde nun eine Maske programmiert, die alle bestimmten Gehirnbereiche enthielt. Die Ausdehnung dieser Maske in x- und y-Richtung wurde bei den Auswertungen der Einzeltiere für jedes Tier separat angepasst um eine maximale Genauigkeit zu gewährleisten.

2.3 Zeitkinetik der Manganaufnahme ins Gehirn

2.3.1 Versuchstiere

Die Zeitkinetik der Manganaufnahme ins Gehirn wurde mit insgesamt 5 männlichen Wistar-Ratten (Charles River, Sulzfeld, Deutschland) mit einem Gewicht von 408 ± 39 g durchgeführt. Nach einer Quarantäne- und Eingewöhnungszeit von ca. 7 Tagen wurden alle Tiere in den Räumen des Instituts für Pharmakologie der Universität Erlangen einzeln in Makrolon-Käfigen des Typs II gehalten und zweimal pro Woche in Käfige mit frischem Einstreu umgesetzt. Eine durchgängige Versorgung mit Haltungsfutter (Altromin 1324, Lage, Deutschland) in Pelletform sowie mit Trinkwasser wurde sichergestellt.

2.3.2 Anästhesie

Jede Narkotisierung der Tiere wurde mittels 5 % Isofluran in der Atemluft für 5 Minuten eingeleitet. Im Anschluss daran erfolgte eine Erhaltungsnarkose mit 1–2 % Isofluran in der Atemluft und einer Flussrate 400–450 mL/min für die Dauer der jeweiligen Anwendung.

2.3.3 Injektion von $MnCl_2$

Die Applikation von Manganchlorid-Lösung (1 M, for molecular biology, BioReagent, Sigma Aldrich, Schnelldorf, Deutschland), die mit physiologischer Kochsalzlösung (B. Braun Melsungen AG, Melsungen, Deutschland) auf eine Konzentration von 100 mM verdünnt wurde, erfolgte vor der ersten Messung. Den Versuchstieren wurden folglich unter initialer 5 %iger Isofluran-Narkose 2 mL einer 100 mM $MnCl_2$-Lösung (je 1 mL links und rechts dorsal subcutan) injiziert. Dies entspricht einer Absolutmenge $MnCl_2$ von 25 mg. Im Bezug auf das Körpergewicht der Versuchstiere von ca. 350–450 g resultiert eine Dosis von 55–75 (Mittelwert 60,23, Median 60,02) mg $MnCl_2$/kg Körpergewicht. Dies liegt im Bereich der bisher in der Literatur durchgeführten Studien und weit entfernt von der letalen Dosis von $MnCl_2$ in der Ratte von 250 mg/kg oral, 147 mg/kg intraperitoneal sowie 92,6 mg/kg intravenös [37].

2.3.4 Vorbereitung zur Messung mittels MRT

Die Tiere wurden unter anhaltender Narkose (1–2 % Isofluran) in einer speziell hergestellten wannenförmigen Plexiglasliege fixiert. Die Körperkerntemperatur wurde hierbei durch warmes Wasser, das in der Plexiglasliege zirkulierte, auf konstanten 37°C gehalten. Der Kopf des Tieres wurde mit einer speziellen Nasen-Mundmaske fixiert und die Isoflurananästhesie über diese Maske fortgesetzt. Die Vitalfunktionen wurden während des gesamten Experiments über einen Atemsensor und Temperaturmessungen kontrolliert. Die Messungen erfolgten nach 0, 1, 2, 3, 4, 8, 16, 24 und 48 Stunden, wobei die Tiere bei den Zeitpunkten von 0–4 Stunden unter Narkose im Scanner verblieben und für die weiteren Messungen jeweils erneut narkotisiert und im Gerät fixiert wurden. Die Anästhesie während der Messung erfolgte durch eine Erhaltungsnarkose von 1–2 % Isofluran in der Atemluft mit einem Fluss von 400–450 mL/min. Für die weiteren Zeitpunkte erfolgte jeweils eine neue Einleitung der Narkose. Informationen über die verwendeten Messsequenzen finden sich in Kapitel 2.1.5.

2.4 Untersuchung futterspezifischer Auswirkungen auf Bewegungsaktivität und strukturspezifische Gehirnaktivität

2.4.1 Versuchstiere

Die Untersuchung futterspezifischer Auswirkungen auf Bewegungs- und strukturspezifische Gehirnaktivität wurde mit insgesamt 73 männlichen Wistar-Ratten (Charles River, Sulzfeld, Deutschland) durchgeführt, wobei 25 Tiere mit einem Anfangsgewicht von 321 ± 36 g für Vorversuche und die restlichen 48 Tiere für die Hauptversuche zum Einsatz kamen (Tab. 2.8). Nach einer Quarantäne- und Eingewöhnungszeit von ca. 7 Tagen wurden alle Tiere in den Räumen des Instituts für Pharmakologie der Universität Erlangen in Makrolon-Käfigen des Typs IV bzw. II gehalten und zweimal pro Woche in Käfige mit frischem Einstreu umgesetzt. Eine durchgängige Versorgung mit Haltungsfutter in Pelletform (Altromin 1324, Lage, Deutschland; ssniff® V1535-0, Soest, Deutschland) sowie Wasser wurde sichergestellt.

Tab. 2.8: Versuchstiere Untersuchung futterspezifischer Auswirkungen auf Bewegungs- und strukturspezifische Gehirnaktivität

	Vorversuche	Hauptversuche
Art	Wistar	
Anzahl	25	48
pro Käfig	4 bzw. 1	4
Anfangsgewicht [g]	321 ± 36	257 ± 21

Tab. 2.9: Parameter Vorversuche

	Volumen [mL]	Konzentration [mM]
$MnCl_2$	ca. 1	100
	ca. 1	50
	ca. 0,5	200
	ca. 0,01	1000
NaCl	ca. 1	150
	ca. 0,5	
ohne Injektion		

2.4.2 Vorversuche

Bei den Vorversuchen wurden den Versuchstieren verschiedene Konzentrationen und Volumina $MnCl_2$- sowie physiologische NaCl-Lösung subcutan, dorsal appliziert und das Verhalten beobachtet. Die verschiedenen Kombinationen sind in Tabelle 2.9 zusammengestellt. Ziel der Vorversuche war, den Einfluss der Injektion an sich, des Injektionsvolumens, der Mangankonzentration sowie der Dosis von $MnCl_2$ auf das Fress- und Aktivitätsverhalten der Ratten zu untersuchen. Außerdem wurde untersucht inwieweit das Verhalten von der Haltungsform (Einzelhaltung in Makrolon Käfigen Typ II vs. Gruppenhaltung in Makrolon Käfigen Typ IV) abhängt. Die Injektionen erfolgten unter 5 %iger Isoflurannarkose subcutan, dorsal.

2.4.3 Funktion und Umbau der osmotischen Pumpen

Die verwendeten osmotischen Pumpen (Modell 2001, ALZET®, Durect Corporation, Cupertino, CA, USA) sind wie in Abbildung 2.3 gezeigt aufgebaut und geben ihren Inhalt (200 µL) mit einer Rate von 1,0 µL/h über den Zeitraum von 7 Tagen ab. Mit Hilfe einer 1 mL-Spritze und einer sterilen Kanüle wurde unter sterilen Bedingungen

2. Material und Methoden

die zu applizierende Lösung, hier 1 M MnCl$_2$, luftblasenfrei in das Reservoir gefüllt. Im Anschluss daran wurde der Flussratenbegrenzer aufgesetzt und in die Pumpe eingeführt. Da dieser im Auslieferungszustand aus Edelstahl besteht und somit nicht geeignet für die Verwendung in hohen Magnetfeldern wie im MRT ist, mussten die metallischen Teile durch Kunststoffteile ersetzt werden. Hierfür wurde der ursprüngliche Flussratenbegrenzer entfernt, ein aus PEEK^{TM}-Kunststoff bestehender Ersatz (PEEK^{TM} micro medical tubing, Scientific Commodities, INC., Lake Havasu City, AZ, USA) mit Sofortklebstoff (Loctite 454, Loctite Deutschland GmbH, München, Deutschland) in der Kappe angebracht und über Nacht getrocknet. Vor der Implantation wurde die gefüllte Pumpe in steriler physiologischer Kochsalzlösung über Nacht inkubiert. Dadurch konnte sichergestellt werden, dass die osmotische Schicht der Pumpe schon zum Zeitpunkt der Implantation genug Flüssigkeit aufgenommen hat, so dass die Pumpe direkt nach dem Einsetzen unter der Haut für die Mangan-Applikation funktionsfähig war.

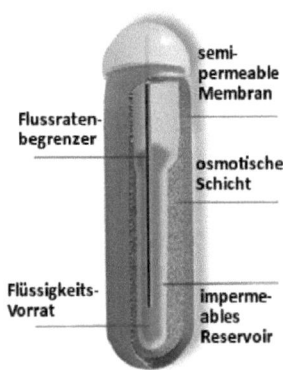

Abb. 2.3: Alzet® Osmotische Pumpe

2.4.4 Implantation

Die Implantation der vorbereiteten Pumpen erfolgte in einem Operationsraum des Instituts für Pharmakologie der Universität Erlangen mit sterilen Instrumenten. Zunächst wurde die Ratte für 5 Minuten mittels 5 % Isofluran in der Atemluft, verdampft durch ein Gemisch aus O$_2$/N$_2$O (1:2), betäubt, und an der Implantationsstelle mit 70 %igem

2.4. Untersuchung futterspezifischer Auswirkungen auf Bewegungsaktivität und strukturspezifische Gehirnaktivität

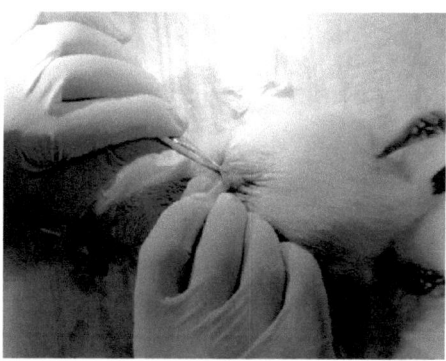

Abb. 2.4: Implantation der osmotischen Pumpe

Ethanol desinfiziert bevor das Fell der Ratte an dieser Stelle mit Hilfe einer Schere entfernt wurde. Dabei erfolgte eine Erhaltungsnarkose mit 1–2 % Isofluran. Nachdem die Haut aufgeschnitten und mit einem Lokalanästhetikum behandelt wurde, wurde die Tasche unter der Haut für die Pumpe vergrößert. Im Anschluss daran konnte die Pumpe eingeführt und die Wunde mit Gewebekleber (Histoacryl®, B. Braun Petzold GmbH, Melsungen, Deutschland) verschlossen werden. In Abbildung 2.4 ist die Implantation der Pumpe dargestellt.

2.4.5 Ablauf der Untersuchung futterspezifischer Auswirkungen auf Bewegungsaktivität und strukturspezifische Gehirnaktivität

Die Tiere der Untersuchung futterspezifischer Auswirkungen auf Bewegungsaktivität und strukturspezifische Gehirnaktivität wurden vor Beginn des Versuchsprotokolls ca. 1 Woche an die neue Umgebung gewöhnt, wobei sie in Gruppen zu 4 Tieren in Makrolon-Käfigen des Typs IV im Versuchsraum gehalten wurden. Zu jeder Zeit der Studie wurde im Haltungsraum ein hell/dunkel Zyklus von 12 h/12 h sichergestellt. Im Anschluss daran erfolgte die Gewöhnung an das jeweilige Testfutter, also gesalzene, fein zerkleinerte Kartoffelchips ohne Geschmacksverstärker (Pfiff, Norma, Deutschland), das Chips-Modell aus 35 % Sonnenblumenöl (Picobello, Norma, Deutschland) und 65 % Maltodextrin (Dextrin 15 aus Maisstärke, Fluka, Deutschland) bzw. das pulverförmige Standardfutter (Altromin 1321, Lage, Deutschland). Diese Futtersorten wurden in jeweils

2. Material und Methoden

zwei im Käfig angebrachten Futterbehältern angeboten. Wie auch schon bei den Fütterungsversuchen hatten die Tiere zu jeder Zeit freien und uneingeschränkten Zugang zu Standardfutter in Pelletform (ssniff® V1535-0, Soest, Deutschland) und Trinkwasser. Darauf folgte eine einwöchige Phase ohne bereitgestelltes Testfutter. Nach dieser Zeit des »Entzuges« wurden den Tieren wie oben beschrieben die osmotischen Pumpen implantiert, worauf 7 Tage Bereitstellung des jeweiligen Testfutters folgte. In dieser Zeit konnte sich das langsam aus den Pumpen freigesetzte Mangan in Abhängigkeit von der jeweils bereitgestellten Futtersorte in den aktiven Gehirnregionen anreichern und im Anschluss daran im MRT detektiert werden. In Kapitel 2.1.5 ist der Ablauf der Messungen beschrieben. In Abbildung 3.23 ist eine Übersicht über den Verlauf der Untersuchung futterspezifischer Auswirkungen auf Bewegungsaktivität und strukturspezifische Gehirnaktivität dargestellt. Die Futteraufnahme wurde jeweils für jedes Testfutter, aufgeteilt auf Tag und Nacht, registriert. Hierfür wurde der Futterbehälter jeweils um 09:00 Uhr sowie gegen 16:00 Uhr neu aufgefüllt und der Futterverbrauch über Differenzwägung ermittelt. Da es nicht möglich war, die genannten Zeiten täglich exakt einzuhalten, wird die Futteraufnahme in g/Stunde angegeben. Über die gesamte Zeit ab der Gewöhnung der Tiere an das Testfutter wurden die Tiere durchgehend über Kameraaufnahmen beobachtet, wobei 1 Bild pro 10 Sekunden aufgenommen wurde (siehe Aufbau in Abb. 2.1). Auf Basis dieser Bilder wurden Aktivitätsprofile für jede Phase der Studie (Eingewöhnung, Entzug, mit implantierter Pumpe) erstellt, wobei ein Zählimpuls definiert wurde als: »Eine Ratte zeigt Aktivität im vorderen Teil des Käfigs«. Zeigten beispielsweise drei der vier Ratten eines Käfigs eine Aktivität, so wurden für das entsprechende Bild drei Zählimpulse registriert. Die Zählimpulse wurden mit Hilfe eines Handstückzählers manuell ausgezählt und jeweils für den Zeitraum einer Stunde über alle Käfige/Tiere, die mit einer Futtersorte gefüttert wurden, gemittelt. Pro Stunde wurden also 360 Bilder pro Käfig ausgewertet was 1440 Bildern für den Mittelwert pro Stunde aus jeweils 4 Käfigen einer Futtersorte bedeutet. Somit besteht der gesamte Datensatz für die drei Phasen bezogen auf die 12 verwendeten Käfige aus mehr als 2 Millionen Einzelbildern.

2.5 Statistische Tests

Zur Ermittlung signifikanter Unterschiede wurde ANOVA angewendet, bzw. ein zweiseitiger homoskedastischer t-Test in Microsoft Excel 2003 durchgeführt. Hierfür wurden die z-Scores jeder Gehirnregion für jedes der 16 Tiere jeder Gruppe separat berechnet, in Excel gemittelt und die Standardabweichung berechnet. Mit Hilfe dieser Daten konnten die mittleren z-Scores zwischen den drei Futtergruppen verglichen und somit signifikante Unterschiede in den Aktivierungen der einzelnen Regionen abhängig von der bereitgestellten Futtersorte festgestellt werden.

2.6 Software, Verbrauchsmaterialien und Geräte

Tab. 2.10: Software, Verbrauchsmaterialien und Geräte

Produkt	Hersteller
ParaVision 4.0	Bruker BioSpin MRI GmbH, Ettlingen, Deutschland
IDL 6.1	Research Systems Inc., USA
MagnAn 2.2	BioCom GbR, Uttenreuth, Deutschland
Amira 5.2	Visage Imaging GmbH, Berlin, Deutschland
Microsoft Excel 2003	Microsoft Corporation, Redmond, USA
statistiXL 1.8	Nedlands, Western Australia
Sonnenblumenöl	Picobello, Norma, Deutschland
Maltodextrin	Dextrin 15 aus Maisstärke, Fluka, Deutschland
Schokoladenstreusel	EDEKA Backstube, Hamburg, Deutschland
Magermilchpulver	Skim Milk Powder, Fluka, Schweiz
Puderzucker	Südzucker, Mannheim, Deutschland
Pflanzenfett	100 % reines Pflanzenfett, Normin, Dresden, Deutschland
Manganchlorid 1M	1 M, for molecular biology, BioReagent, Sigma Aldrich, Schnelldorf, Deutschland
Physiologische Kochsalzlösung	B. Braun Melsungen AG, Melsungen, Deutschland
Isofluran	Baxter Deutschland GmbH, Unterschleißheim, Deutschland
Biospec 47/40	Bruker BioSpin MRI GmbH, Ettlingen, Deutschland
Verdampfer	Isoflurane Vapor, Drägerwerk AG, Lübeck, Deutschland
Spritze	Omnifix, B. Braun AG, Melsungen, Deutschland
Osmotische Pumpe	Modell 2001, ALZET, Durect Corporation, Cupertino, CA, USA
Webcam	Logitech international S.A., Apples, Schweiz
Universalzerkleinerer	Moulinex, Alençon, Frankreich

3 Ergebnisse und Diskussion

3.1 Präferenztests

Das Ziel dieser Fütterungsstudie war die quantitative Darstellung mittels Präferenztests, in wieweit Futter bzw. Futterbestandteile eine zusätzliche Nahrungsaufnahme in ad libitum gefütterten Ratten induzieren können. Die Fütterungsstudie wurde mit zwei verschiedenen Testfuttern durchgeführt: Gesalzene Kartoffelchips ohne Geschmacksverstärker sowie Schokolade, zwei in Verbindung mit Food Craving stehenden Lebensmitteln. Die Untersuchungen basierten auf dem Prinzip eines freiwilligen Präferenztests, in dem den Ratten jeweils in mindestens 12 zehnminütigen Tests die Auswahl zwischen zwei Futtersorten gegeben wurde. Dabei wurde die freiwillige Aufnahme zweier Testfutter im Vergleich zueinander registriert, also jeweils eine Präferenz zwischen zwei Futtersorten ermittelt. Es ist zu betonen, dass die Versuchstiere zu keinem Zeitpunkt auf die Testfutter angewiesen waren, da zu jeder Zeit die Versorgung mit Standardfutter in Pelletform sowie Trinkwasser sichergestellt wurde. Die Aufnahme von Testfutter erfolgte also ohne Zwang und völlig freiwillig. Der Versuchsaufbau ist in Abbildung 3.1 dargestellt. Eine Reihung der getesteten Futtersorten war dabei nicht direkt möglich. Aufgrund der Variation der absoluten Nahrungsaufnahme u.a. durch steigendes Körpergewicht der Versuchstiere von etwa 250 bis 700 g und dem damit einhergehenden steigenden Nahrungsbedarf, ist eine quantitative Evaluation nur dadurch möglich, dass alle Testfutter im direkten Vergleich zueinander untersucht werden. Nur der direkte Vergleich in Form eines binären Systems schließt vom Futter unabhängige Einflüsse auf die Nahrungsaufnahme aus und ist somit als wesentlich verlässlicher einzustufen als die Reihung der Futtersorten auf Basis ihrer absoluten Aufnahme durch die Versuchstiere in verschiedenen Experimenten. Die Auswertung erfolgte stets auf Basis des Futterverbrauches sowie der Aktivität der Versuchstiere und ist in Kapitel 2.1.3 genauer beschrieben. Der Futterverbrauch wurde durch Differenzwägung der Futterbehälter vor und nach dem Test gemessen. Die Aktivität der Versuchstiere, die durch ein Testfutter induziert werden konnte, wurde durch die Verweildauer der Tiere am jeweiligen Testfutterbehälter registriert. Diese Verweildauer wurde anhand der manuellen Aus-

3. Ergebnisse und Diskussion

Abb. 3.1: Versuchsaufbau für die Präferenztests. Zusätzlich zum ad libitum verfügbaren Standardfutter in Pelletform und Trinkwasser wurden für jeden Test zwei Testfuttersorten bereitgestellt zu dem die Tiere ohne Zwang und völlig freiwillig Zugang hatten.

wertung von Kameraaufnahmen quantifiziert, wobei ein Zählimpuls als »ein Tier frisst an einem Futternapf« definiert wurde. Durch beide Auswertungsmethoden konnte so die Attraktivität bzw. Anziehungskraft einer Futtersorte, die »relative Palatabilität«, ermittelt werden. Diese Messgröße spiegelt also wieder, welche Futtersorte innerhalb eines binären Präferenztests die höhere Futteraufnahme sowie die längere Verweildauer und somit die höhere Anzahl an Zählimpulsen am jeweiligen Futterbehälter induzieren konnte. Die getesteten Futter aus Kartoffelchips oder Schokoladenstreusel wurden jeweils aus den im folgenden Kapitel erläuterten Gründen in einer Mischung mit 50 % Standardfutter in Pulverform verabreicht.

3.1.1 Optimierung des Versuchsaufbaus

Die Untersuchungen erfolgten anhand eines Rattenmodells. Mittels Präferenztests wurde die Aktivität verschiedener Futterzusammensetzungen gegeneinander getestet. Zunächst wurde mit dem Testsystem Brotkruste/Brotkrume experimentiert, anschließend mit dunkler Schokolade und schließlich mit Kartoffelchips. Anfangs wurde den Ratten das Futter, das 75 % Standardfutter und 25 % des zu testenden Lebensmittels enthielt, durchgängig Tag und Nacht zur Verfügung gestellt. Als problematisch erschien, den Tieren ausreichend Futter zur Verfügung zu stellen, da das Futter in den Futterbehältern vor allem über Nacht komplett verbraucht wurde bzw. die Tiere die Futterbehälter oder deren Aufhängungen im Käfig demolierten. Außerdem konnte pro Tag lediglich ein Messwert erhalten werden und die Zeiten der Differenzwägung durften nicht variieren um keine Beeinflussung durch Aktivitätsunterschiede der Tiere von Tag zu Nacht zuzulassen. Deshalb wurde das Testmodell dahingehend geändert, dass den Tieren pro Tag lediglich zu drei Zeitpunkten für jeweils 10 Minuten zwei Testfutter zur Verfügung gestellt wurden. Dies brachte den Vorteil mit sich, dass jeden Tag drei Messwerte pro Käfig gewonnen werden konnten. Außerdem wurde die Reproduzierbarkeit und Vergleichbarkeit deutlich erhöht. Die Tiere waren trotz ihrer eigentlichen Ruhephase bei Helligkeit sehr an den Testfuttern interessiert. Als weitere Veränderung im Bezug auf die Vorversuche wurde der Anteil des Testfutters von anfangs 25 auf 50 % erhöht. Somit konnten größere Unterschiede zwischen den getesteten Futtersorten erzielt werden. Die Mischung mit 50 % Standardfutter war jedoch nötig um eine vergleichbare Konsistenz der getesteten Futter zu erreichen. Zudem konnte so die relative Palatabilität der einzelnen Bestandteile der Testfutter getestet werden. So konnte beispielsweise der Kohlenhydratgehalt der Kartoffelchips in einem Präferenztest im Vergleich mit dem Fettgehalt der Kartoffelchips untersucht werden, indem der jeweils andere Bestandteil, also Fett bzw. Kohlenhydrate, durch Standardfutter ersetzt wurde. Das Ziel war dabei, die relative Palatabilität jeder Futtersorte, also von Kartoffelchips und Schokoladenstreusel sowie von deren Hauptbestandteilen zu ermitteln. Die Messgröße »relative Palatabilität« setzt sich dabei aus der Futteraufnahme und den Zählimpulsen zusammen und ist ein Maß für die Attraktivität bzw. Anziehungskraft einer Futtersorte. Schließlich wurden die Fütterungsversuche wie im Kapitel 2.1.2 beschrieben durchgeführt.

3.1.2 Ergebnisse der Präferenztests im Testsystem Kartoffelchips

Kartoffelchips stellen für viele Menschen ein attraktives Lebensmittel dar und werden gerne auch ohne Hungergefühl verzehrt. Zunächst sollte festgestellt werden, ob auch im gewählten Tiermodell durch Kartoffelchips eine zusätzliche Nahrungsaufnahme über die Sättigung hinaus induziert werden kann. Zudem sollte untersucht werden, welche Bestandteile von Kartoffelchips für deren relative Palatabilität verantwortlich sind. Dabei wurde zunächst der Fokus auf die Hauptbestandteile Fett (35 %) und Kohlenhydrate (59 %) gelegt. Die weiteren Bestandteile wie Proteine (6 %), Salz oder auch die beim Backen entstehenden Röststoffe wurden im Rahmen dieser Arbeit nicht berücksichtigt, stellen jedoch möglicherweise interessante Ansatzpunkte für weitergehende Forschungen dar. Als Testfutter wurden zunächst Kartoffelchips mit Standardfutter in gleichen Teilen gemischt (50 % / 50 %). Durch die Mischung mit 50 % Standardfutter konnte eine ähnliche Konsistenz aller getesteter Futtersorten erreicht werden. Im Chipsmodell

3. Ergebnisse und Diskussion

wurden die Kartoffelchips durch Fett (35 %) und Kohlenhydrate (65 %) repräsentiert. Der Proteingehalt von Kartoffelchips wurde, wie in Abbildung 3.2 dargestellt, durch Kohlenhydrate in Form von Maltodextrin ersetzt. Der Kohlenhydratgehalt der Kartoffelchips ist also bei allen Kohlenhydrat enthaltenden Futtersorten um den Proteingehalt von Kartoffelchips erhöht. Zudem wurden der Fett- sowie der Kohlenhydratgehalt der Kartoffelchips in den Präferenztests auf ihre relative Palatabilität untersucht, indem jeweils der andere Bestandteil, also Kohlenhydrate bzw. Fett, durch Standardfutter ersetzt wurde. Die Zusammensetzung der bei den Präferenztests verwendeten Testfutter ist in Abbildung 3.3 dargestellt.

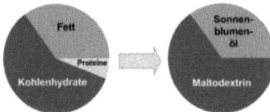

Abb. 3.2: Zusammensetzung der Kartoffelchips (Kohlenhydrate, Fett und Proteine) und des Chipsmodells (Maltodextrin und Sonnenblumenöl)

Zunächst wurde der Versuchsaufbau durch eine Methodenkontrolle evaluiert. Hierbei wurde den Versuchstieren in beiden Futterbehältern Standardfutter angeboten. Dieser Präferenztest von zwei gleichen Futtersorten zeigte, dass bei gleichem Futter an beiden Positionen weder ein Unterschied in der Futteraufnahme noch in der Aktivität an beiden Futterbehältern festzustellen war (Abb. 3.4). Die Auswahl der aufgenommenen Futtersorte wird folglich von den Ratten aufgrund der Zusammensetzung der Testfutter getroffen. Die Entscheidung der Ratten für ein Testfutter erfolgt daher bewusst. Im Anschluss daran wurden die Kartoffelchips (Chips) in Präferenztests gegen Standardfutter (Standard) sowie Testfutter untersucht, die den Kohlenhydratanteil von

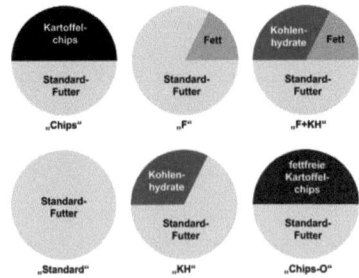

Abb. 3.3: Zusammensetzung der Testfutter des Testsystems Kartoffelchips

3.1. Präferenztests

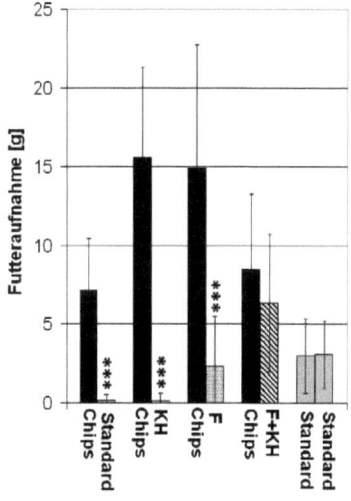
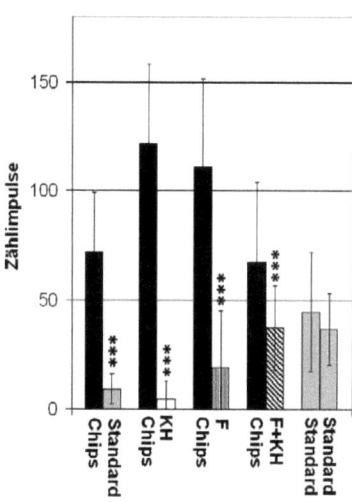

(a) Durchschnittliche Futteraufnahme bei den Präferenztests pro Käfig und Test

(b) Durchschnittliche Zählimpulse bei den Präferenztests pro Käfig und Test

Abb. 3.4: Präferenztests zwischen Chips- (Chips) und Standardfutter (Standard), Chipsfutter und dem Kohlenhydratanteil von Kartoffelchips (KH), Chipsfutter und dem Fettanteil von Kartoffelchips (F), Chipsfutter und der Mischung des Fett- und Kohlenhydratanteils von Kartoffelchips (F+KH) sowie zweier Futterbehälter mit Standardfutter. (a) zeigt den durchschnittlichen Futterverbrauch, (b) die durchschnittlichen Zählimpulse. Die Fehlerbalken entsprechen Standardabweichungen von mindestens 12 unabhängigen zehnminütigen Einzeltests. Signifikanzniveaus * $p<0.05$, ** $p<0.01$, *** $p<0.001$

Kartoffelchips in Form von Maltodextrin (KH), den Fettanteil von Kartoffelchips in Form von Sonnenblumenöl (F) oder eine Mischung des Fett- und Kohlenhydratanteils von Kartoffelchips (F+KH) enthielten (Abb. 3.4). Dabei zeigte sich eine deutliche Präferenz der Tiere für Kartoffelchips im Vergleich zu Standardfutter, sowie den alleinigen Anteilen von Kohlenhydraten oder Fett. Erst die Mischung beider Komponenten Fett und Kohlenhydrate konnte die relative Palatabilität von Kartoffelchips nahezu erreichen. Hierbei waren den Ratten die Kartoffelchips durch die vorherigen Präferenztests gegen Standardfutter, den Kohlenhydrat- sowie den Fettanteil von Kartoffelchips bereits bekannt. Vor dem ersten Test der beiden Futtersorten gegeneinander, waren die Versuchstiere also bereits mit dem Chipsfutter, jedoch nicht mit der Mischung aus Fett

3. Ergebnisse und Diskussion

und Kohlenhydraten vertraut. Im Mittel wurde zwischen dem Chipsfutter und dem Chipsmodell kein signifikant unterschiedlicher Futterverbrauch festgestellt, wohingegen das Chipsfutter für eine erhöhte Aktivität, also eine erhöhte Anzahl an Zählimpulsen, an den mit Chipsfutter gefüllten Futterbehältern sorgte. Die Tiere verweilten folglich mehr im Bereich des Chipsfutters und zeigten ein erhöhtes Interesse an diesen Futterbehältern. Daraus lässt sich folgern, dass die Mischung aus Fett und Kohlenhydraten ein sehr wichtiges Kriterium für die relative Palatabilität von Kartoffelchips darstellt, wobei die aus vorherigen Tests bekannten Kartoffelchips sogar dafür sorgen, dass sich die Tiere häufiger an den mit Chipsfutter gefüllten Futterbehältern aufhielten.

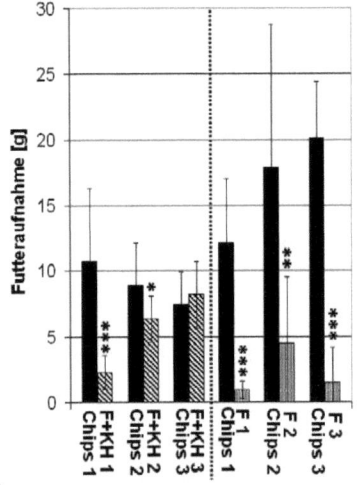 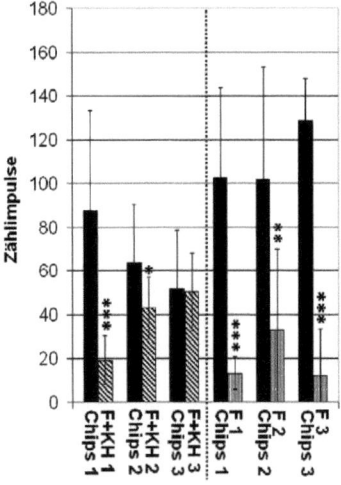

(a) Zeitlicher Verlauf der durchschnittlichen Futteraufnahme pro Käfig und Test

(b) Zeitlicher Verlauf der durchschnittlichen Zählimpulse pro Käfig und Test

Abb. 3.5: Zeitlicher Verlauf der Einzeltests zwischen dem Chipsfutter (Chips) und der Mischung des Fett- und Kohlenhydratanteils von Kartoffelchips (F+KH) sowie dem Chipsfutter und dem Fettanteil von Kartoffelchips (F) an aufeinanderfolgenden Testtagen (1, 2, 3). Vor dem ersten Test war den Ratten das Chipsfutter, jedoch nicht die Mischung des Fett- und Kohlenhydratanteils von Kartoffelchips bereits bekannt. (a) zeigt den durchschnittlichen Futterverbrauch, (b) die durchschnittlichen Zählimpulse. Die Fehlerbalken entsprechen Standardabweichungen von je 12 unabhängigen zehnminütigen Einzeltests. Signifikanzniveaus * $p<0.05$, ** $p<0.01$, *** $p<0.001$

3.1. Präferenztests

Da die Kartoffelchips vor dem ersten Präferenztest gegen das Chipsmodell bereits bekannt waren, wurden die einzelnen Präferenztests von Kartoffelchips gegen die Mischung aus Fett und Kohlenhydraten im zeitlichen Verlauf separat betrachtet. So war festzustellen, dass im ersten Test der beiden Futtersorten gegeneinander die Kartoffelchips deutlich und höchstsignifikant präferiert wurden. Im zweiten Test stiegen bereits die Futteraufnahme sowie die Zählimpulse, die durch die Fett-Kohlenhydrat-Mischung induziert wurden an, waren jedoch noch immer signifikant geringer als die Futteraufnahme und Zählimpulse beim Chipsfutter. Erst im dritten Test der beiden Futtersorten gegeneinander war kein signifikanter Unterschied in der Futteraufnahme und den Zählimpulsen mehr zu beobachten. Dieser Effekt konnte sowohl bei Betrachtung des Futterverbrauchs als auch der Zählimpulse ausschließlich durch die Mischung aus Fett und Kohlenhydraten ausgelöst werden. So zeigt die Betrachtung der einzelnen Präferenztests des Chipsfutters gegen den alleinigen Fettgehalt von Kartoffelchips im zeitlichen Verlauf, dass die relative Palatabilität des Fettgehalts von Kartoffelchips gegenüber dem Chipsfutter nicht mit der Zeit ansteigt (Abb. 3.5).

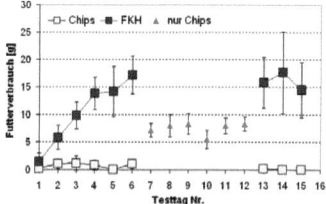
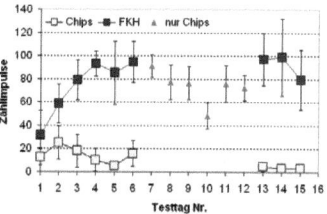

(a) Zeitlicher Verlauf der durchschnittlichen Futteraufnahme pro Käfig und Test

(b) Zeitlicher Verlauf der durchschnittlichen Zählimpulse pro Käfig und Test

Abb. 3.6: Zeitlicher Verlauf der Einzeltests zwischen den beiden vorher unbekannten Futtersorten Chipsfutter (Chips) und der Fett-Kohlenhydrat-Mischung (FKH). (a) zeigt den durchschnittlichen Futterverbrauch, (b) die durchschnittlichen Zählimpulse. Die Fehlerbalken entsprechen Standardabweichungen von je 6 unabhängigen zehnminütigen Einzeltests.

Um diesen beschriebenen Effekt der im Zeitverlauf steigenden Palatabilität des Chipsmodells gegenüber dem bereits bekannten Chipsfutter näher zu untersuchen, wurde ein weiterer Präferenztest mit im Bezug auf beide Futtersorten Kartoffelchips und Fett-Kohlenhydrat-Mischung naiven Ratten durchgeführt. Den Versuchstieren waren also bei Beginn der Tests beide Testfutter unbekannt. Hierbei konnte festge-

3. Ergebnisse und Diskussion

stellt werden, dass das Chipsmodell von Beginn an eine höhere Futteraufnahme sowie eine größere Anzahl an Zählimpulsen als das Chipsfutter induzierte (Abb. 3.6). Diese Präferenz für das Chipsmodell stieg sowohl im Anbetracht der Futteraufnahme als auch im Hinblick auf die Zählimpulse auf ein Plateau ab dem 4. Testtag an. An den Testtagen 7 bis 12 wurde den Tieren in beiden Futterbehältern das Chipsfutter angeboten um eine Gewöhnung an das Chipsfutter herbeizuführen. An diesen Tagen war die Aufnahme des Chipsfutters größer als an den Testtagen 1 bis 6, jedoch noch immer um einiges geringer als die vorherige Aufnahme der Fett-Kohlenhydrat-Mischung. Die Zählimpulse erreichten während der Testtage 7 bis 12 nahezu das Niveau des Chipsmodells aus den vorausgehenden Tests. An den Tagen 13 bis 15 wurde den Ratten wieder die gleiche Auswahl an Futtersorten wie an den Testtagen 1 bis 6 zur Verfügung gestellt: Chipsfutter bzw. die Fett-Kohlenhydrat-Mischung. Hierbei konnte festgestellt werden, dass die zwischenzeitliche Gewöhnung an das Chipsfutter keinen Einfluss auf die Präferenz nach dieser Gewöhnungsphase hatte. So konnte beobachtet werden, dass an den Testtagen 13 bis 15 wiederum die Mischung aus Fett und Kohlenhydraten dem Chipsfutter deutlich sowohl in Futteraufnahme als auch im Hinblick auf die Anzahl der Zählimpulse die Mischung aus Fett und Kohlenhydraten dem Chipsfutter vorgezogen wurde.

Nachdem nun die herausragende relative Palatabilität der Mischung aus Fett und Kohlenhydraten festgestellt wurde, sollte der Beitrag der einzelnen Komponenten von Kartoffelchips dazu untersucht werden. Deshalb wurden weitere Präferenztests mit den einzelnen Komponenten von Kartoffelchips durchgeführt. Präferenztests der Komponenten gegen Standardfutter ergaben, dass jede getestete Zumischung zu Standardfutter, sei es der Kohlenhydrat- bzw. der Fettanteil oder auch die Mischung der beiden Komponenten von den Ratten im Vergleich zu Standardfutter präferiert wurde. Gegenüber dem alleinigen Kohlenhydratanteil wurde eine höhere relative Palatabilität sowohl des Fettfutters als auch der Fett-Kohlenhydrate-Mischung detektiert. Der Test des Fettgehaltes gegen die Mischung aus Fett und Kohlenhydraten zeigte, dass die Mischung beider Hauptbestandteile von Kartoffelchips eine größere relative Palatabilität als der alleinige Fettgehalt aufweist. Dieses Ergebnis zeigte sich sowohl bei Auswertung der Futteraufnahme als auch der Zählimpulse (Abb. 3.7).

3.1. Präferenztests

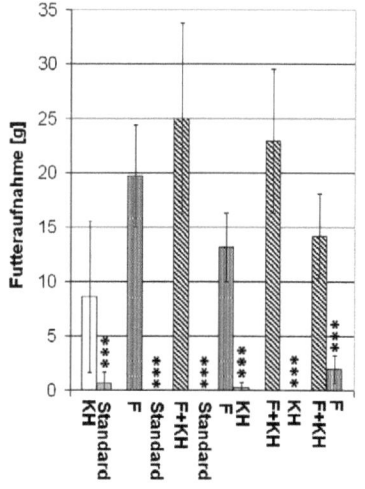

(a) Durchschnittliche Futteraufnahme bei den Präferenztests pro Käfig und Test

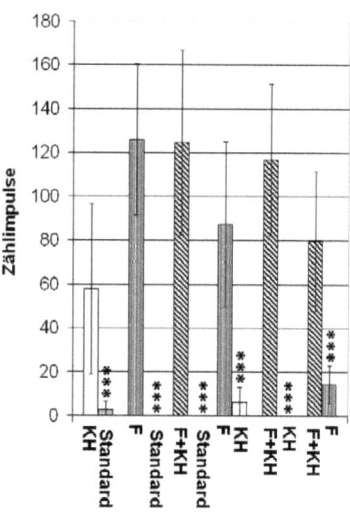

(b) Durchschnittliche Zählimpulse bei den Präferenztests pro Käfig und Test

Abb. 3.7: Präferenztests zwischen dem Kohlenhydratanteil von Kartoffelchips (KH) und Standardfutter (Standard), dem Fettanteil von Kartoffelchips (F) und Standardfutter, der Mischung des Fett- und Kohlenhydratanteils von Kartoffelchips (F+KH) und Standardfutter, dem Fettanteil von Kartoffelchips und dem Kohlenhydratanteil von Kartoffelchips, der Mischung des Fett- und Kohlenhydratanteils von Kartoffelchips und dem Kohlenhydratanteil von Kartoffelchips sowie der Mischung des Fett- und Kohlenhydratanteils von Kartoffelchips und dem Fettanteil von Kartoffelchips. (a) zeigt den durchschnittlichen Futterverbrauch, (b) die durchschnittlichen Zählimpulse. Die Fehlerbalken entsprechen Standardabweichungen der mindestens 12 unabhängigen zehnminütigen Einzeltests. Signifikanzniveaus * $p<0.05$, ** $p<0.01$, *** $p<0.001$

Fettfreie Kartoffelchips, die den Fettersatzstoff Olestra® enthalten, waren ebenfalls Teil der Fütterungsstudie im Testsystem Kartoffelchips. Die Testung dieser Futterart gegen konventionelle Kartoffelchips und deren Bestandteile zeigte, dass die fettfreien Chips eine sehr viel geringere relative Palatabilität als die konventionellen Chips aufweisen. Zudem wurden gegenüber den fettfreien Chips in den Präferenztests sowohl der Fettgehalt der Kartoffelchips als auch die Mischung aus Fett und Kohlenhydraten präferiert. Lediglich gegenüber Standardfutter und dem Kohlenhydratanteil von Kartof-

3. Ergebnisse und Diskussion

felchips erreichten die fettfreien Kartoffelchips eine höhere Präferenz. Dieses Ergebnis konnte wiederum durch beide Auswertungsmethoden Futterverbrauch und Aktivität bestätigt werden (Abb. 3.8).

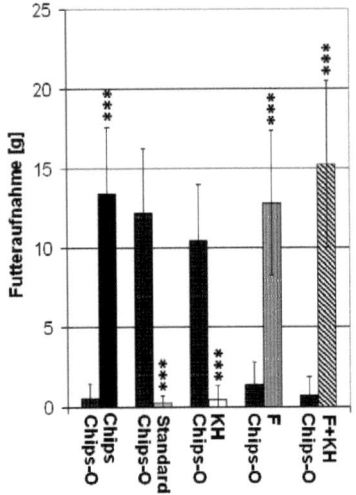
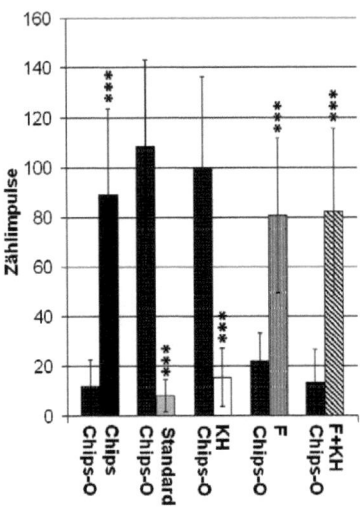

(a) Durchschnittliche Futteraufnahme bei den Präferenztests pro Käfig und Test

(b) Durchschnittliche Zählimpulse bei den Präferenztests pro Käfig und Test

Abb. 3.8: Präferenztests zwischen fettfreiem (Chips-O) und fetthaltigem Chipsfutter (Chips), fettfreiem Chipsfutter und Standardfutter (Standard), fettfreiem Chipsfutter und dem Kohlenhydratanteil fetthaltigem Chipsfutters, fettfreiem Chipsfutter und dem Fettanteil fetthaltigem Chipsfutters sowie fettfreiem Chipsfutter und der Mischung des Fett- und Kohlenhydratanteils fetthaltigem Chipsfutters. (a) zeigt den durchschnittlichen Futterverbrauch, (b) die durchschnittlichen Zählimpulse. Die Fehlerbalken entsprechen Standardabweichungen der mindestens 12 unabhängigen zehnminütigen Einzeltests, Signifikanzniveaus * $p<0.05$, ** $p<0.01$, *** $p<0.001$

3.1.3 Ergebnisse der Präferenztests des Testsystems Fett und Kohlenhydrate

Aufgrund der Beobachtung, dass der Gehalt von Fett und Kohlenhydraten sehr wichtig für die relative Palatabilität eines Futters zu sein scheint, wurde das Testfutter »Fett und Kohlenhydrate« näher untersucht. Hierbei wurden Futtersorten verwendet, die jeweils zu 50 % aus Standardfutter bestanden. Die restlichen 50 % enthielten eine Mischung mit veränderlichen Anteilen an Fett und Kohlenhydraten. Begonnen wurde diese Testreihe mit einem Fettgehalt von 5 % in Form von Sonnenblumenöl und 45 % Kohlenhydraten in Form von Maltodextrin. Mit steigendem Fettgehalt von bis zu 50 % wurde der Gehalt an Kohlenhydraten entsprechend verringert (Abb. 3.9). Diese Mischungen wurden in Präferenztests jeweils im Vergleich zur zuvor eingesetzten Mischung aus Fett und Kohlenhydraten getestet, die beide Komponenten im gleichen Verhältnis wie die Kartoffelchips enthielt (»17F 32KH«).

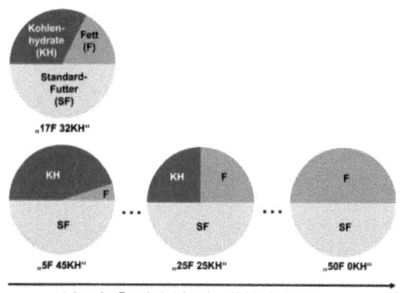

Abb. 3.9: Zusammensetzung der Testfutter mit variierendem Fett- und Kohlenhydratanteil

Es hat sich gezeigt, dass die relative Palatabilität eines Testfutters zunächst mit steigendem Fettgehalt anstieg. So wurde das Referenzfutter gegenüber den Testfuttern mit 5 bzw. 10 % Fett bevorzugt. Wurde in beiden Futterbehältern jeweils das Referenzfutter mit 17 % Fett und 32 % Kohlenhydraten angeboten, konnte keine unterschiedliche Futteraufnahme gemessen werden. 25, 30, 35 und 40 % Fett wurden der Referenz jeweils deutlich vorgezogen, wobei sich bei 45 % Fett der Trend leicht umkehrte und bei 50 % Fettgehalt kein signifikanter Unterschied mehr zur Referenz bestand (Abb 3.10). In Abbildung 3.10(c) wird dieser Trend noch deutlicher erkennbar. Bildet man die Differenz zwischen dem Futterverbrauch bzw. den Zählimpulsen von Testfutter mit variablem

3. Ergebnisse und Diskussion

Fettanteil und der Referenz, ist ein Maximum zwischen 30 und 35 % Fettgehalt zu erkennen. Diese Differenz ist ein Indikator dafür, in welchem Maße das präferierte Futter dem anderen vorgezogen wird. Hierbei wird folglich deutlich, dass diese beiden Futterzusammensetzungen die höchste relative Palatabilität aufweisen. Berücksichtigt man den Fett-, Kohlenhydrat- und Proteingehalt des Standardfutters, das im Verhältnis 1:1 zu den Fett-Kohlenhydrat-Mischungen verabreicht wurde, so fällt auf, dass die Zusammensetzung der optimalen Fett-Kohlenhydrat-Mischungen die Zusammensetzung reiner Kartoffelchips widerspiegelt. Kartoffelchips weisen einen Fettgehalt von 35 %, die Testfutter von 32 bzw. 37 % auf. Der Kohlenhydratgehalt von Kartoffelchips liegt bei 49 %, wobei die Testfutter zwischen 42 und 47 % Kohlenhydratanteil aufweisen. Der Proteingehalt von Kartoffelchips beträgt 6 %, der der Testfutter 9 %. Die leichten Unterschiede zwischen Chips und Testfutter sind nicht sehr gravierend und liegen vermutlich im natürlichen Schwankungsbereich verschiedener Produkte. Auswertung der Zählimpulse liefert ein vergleichbares Ergebnis. So ist die hohe Auslösung von Aktivität an den Futterbehältern von Testfuttern mit hohen Fettgehalten ebenfalls ersichtlich, wobei hier die Futter zwischen 25-45 % Fettgehalt ebenfalls sehr deutlich erhöhte Aktivität der Tiere und damit Zählimpulse induzierten. Die Fettgehalte von 30 % und 25 % stellen die Futtersorten dar, die die höchste Aktivität der Versuchstiere auslösen.

3.1. Präferenztests

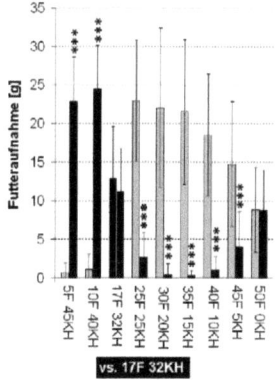
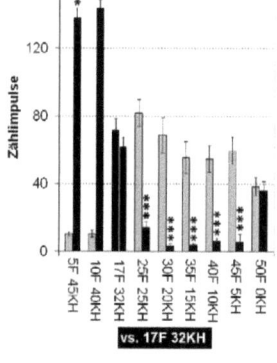

(a) Durchschnittliche Futteraufnahme bei den Präferenztests pro Käfig und Test

(b) Durchschnittliche Zählimpulse bei den Präferenztests pro Käfig und Test

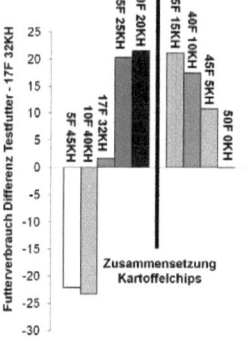
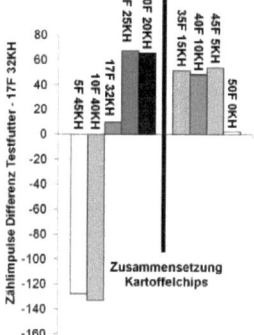

(c) Differenz des Futterverbrauchs der Präferenztests zwischen Futtern mit variablen Gehalten von Fett und Kohlenhydraten und dem Referenzfutter 17F 32KH

(d) Differenz der Zählimpulse der Präferenztests zwischen Futtern mit variablen Gehalten von Fett und Kohlenhydraten und dem Referenzfutter 17F 32KH

Abb. 3.10: Präferenztests zwischen Futtern mit variablen Gehalten von Fett (F) und Kohlenhydraten (KH) und dem Referenzfutter 17F 32KH. (a) zeigt den durchschnittlichen Futterverbrauch, (b) die durchschnittlichen Zählimpulse. (c) zeigt die Differenz des Futterverbrauchs der Präferenztests zwischen variablen Gehalten von Fett und Kohlenhydraten und dem Referenzfutter 17F 32KH, sowie (d) die Differenz der entsprechenden Zählimpulse. Die Fehlerbalken entsprechen Standardabweichungen der der mindestens 12 unabhängigen zehnminütigen Einzeltests. Signifikanzniveaus * $p<0.05$, ** $p<0.01$, *** $p<0.001$

53

3. Ergebnisse und Diskussion

3.1.4 Ergebnisse der Präferenztests des Testsystems Schokolade

Schokolade stellt wie die Kartoffelchips ein Lebensmittel dar, das beim Menschen häufig in Zusammenhang mit Food Craving genannt wird. Deshalb wurden im Rahmen dieser Arbeit Untersuchungen im Testsystem Schokolade durchgeführt um hier ebenso wie schon bei den Kartoffelchips zu evaluieren, ob auch bei Ratten eine Aufnahme von Schokolade über die Sättigung hinaus stattfindet. Darüber hinaus war das Ziel, die wichtigsten Bestandteile zu identifizieren, die für die hohe Palatabilität von Schokolade verantwortlich sind. Um eine bessere Handhabung zu gewährleisten, wurden in diesem Testsystem Schokoladenstreusel verwendet. Als Hauptbestandteile der verwendeten Schokoladenstreusel sind Fett, Zucker und Milchpulver zu nennen, wobei das Milchpulver sowohl zum Gehalt an Zucker als auch an Proteinen beiträgt. Ausgangspunkt für die Testfutter dieses Systems war die Zusammensetzung von Schokoladenstreuseln nach dem Zutatenverzeichnis. Die einzelnen Bestandteile wurden wie in Abbildung 3.11 dargestellt gemischt, um ein Modell zu erhalten, das der Zusammensetzung von Schokoladenstreusel so nah wie möglich kommt. Die Zusammensetzung der Testfutter ist in Abbildung 3.12 dargestellt.

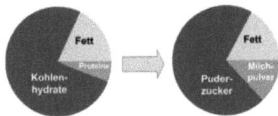

Abb. 3.11: Zusammensetzung der Schokoladenstreusel (Kohlenhydrate, Fett und Proteine) und des Modells der Schokoladenstreusel (Puderzucker, Fett und Milchpulver)

Die Testfutter wurden dann in binären Präferenztests verabreicht, wobei die Palatabilität über Futterverbrauch und Zählimpulse bestimmt wurde. Die Schokolade (SCH) wurde in den jeweiligen Präferenztests dem Standardfutter (Standard) sowie den Futtern mit zugemischtem Zucker (Z), Milchpulver (M) und Fett (F) vorgezogen. Auch gegenüber den Mischungen aus Fett und Milchpulver (F+M) sowie Zucker und Milchpulver (Z+M) wurde die Schokolade (SCH) in signifikantem Maß präferiert. Die Mischung aus Fett und Zucker (F+Z) erreichte die relative Palatabilität von Schokolade (SCH), wobei das Modell der Schokolade (F+Z+M) sogar zu einer noch höheren Aufnahme durch die Ratten führte als die Schokolade (SCH) selbst. Auch im Test gegen die Mischung aus Fett und Zucker (F+Z) wurde die Mischung aus Fett, Zu-

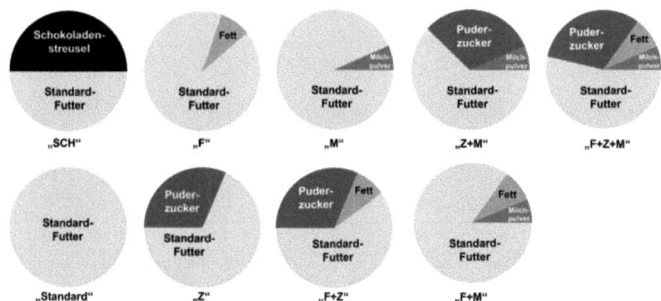

Abb. 3.12: Zusammensetzung der Testfutter des Testsystems Schokolade

cker und Milchpulver (F+Z+M) präferiert. Die Auswertung der Zählimpulse bestätigt die Ergebnisse durch die Futteraufnahme der binären Präferenztests bei nahezu allen Tests. Lediglich bei den Tests von Schokolade gegen das Modell aus Fett, Zucker und Milchpulver wurde im Gegensatz zum Futterverbrauch bei den Zählimpulsen kein signifikanter Unterschied zwischen diesen beiden Futtersorten erkennbar.

3. Ergebnisse und Diskussion

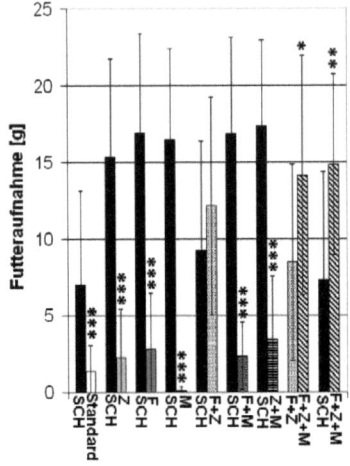
(a) Durchschnittliche Futteraufnahme bei den Präferenztests pro Käfig und Test

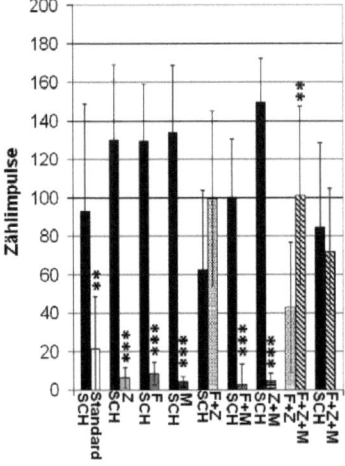
(b) Durchschnittliche Zählimpulse bei den Präferenztests pro Käfig und Test

Abb. 3.13: Präferenztests zwischen Schokolade (SCH) und Standardfutter (Standard), Schokolade und dem Zuckergehalt von Schokolade (Z), Schokolade und dem Fettgehalt von Schokolade (F), Schokolade und dem Milchpulveranteil von Schokolade (M), Schokolade und der Mischung des Fett- und Zuckeranteils von Schokolade (F+Z), Schokolade und der Mischung des Fett- und Milchpulveranteils von Schokolade (F+M), Schokolade und dem Zucker- und Milchpulveranteil von Schokolade (Z+M), dem Fett- und Zuckeranteil von Schokolade und dem Fett-, Zucker- und Milchpulveranteil von Schokolade (F+Z+M), Schokolade und dem Fett-, Zucker- und Milchpulveranteil von Schokolade. (a) zeigt den durchschnittlichen Futterverbrauch, (b) die durchschnittlichen Zählimpulse. Die Fehlerbalken entsprechen Standardabweichungen der mindestens 12 unabhängigen zehnminütigen Einzeltests. Signifikanzniveaus * $p<0.05$, ** $p<0.01$, *** $p<0.001$

3.1.5 Diskussion der Präferenztests

Das verwendete Tiermodell erwies sich als geeignet für die durchgeführte Art von Präferenztests. Bei jedem der durchgeführten Tests konnte eine Futteraufnahme bzw. die Aktivität der Tiere an einem Futterbehälter gemessen werden. Somit zeigte sich die Bereitschaft der Ratten, die Testfutter zusätzlich zum ständig zur Verfügung stehenden Standardfutter in Pelletform und ohne jeglichen Zwang aufzunehmen. Auch die Messung von Zählimpulsen, die durch die Auswertung von Kameraaufnahmen durchgeführt wurde, konnte zeigen, dass sich die Tiere freiwillig an den jeweiligen Futterbehältern aufhielten und somit einen Zählimpuls (»Eine Ratte frisst an einem Futterbehälter«) auslösten. Die Validität des entwickelten Präferenztestmodells wurde durch die Gabe zweier identischer Testfutter überprüft (Standard vs. Standard, Abb. 3.4, bzw. 17F 32KH vs. 17F 32KH, Abb. 3.10). In beiden Fällen wurde kein signifikanter Unterschied in der Aufnahme von Testfuttern mit gleicher Zusammensetzung zwischen den beiden Positionen der Futterbehälter gemessen. Dies zeigt, dass in den Tieren eine allein vom Futter abhängige Futteraufnahme induziert werden konnte. Der Aufbau ermöglicht also, echte Präferenzen zu detektieren und Messartefakte bestmöglich auszuschließen. Somit war es zuverlässig möglich, Präferenzen für die Zusammensetzung von Testfuttern sowohl über den Futterverbrauch als auch über die Zählimpulse zu ermitteln.

Testsystem Kartoffelchips

Das Testsystem Kartoffelchips führte zu folgenden Erkenntnissen, die in diesem Kapitel diskutiert werden:

- Die Testfutter Kartoffelchips, fettfreie Kartoffelchips, Fett, Kohlenhydrate und deren Mischung zeigten im Vergleich zum Standardfutter eine signifikant erhöhte relative Palatabilität

- Die relative Palatabilität eines Futters ist abhängig von seiner Zusammensetzung

- Fett und Kohlenhydrate in der Mischung konnten als die aktiven Komponenten von Kartoffelchips bezüglich ihrer relativen Palatabilität identifiziert werden

3. Ergebnisse und Diskussion

- Eine Mischung aus Fett und Kohlenhydraten erreicht bzw. übertrifft die Palatabilität des Chipsfutters abhängig vom gewählten Versuchsprotokoll

- Eine Mischung aus Fett und Kohlenhydraten erhöht die Palatabilität stärker als die Einzelkomponenten

- Fettfreie Kartoffelchips besitzen aufgrund ihres fehlenden Fettanteils und damit geringeren Energiegehalts geringere Palatabilität als fetthaltige Kartoffelchips

Im Testmodell Kartoffelchips (Kapitel 3.1.2) konnte gezeigt werden, dass das Chipsfutter eine signifikant höhere relative Palatabilität als das Standardfutter aufweist (Abb. 3.4). Auch alle weiteren Testfutter, wie der Kohlenhydrat- oder der Fettanteil von Kartoffelchips (Abb. 3.7), die Mischung des Fett- und Kohlenhydratanteils von Kartoffelchips (Chipsmodell) (Abb. 3.7) sowie fettfreie Kartoffelchips (Abb. 3.8) wurden im Vergleich zu Standardfutter bevorzugt aufgenommen und führten auch zu einer erhöhten Anzahl an Zählimpulsen. Eine Präferenz für energiereiche Snacks gegenüber Standardfutter konnte bereits in vorhergehenden Studien im Rattenmodell gezeigt werden [59][60]. Um herauszufinden, welche Inhaltsstoffe der Kartoffelchips für die hohe relative Palatabilität verantwortlich sind, wurden anschließend die einzelnen Komponenten in binären Präferenztests gegenüber Kartoffelchips, Standardfutter und untereinander verglichen. Es konnte gezeigt werden, dass der Kohlenhydratanteil von Kartoffelchips allein eine relativ geringe Palatabilität für die Versuchstiere aufwies, da alle anderen Testfutter außer dem Standardfutter (F, F+KH, Chips, sowie Chips-O) gegenüber dem Kohlenhydratfutter bevorzugt aufgenommen wurden und auch eine höhere Aktivität an den Futterbehältern auslösen konnten (Abb. 3.4, 3.7, 3.8). Die Gründe der relativ geringen, aber dennoch höchstsignifikanten Präferenz der Tiere für Kohlenhydratfutter gegenüber dem Standardfutter liegen möglicherweise im kleinen Unterschied des Energiegehaltes (Tab. 3.2) und in einer im Vergleich zu Standardfutter leicht veränderten, jedoch noch immer trockenen, mehlartigen Konsistenz. Möglicherweise führt allgemein eine Abwechslung in der Konsistenz eines Testfutters gegenüber dem Standardfutter zu einer erhöhten Aufnahme. Der Fettgehalt von Kartoffelchips in Form von Sonnenblumenöl in der Mischung mit Standardfutter hingegen zeigte eine deutlich erhöhte relative Palatabilität, besonders im direkten Vergleich mit dem Kohlenhydratfutter (Abb. 3.7). In zahlreichen Tierstudien wurde beschrieben, dass fettreiche Ernährung

3.1. Präferenztests

zu einer wesentlich höheren Gewichtszunahme führt als kohlenhydratreiche Ernährung [61]. Weiterhin wurde beschrieben, dass Ratten, die ständig Zugang zu Standardfutter hatten, dennoch bereit waren, zusätzlich angebotenes Futter in Form von ölhaltigen Emulsionen aufzunehmen [62]. Neben dem höheren Energiegehalt fettreicher Nahrung könnte möglicherweise auch zur höheren Gewichtszunahme beitragen, dass fetthaltige Nahrung aufgrund ihrer hohen Palatabilität in größeren Mengen aufgenommen wird als fettarme Nahrung, auch aufgrund einer subjektiv besseren Konsistenz. Somit kann die Palatabilität fettreichen Futters zunächst durch zwei unabhängige Effekte begründet werden. Zum Einen könnten fettreiche Futtersorten aufgrund des höheren Energiegehaltes, zum Anderen aufgrund einer attraktiven Konsistenz im Vergleich zu anderen Futtersorten bevorzugt aufgenommen werden. Eine Gewöhnung an fettreiches Futter kann bei Ratten sehr schnell zu einer anhaltenden Präferenz für fettreiche Nahrung führen [63], die nicht nur für eine häufigere Nahrungsaufnahme sorgt, sondern auch die Portionsgröße erhöht [64]. Die hohe relative Palatabilität des fetthaltigen Futters könnte durch Veränderung der Konsistenz und des Mundgefühls bzw. durch die Erhöhung des Energiegehaltes im Vergleich zum Kohlenhydrat- und Standardfutter hervorgerufen werden. So wurde beschrieben, dass Ratten, die 100 % Maisöl im Vergleich zu Wasser aufnehmen, eine erhöhte Aktivierung des Nucleus Accumbens - einer wichtigen Gehirnstruktur im Belohnungs- und Suchtsystem - zeigen, auch wenn postingestive Effekte durch Entfernen der aufgenommenen Flüssigkeit aus dem Magen vor einer möglichen Verdauung eliminiert werden. Als Begründung wird das Mundgefühl im Zusammenhang mit Geruch, Geschmack oder ein möglicherweise bei Ratten vorkommender Fettsäurerezeptor [65] diskutiert. Zudem soll das gesamte dopaminerge System bei Mäusen durch Effekte im Zusammenhang mit dem Mundgefühl, das durch Fett ausgelöst wird, aktiviert werden und somit zu einem positiven Eindruck gegenüber dem Lebensmittel führen [66]. Außerdem wurde gezeigt, dass der Nährwert eine entscheidende Rolle bei der Nahrungsauswahl spielt. Ratten, die in einer Konditionierungsphase die Möglichkeit hatten einen - auch künstlich zugesetzten - Geruch mit dem Energiegehalt eines bestimmten Lebensmittels zu verbinden, zeigen später eine Präferenz für den Geruch der mit dem energetisch höherwertigen Lebensmittel verknüpft wurde [67]. Dies zeigt, dass Ratten Futtersorten mit einem höheren Energiegehalt gegenüber weniger energiehaltigen Futtern präferieren. Zusätzliche Hinweise auf die Wichtigkeit postingestiver Einflüsse geben weitere Konditionierungsstudien mit Ratten, die einen neutralen Stimulus mit einer Injektion eines Futters über eine Sonde in den Magen verknüpften. Hierbei zeigt sich jeweils eine Präferenz für das fetthaltige Futter, also für das Futter

3. Ergebnisse und Diskussion

mit dem höheren Energiegehalt [61][68]. Eine im Rahmen dieser Arbeit gefundene Präferenz von überwiegend fetthaltigem im Vergleich zu überwiegend kohlenhydrathaltigem Futter konnte bereits von Warwick et al. festgestellt werden. So wurde beschrieben, dass bei Ratten eine höhere Energieaufnahme durch eine fettreiche im Vergleich zu einer kohlenhydratreichen Nahrung festgestellt wurde, auch wenn die Nahrung über eine Sonde direkt in den Magen gegeben und die Effekte durch die direkte Aufnahme somit ausgeschlossen werden [69]. Die relative Palatabilität eines Lebensmittels scheint also durch verschiedene Einflüsse reguliert zu werden. In der Diskussion stehen zusätzlich zum Mundgefühl und dem Energiegehalt noch der Einfluss von Geruch und Geschmack des Lebensmittels, Geräusch beim Verzehr sowie visuelle und haptische Eindrücke [70].

Um den Einfluss von Energie und Konsistenz weiter zu untersuchen, wurde das Testsystem Kartoffelchips um ein Chipsfutter aus fettfreien Kartoffelchips mit dem Fettaustauschstoff Olestra® (Chips-O) erweitert. Olestra®, ein Gemisch aus Hexa-, Hepta-, und Oktaestern von Saccharose mit langkettigen Fettsäuren, ist in den USA für Kartoffelchips und andere Snacks als Fettersatzstoff zugelassen [71]. Die daraus hergestellten Produkte weisen einen deutlich geringeren Energiegehalt auf als konventionelle Snacks, da Olestra® im Gegensatz zu Fetten oder Ölen unverdaut und ohne verstoffwechselt zu werden wieder ausgeschieden wird [72]. Diese fettfreien, gesalzenen Kartoffelchips besitzen bei ähnlicher Konsistenz, ähnlichem Mundgefühl und ähnlichem Geschmack nur etwa die Hälfte des Brennwertes (Tab. 3.1) im Vergleich zu den hier verwendeten fetthaltigen, gesalzenen Kartoffelchips. Im Präferenztest wurde dieses Testfutter gegenüber Standardfutter und dem Kohlenhydratanteil konventioneller Kartoffelchips deutlich bevorzugt aufgenommen und führte auch zu einer erhöhten Anzahl an Zählimpulsen (Abb. 3.8). Dies zeigt, dass die veränderte Konsistenz in der Tat eine Rolle spielt, da der Energiegehalt dieser drei Futtersorten nur geringfügig voneinander abweicht, wobei sogar das Futter mit den fettfreien Kartoffelchips den geringsten Brennwert besitzt (Tab. 3.2). Daher kann bestätigt werden, dass die Konsistenz einen Beitrag zur relativen Palatabilität von Kartoffelchips leistet. Dass die Konsistenz einen kleineren Beitrag leistet als der Energiegehalt kann aus dem direkten Test von fettfreien Kartoffelchips gegen den Fettgehalt (F) konventioneller Kartoffelchips gefolgert werden. Hierbei wurde das Futter F dem Futter Chips-O deutlich vorgezogen und vermochte auch mehr Zählimpulse zu induzieren (Abb. 3.8). Die Konsistenz beider Futtersorten ist relativ ähnlich, aber deutlich abweichend vom trockenen Standard- oder Kohlenhydratfutter. Der Energiegehalt des fetthaltigen Futters liegt jedoch weit über dem des Futters Chips-O (Tab. 3.1) und trägt somit vermutlich deutlich dazu

3.1. Präferenztests

bei, dass dieses Futter gegenüber Chips-O bevorzugt wird. Zu einem qualitativ vergleichbaren Ergebnis führten die Tests von Chips-O gegen die Mischung aus Fett und Kohlenhydraten (F+KH). Außerdem wurde eine Präferenz der Tiere für die fetthaltigen im Vergleich zu den fettfreien Kartoffelchips festgestellt (Abb. 3.8). Da sich diese beiden Futtersorten nahezu nicht in der Konsistenz unterschieden, muss die deutliche Entscheidung der Versuchstiere für die fetthaltige Futtersorte auf den Energiegehalt zurückzuführen sein. Es kann also die These bestätigt werden, dass der Energiegehalt des Futters von großer Bedeutung für die relative Palatabilität eines Lebensmittels im Tierversuch ist und dass die Konsistenz einen weiteren Beitrag zur relativen Palatabilität leistet. Darüber hinaus könnten präingestive Effekte über einen Fettrezeptor eine Rolle spielen, der Triglyceride, aber nicht die Fettersatzstoffe erkennt. Der große Beitrag des Energiegehaltes zur Palatabilität eines Futters konnte durch weitere Versuche bestätigt werden (nicht gezeigt), in denen eine Mischung aus 35 % Sonnenblumenöl und 65 % Maltodextrin gegenüber einer Mischung aus 35 % Sonnenblumenöl und 65 % Cellulose signifikant präferiert wurde. Hierbei wurde zwar das gleiche Verhältnis von Fett zu Kohlenhydraten eingesetzt, jedoch wird Cellulose nicht verstoffwechselt und stellt deshalb einen Ballaststoff dar, der keine Energie liefert. Weiterhin konnte anhand eines Präferenztests zwischen einem Futter mit 35 % Sonnenblumenöl und 65 % Maltodextrin und einem Futter mit 35 % Sonnenblumenöl und 65 % Kartoffelmehl ein Hinweis darauf gewonnen werden, dass die Kohlenhydratquelle keinen Einfluss auf die Palatabilität ausübt wenn sich der Energiegehalt nicht unterscheidet. Zwischen diesen Futtersorten konnten weder im Bezug auf die Nahrungsaufnahme noch im Bezug auf die Zählimpulse signifikante Unterschiede festgestellt werden. Die in der vorliegenden Arbeit gefundene Präferenz für fetthaltige Futter deutet darauf hin, dass der Energiegehalt einen entscheidenden Aspekt darstellt, der die relative Palatabilität der Testfutter bestimmt. Dies wird weiterhin durch die Testung der Fett-Kohlenhydrat-Mischung belegt.

Eine noch höhere relative Palatabilität als der Fettgehalt der Kartoffelchips weist die Mischung aus Fett und Kohlenhydraten auf, die sowohl bei der Auswertung des Futterverbrauches als auch der Zählimpulse eine noch stärkere Präferenz gegenüber allen anderen Einzelkomponenten, dem fettfreien Chipsfutter und Standardfutter zeigte (Abb. 3.7). Weiterhin zeigte die Mischung bezüglich Nahrungsaufnahme und Zählimpulsen keinen signifikanten Unterschied zum vorher bereits bekannten Chipsfutter (Abb. 3.4). Diese beobachtete Präferenz liegt vermutlich daran, dass die Mischung aus Fett und Kohlenhydraten einen höheren Energiegehalt als die Testfutter mit den Einzelkompo-

3. Ergebnisse und Diskussion

nenten und einen ähnlichen Energiegehalt wie die Kartoffelchips aufweist. Der Präferenztest zwischen Chips und der Fett-Kohlenhydrat-Mischung wurde in zwei verschiedenen Tiermodellen durchgeführt. Im zunächst beschriebenen Tiermodell waren die Chips den Ratten im Gegensatz zu der Fett-Kohlenhydrat-Mischung vorher bekannt. Im zweiten Tiermodell waren die Ratten bezüglich beider Futtersorten naiv. In Ratten, die für Chips trainiert, aber gegenüber der Fett-Kohlenhydrat-Mischung naiv waren, konnten im Durchschnitt keine signifikanten Unterschiede zwischen der relativen Palatabilität von Kartoffelchips und der Mischung aus Fett und Kohlenhydraten festgestellt werden. Allerdings zeigten die Einzeltests einen deutlichen Trend (Abb. 3.5). Beim ersten Test, bei dem aus vorherigen Tests das Chipsfutter bereits bekannt war, stellte sich eine starke Präferenz für das Chipsfutter ein. Beim zweiten Test der beiden Futtersorten gegeneinander waren die Ratten bereits mit beiden Futtersorten vertraut. Es zeigte sich hierbei weiterhin eine Präferenz für das Chipsfutter, allerdings in geringerem Maße. Beim dritten Test der Futter gegeneinander war keine signifikant unterschiedliche Nahrungsaufnahme sowie kein signifikanter Unterschied in der Anzahl der Zählimpulse mehr festzustellen. Es zeigte sich im Mittel kein signifikanter Unterschied in der Palatabilität des Chipsmodells und des Chipsfutters. Um diesen Effekt näher zu untersuchen, wurde eine weitere Testreihe mit gegenüber beiden Futtersorten Chipsfutter und Chipsmodell naiven Ratten durchgeführt. Hierbei konnte festgestellt werden, dass das Chipsmodell dem Chipsfutter deutlich und dauerhaft vorgezogen wurde, auch wenn während des Tests (Testtage 7 bis 12) eine mehrtägige Gewöhnung an das Chipsfutter durch dessen ausschließliche Fütterung über 6 Tage durchgeführt wurde (Abb. 3.6). Daraus kann gefolgert werden, dass vermutlich eine initiale Gewöhnung an den Geschmack der Kartoffelchips nötig ist um eine Präferenz für das Chipsfutter auszulösen. Die Mischung aus Fett und Kohlenhydraten erreicht also im Präferenztest die relative Palatabilität von Kartoffelchips wenn diese vorher bekannt sind, auch wenn im Vergleich zu den Chips der durch Kohlenhydrate ersetzte Proteinanteil fehlt, die Röstaromen durch den fehlenden Frittiervorgang nicht gebildet wurden und aus dem gleichen Grund die knusprige Konsistenz von Kartoffelchips nicht erreicht werden konnte. Im Bezug auf beide Futtersorten naive Ratten zeigten jedoch sowohl eine signifikant höhere Futteraufnahme als auch eine signifikant erhöhte Anzahl an Zählimpulsen durch das Chipsmodell im Vergleich mit dem Chipsfutter. Möglicherweise bewirkt einer oder mehrere der bei Kartoffelchips zusätzlich vorhandenen für die Tiere fremden Bestandteile bzw. Eigenschaften, dass die naiven Tiere die Mischung aus Fett und Kohlenhydraten nachhaltig präferieren. Ausschließlich eine initiale Ge-

3.1. Präferenztests

wöhnung an die Kartoffelchips sorgt also für eine anfängliche Präferenz gegenüber dem Chipsmodell. Möglicherweise ist für diesen Effekt der Salzgehalt der Kartoffelchips verantwortlich. Dem Chipsmodell wurde kein Salz zugesetzt, da in Vorversuchen kein aussagekräftiger Unterschied in der Aufnahme von gesalzener im Vergleich zu ungesalzener Nahrung auftrat. Es ist jedoch beschrieben, dass Ratten in Fütterungsversuchen bei der Auswahl zwischen salzhaltigen und ungesalzenen Produkten eher die ungesalzenen Varianten bevorzugen. Dies scheint für feste Nahrung zuzutreffen, wohingegen für Flüssigkeiten der umgekehrte Effekt postuliert wird [73][74]. Der Salzgehalt scheint folglich die Tiere von einer Aufnahme von Kartoffelchips abzuhalten, wenn eine ungesalzene Futtersorte mit ähnlichen Inhaltsstoffen und vergleichbarem Energiegehalt zur Verfügung steht. Beim Menschen wird im Gegensatz dazu diskutiert, dass Salz möglicherweise appetitanregend wirkt und somit zu einer erhöhten Nahrungsaufnahme führt [75]. Deshalb sollte der Salzgehalt von Kartoffelchips in Folgestudien berücksichtigt werden. Dies könnte beispielsweise zunächst durch Präferenztests zwischen einer salzhaltigen und einer salzfreien Mischung aus Fett und Kohlenhydraten mit naiven Ratten erfolgen. Es konnte also gezeigt werden, dass die Hauptkomponenten Fett und Kohlenhydrate sehr wichtige Determinanten für die relative Palatabilität für Kartoffelchips darstellen. Weitere Inhaltsstoffe wie Salz, Proteine oder Röstaromen scheinen darüber hinaus die Palatabilität von Kartoffelchips deutlich zu beeinflussen.

Tab. 3.1: Energiegehalt der Futterkomponenten des Testsystems Kartoffelchips

Futterkomponente	Energiegehalt [kcal/100 g]	Quelle
Standardfutter	284	Hersteller
Kartoffelchips	541	Hersteller
Fettfreie Kartoffelchips	268	Hersteller
Sonnenblumenöl	928	[76]
Maltodextrin	380	[76]

Folgende Präferenzreihenfolge lässt sich aus den Versuchen ableiten:

1. Chips
   Chips-Modell
2. Fettanteil von Kartoffelchips
3. Fettfreie Kartoffelchips
4. Kohlenhydratanteil von Kartoffelchips
5. Standardfutter

3. Ergebnisse und Diskussion

Tab. 3.2: Energiegehalt Testfutter Testsystem Kartoffelchips

Futtersorte	Energiegehalt [kcal/100 g]
Standard	284
KH	315
F	397
F+KH	428
Chips	412
Chips-O	276

Somit konnte gezeigt werden, dass die relative Palatabilität eines Futters vom Energiegehalt, der Konsistenz sowie der Zusammensetzung abhängt. Die höchste Palatabilität wurde durch eine Mischung von Fett und Kohlenhydraten, im gleichen Verhältnis wie sie in Kartoffelchips vorliegen, erzielt. Die Palatabilität von Kartoffelchips kann folglich zu großen Teilen durch die enthaltene Mischung aus Fett und Kohlenhydraten begründet werden, wobei weitere Bestandteile bzw. Eigenschaften zusätzliche Einflüsse auf die Palatabilität ausüben. Die Gewöhnung an Kartoffelchips scheint bei Ratten ihre Palatabilität entscheidend zu beeinflussen.

Testsystem Fett und Kohlenhydrate

Das Testsystem Fett und Kohlenhydrate führte zu folgenden Erkenntnissen, die in diesem Kapitel diskutiert werden:

- Steigender Fettgehalt führt zunächst zu einer erhöhten Palatabilität des Futters
- Die Palatabilität eines Futters geht ab einem gewissen Fettgehalt wieder zurück
- In Kartoffelchips liegt ein von den Ratten präferiertes Verhältnis von Fett und Kohlenhydraten vor

Die Mischung aus Fett und Kohlenhydraten wurde durch die Testreihen aus dem Testsystem Kartoffelchips als das Versuchsfutter identifiziert, das die relative Palatabilität der Kartoffelchips am besten widerspiegelt. Aus diesem Grund wurden im nachfolgend diskutieren Testsystem Fett und Kohlenhydrate (Kapitel 3.1.3) verschiedene Verhältnisse dieser Hauptbestandteile gegeneinander getestet. Dabei zeigte sich, dass ein steigender Fettgehalt zu einer erkennbar höheren Aufnahme einer Futtersorte sowie zu erhöhter Anzahl an Zählimpulsen führte (Abb. 3.10), wobei dieser Trend bei höheren

Fettgehalten im Bereich von 40 bis 50 % leicht rückgängig war. Dies ließ sich sowohl beim Futterverbrauch als auch bei den Zählimpulsen beobachten. Besser ersichtlich ist dieser Trend aus Abbildung 3.10(c), in der jeweils die Differenz von Futterverbrauch bzw. Zählimpulsen aus dem variierenden Testfutter und dem Vergleichsfutter, das dem Chipsmodell entspricht, gebildet und aufgetragen wurde. Hierbei ist bei den Testfuttern mit 30 bzw. 35 % Fettgehalt ein deutliches Maximum in der Nahrungsaufnahme im Vergleich zum Chipsmodell erkennbar. Dieser Bereich mit der maximalen relativen Aufnahme des Testfutters zeigt, dass der Energiegehalt einer Futterart nicht das alleinige Merkmal für die relative Palatabilität eines Futters darstellt. Bei höherem Fettgehalt ab 40 % tritt möglicherweise der Einfluss der Konsistenz in den Vordergrund, da bei solch hohen Gehalten an Sonnenblumenöl nicht mehr das gesamte Öl vollständig vom Futter gebunden werden kann. Es scheint also einen optimalen Bereich des Fettgehaltes zu geben, der die höchste Präferenz der Ratten für das Testfutter auslöste. Bei den Zählimpulsen ist dieser Trend ebenfalls erkennbar, mit der Einschränkung, dass alle Futter mit 25 % bis 45 % Fett nahezu die gleiche Aktivität am Futterbehälter auslösten. Ein leichtes Maximum in der Differenz zwischen den Futtern mit 25 und 30 % und dem Chipsmodell ist aber auch bei den Zählimpulsen erkennbar (Abb. 3.10(d)). Ein sehr interessanter Aspekt wird ersichtlich, wenn die Zusammensetzung des gesamten Testfutters berücksichtigt wird, also wenn zum zugesetzten Fett- und Kohlenhydratgehalt auch noch die Bestandteile des zu 50 % zugemischten Standardfutters (Tab. 2.3) berücksichtigt werden. Hierbei stellte sich heraus, dass der Fett- und Kohlenhydratanteil der verwendeten fetthaltigen Kartoffelchips genau im Bereich der beiden attraktivsten Testfutter aus dem Testmodell Fett und Kohlenhydrate lag. Reine Kartoffelchips ohne Zumischung von Standardfutter scheinen also die Zusammensetzung einer für die Versuchstiere maximal attraktiven Nahrung aufzuweisen. Alle Faktoren aus dem Testmodell Kartoffelchips tragen hier zur Begründung bei: Ein hoher Energiegehalt, eine scheinbar angenehme, nicht trockene Konsistenz sowie die Mischung aus Fett und Kohlenhydraten, die in hohem Maße für die Präferenz für eine Futtersorte verantwortlich ist. Diese These einer scheinbar optimalen Futterzusammensetzung findet sich auch in der Literatur. Hierbei wurde Ratten eine breite Auswahl an attraktiven Lebensmitteln in Form einer »Cafeteria Diät« zur Verfügung gestellt. Die Tiere hatten freien Zugang zu Käse, Schokolade, Banane, Räucherspeck, »Mäusespeck« in verschiedenen Geschmacksrichtungen, gerösteten Haselnüssen, Leberpastete, Kleingebäck, Croissants sowie gezuckerter Milch. Auffällig war, dass eine scheinbar optimale Zusammensetzung der Hauptnährstoffe existiert, da die Tiere sich ihr Futter so zu-

3. Ergebnisse und Diskussion

Tab. 3.3: Energiegehalt Testfutter Testsystem Fett und Kohlenhydrate

Futtersorte	Energiegehalt [kcal/100 g]
5 F 45 KH	360
10 F 40 KH	386
17 F 32 KH	425
25 F 25 KH	464
30 F 20 KH	490
35 F 15 KH	516
40 F 10 KH	542
45 F 5 KH	568
50 F 0 KH	594

sammenstellten, dass das Verhältnis von Fett, Kohlenhydraten und Protein konstant blieb. Es wurde postuliert, dass Ratten neben dem Energiegehalt auch die Hauptnährstoffe erkennen und selbst durch Aufnahme der verschiedensten Futter eine optimale Versorgung erreichen können [77]. Der gefundene scheinbar optimale Fettgehalt von 40 % deckt sich annähernd mit den Beobachtungen der Fütterungsstudie und auch der Kohlenhydrat- (45 %) sowie der Proteingehalt (15 %) liegt in der Größenordnung des Testfutters, das im Rahmen dieser Studie zur höchsten Präferenz führte. Die Aussage aus der genannten Studie, dass es eine optimale Futterzusammensetzung zu geben scheint, die nicht ausschließlich auf einen hohen Energiegehalt abzielt, lässt sich durch die Präferenztests - wenn auch mit geringfügig unterschiedlichen Zahlenwerten - klar bestätigen. Es konnte gezeigt werden, dass das Verhältnis von Fett und Kohlenhydraten wie es in Kartoffelchips vorliegt, in der durchgeführten Fütterungsstudie die höchste Palatabilität erreichen konnte. Aufgrund dieser Beobachtung wurden für die Fütterungen für die bildgebende Magnetresonanztomographie Kartoffelchips ohne Zumischung von Standardfutter sowie ein entsprechendes Chipsmodell mit dem gleichen Verhältnis von Fett zu Kohlenhydraten wie in den Kartoffelchips verwendet um nach Möglichkeit die attraktivsten Futter auszuwählen.

Testsystem Schokolade

Das Testsystem Schokolade führte zu folgenden Erkenntnissen, die in diesem Kapitel diskutiert werden:

- Die Mischung von Fett und Kohlenhydraten ist von großer Bedeutung für die Palatabilität eines Futters

- Eine Mischung aus Fett und Kohlenhydraten übertrifft die Palatabilität der Schokolade

- Zusätzliche Bestandteile bzw. Eigenschaften von Schokolade im Vergleich zum Schokoladenmodell sorgen dafür, dass eher das Modell präferiert wird

Das Testsystem Schokolade (Kapitel 3.1.4) beschäftigt sich mit einem Lebensmittel, das in der Literatur sehr häufig im Zusammenhang mit erhöhter Aufnahme bzw. »Food Craving« genannt wird - der Schokolade [78]. Die relative Palatabilität von Schokolade beruht vermutlich auf dem relativ hohen Fett- und Zuckeranteil, auf der Textur sowie dem Aroma durch den Kakao. Möglicherweise besteht auch ein Zusammenhang mit dem serotonergen und dopaminergen System im Gehirn, das möglicherweise durch Kakaobestandteile der Schokolade stimuliert wird, belohnende Signale zu senden. Allerdings existieren auch verschiedene Studien, die keine durch Schokolade ausgelösten physiologischen Effekte nachweisen konnten [1]. So wird z.B. postuliert, dass die relative Palatabilität von Schokolade vom Wissen herrührt, dass Schokolade aus gesundheitlichen Gründen aufgrund ihres hohen Energiegehaltes nur in kleinen Mengen aufgenommen werden sollte. Ein gewisser »Reiz des Verbotenen« soll folglich für die Aufnahme von Schokolade verantwortlich sein [79]. Eine weitere Studie beschreibt, dass möglicherweise vorhandenes Craving für Schokolade hauptsächlich durch Aroma, Struktur, Süße sowie den Energiegehalt gestillt werden kann. Dieser Effekt kann durch Milchschokolade und auch durch weiße Schokolade erzielt werden, da diese im Vergleich zu dunkler Schokolade weniger bzw. keine physiologisch wirksamen Bestandteile aus dem Kakao enthalten. Es wurde gezeigt, dass in Kapselform supplementierte pharmakologisch wirksame Bestandteile der Schokolade nicht zur Stillung des Cravings beitragen können [80]. Die meisten wirksamen Bestandteile wurden als zu gering konzentriert eingestuft bzw. sind nicht in der Lage in ausreichender Menge die Blut-Hirn-Schranke

3. Ergebnisse und Diskussion

zu überwinden. Als möglicherweise wirksamer Bestandteil wird lediglich Koffein vorgeschlagen [81].

Die Ergebnisse des Testsystems Schokolade (Abb. 3.13) bestätigen die Beobachtungen aus dem Testsystem Kartoffelchips. Das mit 50 % Standardfutter vermischte Lebensmittel - hier Schokoladenstreusel - wies eine höhere relative Palatabilität auf als die Einzelbestandteile Zucker (Z), Fett (F), Milchpulver (M) sowie Standardfutter. Zudem wurde das Futter mit Schokolade (SCH) deutlich gegenüber der Mischung aus Fett und Milchpulver (F+M) sowie der Mischung aus Zucker und Milchpulver (Z+M) präferiert. F+M entspricht in diesem Testsystem vermutlich dem alleinigen Fettgehalt von Kartoffelchips, da im Milchpulver nur sehr wenig Kohlenhydrate enthalten sind. In jedem Fall konnte das Futter F+M vergleichbar mit dem Fettgehalt der Kartoffelchips nicht die relative Palatabilität der Schokolade erzielen. Ebenso verhielt es sich mit dem Futter Z+M, das aufgrund der Zusammensetzung und der mehlartigen, trockenen Konsistenz mit dem Kohlenhydratanteil von Kartoffelchips vergleichbar ist. In allen diesen Präferenztests waren, wie im Testsystem Kartoffelchips erläutert, der Energiegehalt (siehe Tab. 3.4 und 3.5) sowie möglicherweise die Konsistenz bzw. das Mundgefühl wichtige Aspekte bei der Auswahl einer der bereitgestellten Futtersorten. Die Präferenztests zwischen dem Futter mit Schokolade und den Futtern F+Z bzw. F+Z+M zeigten, dass die Mischung aus Fett und Kohlenhydraten im vorliegenden Testmodell eine sehr hohe relative Palatabilität besaß und wie schon bei den Kartoffelchips die relative Palatabilität des zugrunde liegenden Lebensmittels erreicht. So zeigte die Mischung aus Fett und Zucker sowohl im Hinblick auf den Futterverbrauch als auch der Zählimpulse eine leicht höhere, wenn auch nicht signifikant unterschiedliche relative Palatabilität als die Schokolade in der Mischung mit Standardfutter. Ähnlich verhielt es sich beim Test von F+Z+M, also einem erweiterten Modell für das Schokoladenfutter, wobei hier sogar das Modell gemessen am Futterverbrauch signifikant attraktiver erschien, wohingegen bei den Zählimpulsen kein signifikanter Unterschied zu erkennen war. Es kann gefolgert werden, dass die Modelle, sowohl mit als auch ohne Milchpulver noch attraktiver als die Schokolade erscheinen. Es wurde beschrieben, dass im Rahmen einer »Cafeteria Diät«, bei der Ratten auch Schokolade zur Verfügung steht, kaum Schokolade aufgenommen wird [77]. Auch Vorversuche zeigten, dass dunkle Schokolade eher unattraktiv für Ratten erschien, was möglicherweise auf den bitteren Geschmack zurückzuführen ist. Deshalb wurden für dieses Testsystem Milch-Schokoladenstreusel verwendet, die einen geringen bitteren Geschmack aufwiesen. Zudem konnte gezeigt werden, dass das Futter F+Z+M im direkten Test gegen das Futter ohne Milchpulver (F+Z) signifikant

3.1. Präferenztests

Tab. 3.4: Energiegehalt Futterkomponenten Testsystem Schokolade

Futterkoponente	Energiegehalt [kcal/100 g]	Quelle
Standardfutter	284	Hersteller
Schokoladenstreusel	541	Hersteller
Speisefett	900	Hersteller
Puderzucker	380	[76]
Proteine	535	[76]
Magermilchpulver	464	berechnet aus Bestandteilen

präferiert wurde. Dies lässt sich möglicherweise durch den höheren Energiegehalt, mit dem durch Milchpulver geringfügig erhöhten Kohlenhydrat- und zusätzlichen Proteinanteil oder durch Konsistenzeffekte erklären, wobei die Konsistenz der beiden Futter nahezu identisch war. Folgende Präferenzreihenfolge lässt sich aus den Versuchen ableiten:

1. Schokoladen-Modell

2. Schokolade
   Fett-Zucker-Mischung

3. Fett-Milchpulver-Mischung
   Fett
   Zucker

4. Milchpulver
   Standardfutter

Folglich konnten auch die im Rahmen des Testsystems Schokolade durchgeführten Präferenztests zeigen, dass die Mischung aus Fett und Kohlenhydraten das wichtigste Kriterium für die Palatabilität eines Futters darstellt. Das Schokoladenmodell wies hierbei sogar eine höhere Palatabilität als die Schokolade selbst auf. Wie schon im Testsystem Kartoffelchips diskutiert, tragen vermutlich zusätzlich zum Modell vorhandene Bestandteile oder Eigenschaften der Schokolade dazu bei, dass das das Modell präferiert wird.

3. Ergebnisse und Diskussion

Tab. 3.5: Energiegehalt der Testfutter des Testsystems Schokolade

Futtersorte	Energiegehalt [kcal/100 g]
Standard	284
M	311
Z	326
F	352
Z+M	337
F+M	363
F+Z	377
Z+M+F	389
SCH	379

3.1.6 Zusammenfassung der Präferenztests

Zunächst konnte gezeigt werden, dass das entwickelte Tiermodel geeignet ist, wirkliche Präferenzen zu detektieren. Die drei täglichen Tests für je 10 Minuten lieferten sowohl durch die Differenzwägung des Futters als auch durch Bestimmung von Zählimpulsen aussagekräftige Ergebnisse. Die dafür wichtigste Voraussetzung, dass die Versuchstiere zusätzlich zum durchgehend bereitgestellten Standardfutter in Pelletform Testfutter aufnehmen, war erfüllt. Es konnte weiter gezeigt werden, dass sowohl Kartoffelchips als auch Schokolade eine zusätzliche Nahrungsaufnahme bei Ratten induzieren können. Diese zusätzliche Nahrungsaufnahme ist nach den Erkenntnissen der Fütterungsstudie hauptsächlich auf die Hauptbestandteile von Kartoffelchips und Schokolade zurückzuführen - Fett und Kohlenhydrate. Die Mischung dieser beiden Komponenten zeigt sich für die hohe relative Palatabilität der beiden Lebensmittel verantwortlich, wohingegen die einzelnen Bestandteile eine geringere Palatabilität als die Mischung aufweisen. Weitere wichtige Kriterien für eine hohe Palatabilität sind ein hoher Energiegehalt sowie die Konsistenz bzw. das Mundgefühl. Zudem konnte ein Futter mit der Zusammensetzung aus 30-35 % Fett und 15-20 % Kohlenhydraten in der Mischung mit 50 % Standardfutter als das Futter ermittelt werden, das die höchste Präferenz im Vergleich mit anderen Futtersorten in den Tieren induzierte. Da dieses Futter nahezu der Zusammensetzung von Kartoffelchips (35 % Fett, 59 % Kohlenhydrate, 6 % Proteine) entspricht, wurden Kartoffelchips ohne Zumischung von Standardfutter sowie ein Modell der Kartoffelchips aus 35 % Fett und 65 % Kohlenhydraten aufgrund ihrer hohen relativen Palatabilität für die folgenden Studien verwendet, in denen mittels Magnetresonanztomographie die

Gehirnaktivität von Ratten gemessen werden sollte, die durch unterschiedlich Testfutter hervorgerufen werden.

3. Ergebnisse und Diskussion

3.2 Kombination von Verhaltenstests und bildgebender Magnetresonanztomographie

Die durchgeführten Präferenztests im Rahmen einer Fütterungsstudie konnten zeigen, dass die Palatabilität von Kartoffelchips und auch von Schokolade zu einem großen Teil durch die Mischung von Fett und Kohlenhydraten begründet werden kann. Durch Bereitstellung von Futtersorten wie Kartoffelchips oder der Mischung aus Fett und Kohlenhydraten (Chipsmodell), konnte eine beachtliche Futteraufnahme zusätzlich zum ad libitum bereitgestellten Standardfutter induziert werden. Um die Vorgänge im Gehirn von Ratten, die bei der Auswahl von Futtern mit hoher Palatabilität ablaufen, zu verstehen, stellt die funktionelle Magnetresonanztomographie eine probate Methode dar. Wie in der Einleitung beschrieben, scheiden Verfahren wie das BOLD- oder das CBV-Verfahren aus dem Grunde aus, dass hierbei der Stimulus direkt im MRT unter Narkose erfolgen müsste was eine Anwendung im Zusammenhang mit Nahrungsaufnahme ausschließt. Deshalb muss für die Untersuchung der Gehirnaktivität im Zusammenhang mit der Nahrungsaufnahme eine andere Methode zum Einsatz kommen: Die manganverstärkte Magnetresonanztomographie (MEMRI). Hierbei kann außerhalb des MRT eine Lösung von Manganchlorid als Kontrastmittel appliziert werden, wobei sich die Manganionen (Mn^{2+}) in aktiven Gehirnregionen anreichern. Dieser Akkumulationsvorgang nimmt je nach Gehirnregion und vorherrschender Blut-Hirn-Schranke einige Zeit in Anspruch. Daher muss geklärt werden, zu welchem Zeitpunkt ausreichend Mn^{2+} im Gehirn angekommen ist, um die Versuchstiere dem Stimulus »Futter« auszusetzen, um die Auswirkungen dieses Stimulus auf die regionsspezifische Gehirnaktivität zu untersuchen. Auch der Zeitpunkt der Messung und damit die Dauer des Stimulus muss evaluiert werden um den bestmöglichen Kontrast durch die Mangananreicherung im Gehirn messen zu können. Das geplante Protokoll sah zunächst vor, den Stimulus »Futter« den Tieren nach einer Einmalinjektion einer Dosis von 65 mg $MnCl_2$ pro kg Körpergewicht bereitzustellen. Neben weiteren Parametern sollte mit der im Folgenden dargestellten Untersuchung der Zeitkinetik der bestmögliche Messzeitpunkt ermittelt werden.

Zudem sollte der erstellte Rattengehirnatlas (siehe Kapitel 2.2) zur Anwendung kommen. Über 400 Einzelstrukturen, die zu 166 Überstrukturen zusammengefasst wurden können so mit Hilfe dieses Atlanten im Kapitel Zeitkinetik im Hinblick auf die Kinetik der Manganaufnahme in die jeweiligen Gehirnstrukturen untersucht werden.

3.3 Zeitkinetik der Manganaufnahme ins Gehirn

Anhand der im Folgenden diskutieren Experimente sollten Grundlagen der Kinetik der Manganaufnahme ins Gehirn untersucht werden. Außerdem wurden anhand dieser Studie Mess- und Auswertungsparameter entwickelt, die in der Untersuchung futterspezifischer Auswirkungen auf Bewegungsaktivität und strukturspezifische Gehirnaktivität Anwendung finden sollten. Zunächst wurde die Aufnahmekinetik von Mn^{2+} ins Gehirn untersucht. Die Vorbereitung der Versuchstiere, die Injektion sowie die Messdetails der durchgeführten Messungen mit den Messprotokollen FLASH und MDEFT sind in Kapitel 2.3 beschrieben. Außerdem ist der Ablauf der Vorgehensweise bei den Messungen in Abbildung 3.14 zusammengefasst. Nach einer einmaligen Injektion einer Manganchloridlösung mit einer resultierenden Dosis von im Mittel 60 mg/kg wurden die 5 verwendeten Versuchstiere nach 0, 1, 2, 3, 4, 8, 16, 24 und 48 Stunden im MRT vermessen um die Aufnahme von Mn^{2+} ins Gehirn zu detektieren. Die Injektion erfolgte dorsal subcutan, also im Rückenbereich unter die Haut. Dabei wurde den Ratten jeweils 1 mL Manganchloridlösung (100 mM) links und rechts injiziert. Ein Vergleich zwischen intravenöser (IV), intraperitonealer (IP) und subcutaner (SC) Applikation von Manganchlorid in der Literatur zeigt, dass alle drei Applikationsarten geeignet sind, Kontraste im Gehirn von Mäusen ohne Aufbrechen der Blut-Hirn-Schranke zu erzielen [82]. Die Vorteile einer Injektion IV sind ein schneller Anstieg der Mangankonzentration, die Möglichkeit exakt zu dosieren und somit ein gut reproduzierbarer und zeitnaher Kontrast für Gehirnaufnahmen mittels MRT mit dem Nachteil, dass die Applikation auf diesem Weg technisch aufwendiger ist. Injektionen, die SC erfolgen, sind einfacher durchzuführen und haben den Effekt, dass die Lösung langsam durch Kapillaren ins Blut aufgenommen wird und somit kein starker initialer Anstieg der Mangankonzentration entsteht. Zudem ist diese Applikationsart nachhaltiger, da eine relativ langsame Ausscheidung des applizierten Kontrastmittels erfolgt. Die Injektion IP ist zwar prinzipiell für die Applikation von Manganchlorid-Lösung denkbar, wurde jedoch noch nicht eingehend untersucht [82]. Aus diesen Gründen wurde die subcutane Injektion für die Aufnahme der Zeitkinetik ausgewählt. Neben der Auswahl eines geeigneten Applikationsweges ist zusätzlich darüber zu entscheiden, ob die Aufnahme von Mn^{2+} ins Gehirn mit oder ohne Aufbrechen der Blut-Hirn-Schranke erfolgen soll. Diese Barriere, die das Gehirn vor dem Kontakt mit schädlichen Stoffen schützt, wird bei Ratten im ersten Lebensmonat gebildet [83] und kann durch Injektion einer hypermolaren Lösung von Mannitol in die Halsschlagader gebrochen werden. Mn^{2+} kann

3. Ergebnisse und Diskussion

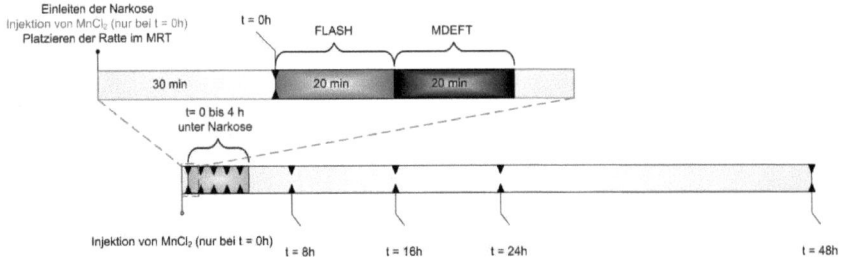

Abb. 3.14: Ablauf der Messungen der einzelnen Zeitpunkte mit einer initialen Injektion von Manganchlorid-Lösung am Zeitpunkt 0 h. An den Messpunkten (▼) laufen jeweils die herausvergrößerten Schritte ab: Einleiten der Narkose, Platzieren der Ratte im Scanner, Messung mit den Messprotokollen FLASH und MDEFT. Zwischen den Zeitpunkten 0 und 4 Stunden befanden sich die Ratten anästhesiert im MRT. Zu allen anderen Messpunkten wurde erneut eine Narkose eingeleitet.

sowohl mit geöffneter [84][42] als auch mit intakter [85][51][55][43] Blut-Hirn-Schranke ins Gehirn gelangen, wobei für verschiedene Gehirnbereiche verschiedene Durchlässigkeiten existieren [38]. Um unvorhersehbare Effekte durch die Beeinträchtigung der Durchlässigkeit der Blut-Hirn-Schranke auszuschließen wurde sowohl die Zeitkinetik als auch die Untersuchung futterspezifischer Auswirkungen auf Bewegungsaktivität und strukturspezifische Gehirnaktivität mit intakter Blut-Hirn-Schranke durchgeführt. Zusätzlich wird diskutiert, dass das vielfach verwendete Narkosegas Isofluran, das auch im Rahmen dieser Arbeit Anwendung fand, in der Lage ist, die Blut-Hirn-Schranke zu beeinträchtigen [86]. Die zeitabhängige Akkumulation von Mn^{2+} im Gehirn wurde bereits in Ratten nach intravenöser Injektion im Zeitraum von bis zu 35 Tagen [87] und nach intraperitonealer Injektion nach bis zu 221 Minuten [40] sowie nach subcutaner Applikation von Manganchloridlösung in Mäusen nach bis zu 48 Stunden [36] untersucht. Bisher ist also wenig über die Kinetik der Manganaufnahme ins Gehirn bei Ratten innerhalb der ersten Stunden nach subcutaner Injektion ohne Aufbrechen der Blut-Hirn-Schranke bekannt. Außerdem existiert keine Studie, die die Manganaufnahmekinetik in einer solchen Vielzahl von 166 einzeln definierten Strukturen gleichzeitig untersucht. Die meisten Studien beschränken sich auf meist 2 bis 10 Einzelstrukturen, die manuell ausgewertet werden, da kein digitaler Gehirnatlas zur Verfügung steht. Die Zeitkinetik wurde aufgenommen, um daraus einen optimalen Zeitpunkt für die Messungen nach Injektion des Kontrastmittels zu ermitteln. Dies sollte als Grundlage

3.3. Zeitkinetik der Manganaufnahme ins Gehirn

für weitergehende Untersuchungen mittels MEMRI dienen, bei denen die Versuchstiere über die Zeit der Akkumulation von Mn^{2+} im Gehirn einem Stimulus ausgesetzt werden. Somit können spezifische Aktivierungen bestimmter Gehirnregionen detektiert werden. Die Auswertung der Bilddaten wurde wie in Kapitel 2.3 beschrieben mit Hilfe des digitalen Gehirnatlanten für jede einzelne Struktur durchgeführt. Die Grauwertdaten liegen also für jede Struktur und jedes Tier separat vor, da der Rattenatlas zur Auswertung an jedes Tier separat in der Größe angepasst wurde. So konnte eine maximale Genauigkeit der Lokalisierung der Gehirnregionen sichergestellt werden. Um eine größere Übersichtlichkeit zu gewährleisten, wurden die Daten für dieses Kapitel jedoch zu 4 Strukturengruppen zusammengefasst: Thalamus, Cortex, Limbic und Rest. Welche Strukturen welcher Gruppe zugeordnet wurden, ist im Anhang unter 6.1 dargestellt.

3.3.1 Darstellung der Grauwerte

Die Darstellungen der Grauwert-Bilddaten über die Zeit (Abb. 3.16) zeigt, dass sich die beiden verwendeten Messprotokolle FLASH (»Fast Low-Angle Shot«) und MDEFT (»Modified Driven Equilibrium Fourier Transform«) augenscheinlich aufgrund verschiedener Messparameter deutlich im Kontrastverlauf unterscheiden. Beim Messprotokoll FLASH zeigt sich kaum eine Änderung des Kontrastes über den Zeitverlauf, was sich auch in Abbildung 3.15 widerspiegelt. Es ist festzustellen, dass bei diesem Messprotokoll weder im olfaktorischen System (Reihe a, rechts in Abb. 3.16), noch in einem zentralen Schnitt durchs Gehirn (Reihe b, rechts) eine deutliche Kontraständerung im Laufe der Messzeit sichtbar wird, was sich auch in Abbildung 3.15(b) bestätigt. Hier ist der Grauwertverlauf verschiedener, zu den Gruppen Thalamus, Cortex, Limbic und Rest zusammengefasster Strukturen, erkennbar. Zudem wurden die Hirnanhangdrüse (Hypophyse, engl. »pituitary gland«, Pit) und das Ventrikelsystem über manuelle Markierung der Bereiche mit anschließender Grauwertbestimmung ausgewertet. Diese verfügen nicht über den Schutz der Blut-Hirn-Schranke [88], können daher leicht mit Mn^{2+} in Kontakt kommen und sollten somit als erstes einen messbaren Anstieg der Grauwerte zeigen. Je höher der Grauwert, desto heller erscheint das Bild, was sich durch eine hohe Aktivität und damit eine hohe Mangananreicherung erklären lässt. Daraus lässt sich schließen, dass beim Messprotokoll FLASH kaum eine Kontraständerung durch Mn^{2+} auftrat. Dies lässt sich anhand der Beobachtung, dass kein stärkerer Anstieg in Vetrikel und Pit detektierbar ist, belegen. Außerdem deutet sich bei der Betrachtung der Bilddaten (Abb. 3.16) an, dass beim Messprotokoll FLASH die Spu-

3. Ergebnisse und Diskussion

leninhomogenität stärker zum Tragen kommt als bei MDEFT. Dies lässt sich daran erkennen, dass das abgebildete Gehirn im oberen Bereich heller erscheint, da diese Bereiche näher an der Empfangsspule liegen. Als geeigneter erscheint das Messprotokoll MDEFT. Wie in Abbildung 3.16 ersichtlich wird, werden spezifisch räumlich abgetrennte Strukturen durch die Manganaufnahme im Kontrast verändert. So zeigt der olfaktorische Bulbus ab dem Zeitpunkt 8 Stunden nach der Injektion einen deutlichen Anstieg der Helligkeit, was auf eine Manganaufnahme zurückzuführen ist. Auch der Schnitt aus der Gehirnmitte lässt deutliche Kontrastunterschiede zwischen den Gehirnbereichen erkennen. Noch deutlicher wird aus Abbildung 3.15 ersichtlich, dass durch das Messprotokoll MDEFT eine Manganaufnahme detektiert wird. Die beiden Strukturen ohne Blut-Hirn-Schranke nehmen rasch und deutlich an Intensität zu, da das sich anreichernde Mn^{2+} für einen erhöhten Kontrast sorgt. Nach 8 Stunden ist bei diesen Strukturen ein Maximum erreicht (Abb. 3.15(a)). Die Grauwerte nehmen im weiteren Zeitverlauf langsam wieder ab. Die anderen Strukturengruppen zeigen diesen Anstieg deutlich später und auch in wesentlich geringerem Ausmaß. So ist hierbei ein Anstieg der Grauwerte - gleichbedeutend mit einer Akkumulation von Mn^{2+} - bis zum Zeitpunkt 24 Stunden nach Injektion erkennbar. Ab diesem Zeitpunkt ist offensichtlich eine Art Plateau erreicht, die Grauwerte steigen bis zum Zeitpunkt 48 Stunden nicht weiter an. Aus der Darstellung der Grauwertdaten lässt sich folglich schließen, dass durch das Messprotokoll MDEFT die wesentlich aussagekräftigeren Daten erzielt werden können.

3.3. Zeitkinetik der Manganaufnahme ins Gehirn

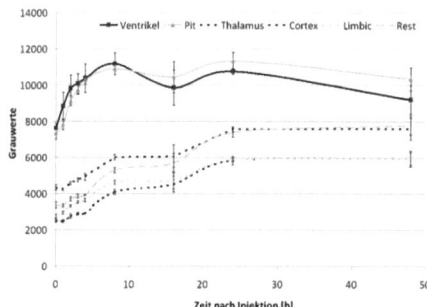

(a) Verlauf der Grauwerte über die Zeit, Messprotokoll MDEFT

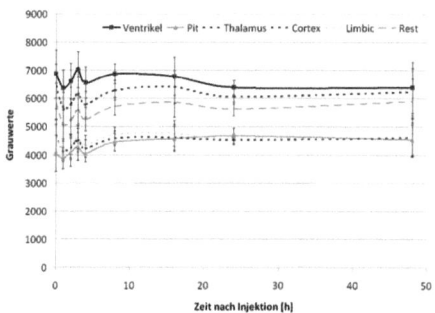

(b) Verlauf der Grauwerte über die Zeit, Messprotokoll FLASH

Abb. 3.15: Verlauf der Grauwerte der Strukturengruppen Thalamus, Cortex, Limbic und Rest, sowie des Ventrikelsystems und der Hirnanhangsdrüse (Pit) über die Zeit nach $MnCl_2$-Applikation, Messprotokolle MDEFT (a) und FLASH (b). Die Fehlerbalken entsprechen den Standardfehlern über die 5 Einzeltiere pro Zeitpunkt.

3. Ergebnisse und Diskussion

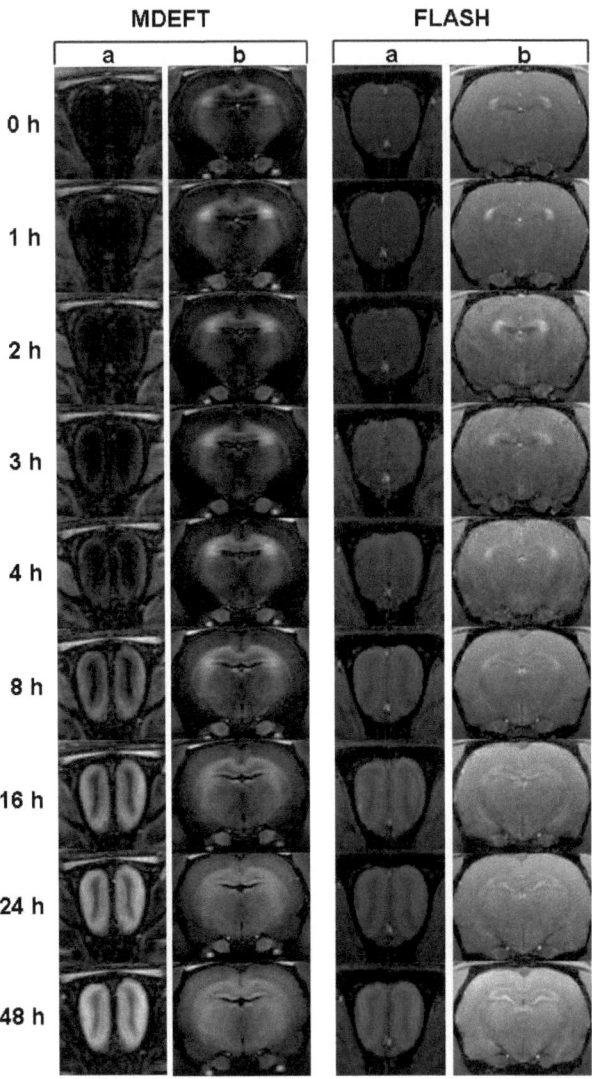

Abb. 3.16: Manganaufnahme ins Gehirn 0, 1, 2, 3, 4, 8, 16, 24 und 48 Stunden nach subcutaner Injektion von Manganchlorid für die beiden Messprotokolle MDEFT und FLASH. (a) zeigt einen Schnitt im olfaktorischen Bulbus im vorderen Gehirnbereich, (b) einen zentralen Schnitt des Gehirns.

3.3.2 Normierung der Bilddaten

Die diskutierte Darstellung der Grauwertdaten zeigt einen Verlauf der Manganaufnahme ins Gehirn anhand der Mittelwerte der verschiedenen Tiere zu den jeweiligen Zeitpunkten (Abb. 3.15). Es war jedoch auffällig, dass bei den Messungen die jeweiligen Maximal-Grauwerte zwischen Messzeitpunkten und Tieren deutlich schwankten, was vermutlich auf Unterschiede zwischen den Messungen zurückzuführen ist. Diese vermutlich zufälligen Schwankungen traten beim Messprotokoll FLASH wiederum stärker hervor als beim Messprotokoll MDEFT. Um diese Schwankungen auszugleichen, ist eine Normierung der Bilddaten bzw. der Grauwerte nötig. Für die Normierung fanden in der Literatur verschiedene Vorgehensweisen Anwendung. Beispielsweise wurde in einer Studie, bei der der Signalweg von der Nase ins Gehirn mittels MEMRI verfolgt wurde die Hirnanhangdrüse (Pit), eine Struktur ohne Blut-Hirn-Schranke, als Referenz herangezogen [87]. Hierbei wird also gegen eine maximale Manganaufnahme normiert. Ebenso findet sich der umgekehrte Fall, dass gegen eine Struktur ohne Manganaufnahme normiert wird. Hierfür eignet sich etwa der Kiefermuskel [42]. Als weitere Alternative stehen noch die relative Differenz (Formel 3.1) sowie die Berechnung von z-Scores (Formel 3.2) zur Verfügung [89][90].

$$\frac{\Delta r}{r} = \frac{\text{Grauwert Struktur (t) - Grauwert Gesamtgehirn (t)}}{\text{Grauwert Gesamtgehirn (t)}} \quad (3.1)$$

$$\text{z-Score} = \frac{\text{Grauwert (Struktur) - Grauwert (Gesamtgehirn)}}{\text{Standardabweichung (Gesamtgehirn)}} \quad (3.2)$$

Im Rahmen dieser Arbeit wurden eingehende Untersuchungen zur Normierung über die Hirnanhangdrüse, über die relative Differenz sowie über den z-Score durchgeführt. Die Normierung gegen die Hirnanhangdrüse erschien dabei für die durchgeführten Studien eher nachteilig, da sie wie die Gehirnstrukturen mit Blut-Hirn-Schranke wie in Abbildung 3.15(a) eine gewisse Zeitdynamik zeigte und somit keinen konstanten Bezugspunkt darstellte. Die Schwankungen der Messungen konnten am besten durch die Normierung mittels z-Scores auf das Gesamtgehirn unterdrückt werden, wobei die Verwendung der relativen Differenz fast identische Ergebnisse lieferte. Ein positiver z-Score zeigt eine höhere Helligkeit der Struktur im Vergleich zum Gesamtgehirn und somit eine höhere Aktivität als das durchschnittliche Gesamtgehirn. Ein negativer z-Score zeigt folglich an, dass das entsprechende Hirnareal weniger aktiv als das Gesamtgehirn ist.

3. Ergebnisse und Diskussion

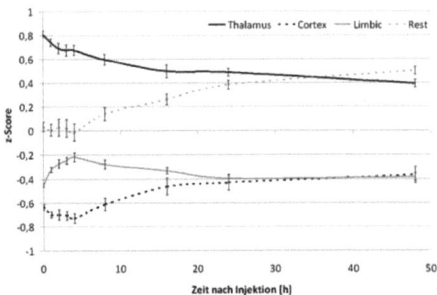

(a) Verlauf der z-Scores über die Zeit, Messprotokoll MDEFT

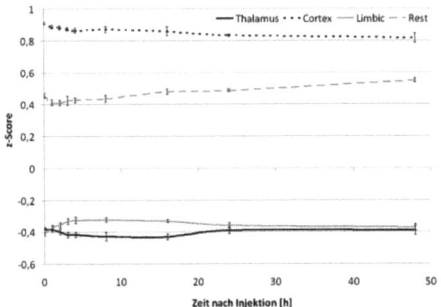

(b) Verlauf der z-Scores über die Zeit, Messprotokoll FLASH

Abb. 3.17: Verlauf der z-Scores der Strukturengruppen Thalamus, Cortex, Limbic und Rest über die Zeit, Messprotokolle MDEFT (a) und FLASH (b). Die Fehlerbalken entsprechen den Standardfehlern über die 5 Einzeltiere pro Zeitpunkt.

Ein weiterer Vergleich der Messprotokolle MDEFT und FLASH auf Basis der z-Scores in Abbildung 3.17 zeigt endgültig, dass die verwendeten MDEFT-Einstellungen wesentlich besser für die Detektion von manganvermitteltem Kontrast im Gehirn geeignet sind. So zeigt sich hier bei MDEFT eine deutliche Änderung der Manganakkumulation in bestimmten Gehirnbereichen im Bezug auf das Gesamtgehirn. Bei FLASH ist über die Zeit kaum eine Änderung der z-Scores zu erkennen, was darauf zurückzuführen ist, dass mit diesem Messprotokoll keine Änderungen, die durch Mn^{2+} vermittelt sind,

3.3. Zeitkinetik der Manganaufnahme ins Gehirn

detektiert werden können. Daher wurde die Entscheidung getroffen, für die weiteren aktivitätsgeleiteten Messungen ausschließlich das Messprotokoll MDEFT zu verwenden.

3.3.3 Erkenntnisse aus der Zeitkinetik für weitere Anwendungen

Mit Hilfe von Abbildung 3.18 lassen sich die gewonnenen Erkenntnisse aus der Studie der Mn^{2+}-Aufnahmekinetik gut zusammenfassen: Mittels MDEFT-Protokoll lässt sich gut der zeitliche Verlauf der Kontrastveränderung der einzelnen Gruppen von Gehirnstrukturen verfolgen. Die Normierung mittels z-Scores führte zudem zu relativ geringen Schwankungen zwischen den Messungen der verschiedenen Tiere zu verschiedenen Zeitpunkten. Außerdem kann deutlich der Zeitpunkt abgelesen werden, bei dem ein Maximum des Mn^{2+} Gehirnareale ohne Blut-Hirn-Schranke (Pit und Ventrikel) erreichte. Daraus kann gefolgert werden, dass das Maximum des Kontrastmittels etwa 4 Stunden nach subcutaner Injektion ins Gehirn transportiert wird.

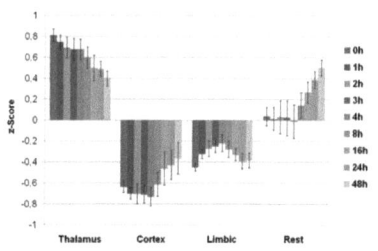
(a) Verlauf der z-Scores über die Zeit, Messprotokoll MDEFT, Strukturengruppen Thalamus, Cortex, Limbic und Rest.

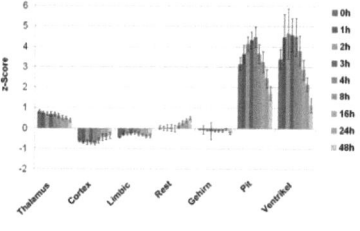
(b) Verlauf der z-Scores über die Zeit, Messprotokoll MDEFT, Strukturengruppen Thalamus, Cortex, Limbic, Rest, Gesamtgehirn, Hirnanhangdrüse (Pit) und Ventrikel.

Abb. 3.18: Verlauf der z-Scores der Strukturengruppen. (a) Thalamus, Cortex, Limbic, Rest, (b) zusätzlich Gesamtgehirn, Hirnanhangdrüse (Pit), Ventrikel. Fehlerbalken entsprechen Standardabweichungen über 5 Einzeltiere pro Zeitpunkt.

Die vier aus zahlreichen Einzelstrukturen zusammengefassten Strukturengruppen zeigten verschiedene Aufnahmekinetiken von Mn^{2+} (Abb. 3.18(a)). Die Strukturen, die unter Thalamus zusammengefasst wurden, zeigten im Vergleich zum Gesamtgehirn eine größere Manganaufnahme, da die z-Scores positive Werte aufwiesen. Mit der Zeit fiel die Aktivität der Gruppe Thalamus im Vergleich zum Gesamtgehirn kontinuierlich ab, blieb im Mittel jedoch zu jedem Zeitpunkt höher als das Gesamtgehirn, das dem Mittelwert aller Strukturen und somit einem z-Score von 0 entspricht. Die Strukturen des Cortex verhielten sich umgekehrt. Innerhalb der ersten 4 Stunden wiesen die Cortexstrukturen noch eine Aktivitätsentwicklung parallel zum Gesamtgehirn auf, wenn auch mit einer geringeren Intensität. Ab dem Zeitpunkt 8 Stunden erfolgte aber offensichtlich eine verstärkte Aufnahme von Mn^{2+} in die Cortexstrukturen des Gehirns, da die z-Scores im Vergleich zum Gesamtgehirn deutlich anstiegen. Einen interessanten Verlauf der Manganaufnahme zeigte die Gruppe Limbic. Zunächst stiegen die z-Scores bis zum Zeitpunkt 4 Stunden nach der Injektion an um anschließend wieder abzusinken. Die Strukturen der Gruppe Rest zeigten zunächst bis 4 Stunden eine Entwicklung auf dem Niveau des Gesamtgehirns. Ab 8 Stunden nahmen diese Strukturen jedoch deutlich stärker Mn^{2+} auf als das Mittel aller Strukturen, so dass bis 48 Stunden ein durchgehender Anstieg der z-Scores zu beobachten war. Außerdem zeigt Abbildung 3.18(b), dass die Manganaufnahme in die Bereiche ohne Blut-Hirn-Schranke nach 8 Stunden bereits wieder abnimmt. Der maximale z-Score bei der Hirnanhangdrüse (Pit) war 4 Stunden nach der Injektion erreicht, wobei im Ventrikel bereits nach 2 Stunden ein Plateau erkennbar war, das bis 4 Stunden anhielt. Folglich konnte festgelegt werden, dass für funktionelle mangangestützte Untersuchungen mindestens 8 Stunden nach Injektion verstreichen müssen, bis ausreichend Kontrastmittel im Gehirn angekommen ist. Die Struktur »Gehirn« in Abbildung 3.18(b) stellt das manuell segmentierte Gesamtgehirn dar. Die z-Scores wurden auf den Mittelwert aller Einzelstrukturen als Gesamtgehirn normiert. Aufgrund der geringen Abweichungen der Struktur Gehirn vom z-Score 0 kann also postuliert werden, dass der Mittelwert aller im Atlas ausgewerteten Strukturen der Aktivität des tatsächlichen Gesamtgehirn sehr nahe kommt und daher durch den Atlas eine gute Abdeckung der Strukturen gewährleistet ist.

3.3.4 Weitere Ergebnisse dieser Teilstudie

Die Zusammenfassung der 166 ausgewerteten Einzelstrukturen zu den genannten Gruppen Thalamus, Cortex, Limbic und Rest stellt eine Möglichkeit dar, die Übersichtlichkeit der Darstellung zu erhöhen. Diese funktionelle Gruppierung trifft jedoch keine Aussage darüber, in wie weit die beinhalteten Strukturen sich im Zeitverlauf ähnlich verhalten. Abbildung 3.19, in der die Verläufe der z-Scores aller Einzelstrukturen der jeweiligen Gruppen im Verlauf der Zeit aufgetragen sind, soll einen Eindruck der Komplexität der einzelnen Gruppen liefern. In allen Gruppen zeigten sich deutliche Unterschiede in der Mn^{2+}-Aufnahmekinetik der Einzelstrukturen. Die z-Scores der meisten Strukturen des Thalamus (Abb. 3.19(a)) nahmen nach kurzen Schwankungen im Zeitraum von bis zu 4 Stunden kontinuierlich ab, wiesen also eine geringere Manganaufnahme auf als das Gesamtgehirn. Jedoch fanden sich in dieser Gruppe auch Strukturen, die von Beginn an einen deutlichen Anstieg zeigten, nur langsam anstiegen oder nach einem kurzen Anstieg wieder abfielen. Etwas homogener verhielten sich die Einzelstrukturen des Cortex (Abb. 3.19(b)), wobei auch hier unterschiedliche Aufnahmekinetiken zu erkennen sind. Größtenteils stiegen die z-Scores ab dem Zeitpunkt 8 Stunden kontinuierlich an, was sich auch im Gruppenmittelwert widerspiegelt. Wenige Strukturen zeigten einen kontinuierlichen Abfall bzw. stiegen zunächst stark an um nach 16 Stunden wieder geringer werdende z-Scores zu zeigen. Sehr unterschiedlich verhielten sich die Strukturen der Gruppe Limbic (Abb. 3.19(c)), da viele verschiedene Zeitverläufe zu beobachten waren. Im Mittel ergibt sich für die Gruppe Limbic zunächst ein Anstieg der z-Scores bis zum Zeitpunkt 4 Stunden, gefolgt von einem Rückgang bis zum Ende der Messungen nach 48 Stunden. In der Gruppe Rest war bei den meisten Einzelstrukturen ein starker Anstieg der Manganakkumulation im Vergleich zum Gesamtgehirn erkennbar, wobei sehr wenige Strukturen auf einem Niveau blieben bzw. nach einiger Zeit wieder absanken. Eine übersichtliche Gruppierung der 166 Einzelstrukturen zu finden erwies sich folglich als relativ schwierig, da - wie gezeigt - selbst funktionell zusammengehörige Strukturen verschiedene Aufnahmekinetiken von Mn^{2+} aufweisen. Eine weitere Möglichkeit besteht also darin, die Strukturen nach dem Verlauf der z-Scores zu gruppieren. Um dies auf Basis der relativ großen vorliegenden Datenmenge bewerkstelligen zu können, bietet sich eine sogenannte Clusteranalyse an, die nach verschiedenen Kriterien beispielsweise zeitabhängige Messdaten gruppieren kann. Mit Hilfe einer solchen initialen Clusteranalyse mit den Parametern »Euclidean Distance« und »Nearest Neighbour« (Zussatzsoftware für Excel 2003, statistiXL 1.8, Western Australia) wurden im Anschluss manuell schrittweise ähnliche Zeitverläufe der 166 Einzelstrukturen zusammengefasst, bis lediglich vier charakteristische Verläufe extrahiert werden konnten (Abb. 3.20). Cluster 1 fasst Strukturen zusammen, deren z-Score-Verläufe zunächst bis etwa vier Stunden nach Injektion auf einem Niveau blieben und anschließend deutlich anstiegen. Cluster 2 beinhaltet Strukturen, die innerhalb der ersten vier Stunden im Vergleich zum Gesamtgehirn stark ansteigen um im Anschluss daran wieder abzufallen. In Cluster 3 sind alle Strukturen zusammengefasst, deren z-

3. Ergebnisse und Diskussion

Scores nach einer Phase in der ein leichter Abfall erkennbar ist kontinuierlich wieder ansteigen. Cluster 4 zeigt einen kontinuierlichen Abfall der z-Scores mit der Zeit.

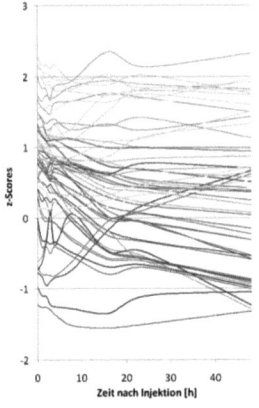

(a) Verlauf der z-Scores der Einzelstrukturen aus Thalamus über die Zeit, Messprotokoll MDEFT.

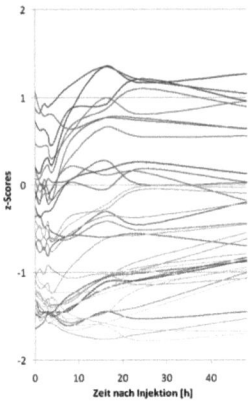

(b) Verlauf der z-Scores der Einzelstrukturen aus Cortex über die Zeit, Messprotokoll MDEFT.

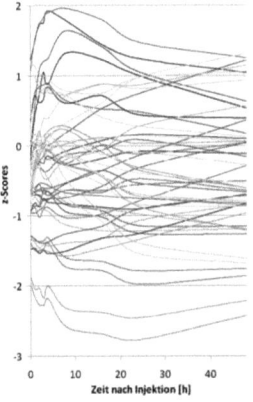

(c) Verlauf der z-Scores der Einzelstrukturen aus Limbic über die Zeit, Messprotokoll MDEFT.

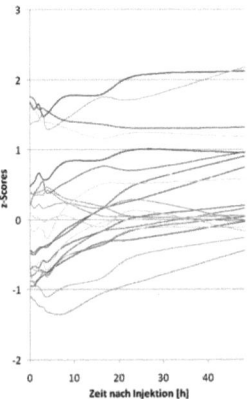

(d) Verlauf der z-Scores der Einzelstrukturen aus Rest über die Zeit, Messprotokoll MDEFT.

Abb. 3.19: Verlauf der z-Scores der Einzelstrukturen der Strukturengruppen. (a) Thalamus, (b) Cortex, (c) Limbic, (d) Rest

3.3. Zeitkinetik der Manganaufnahme ins Gehirn

Die Zugehörigkeiten der einzelnen Strukturen zu den Clustern ist Tabelle 6.5 im Anhang zu entnehmen.

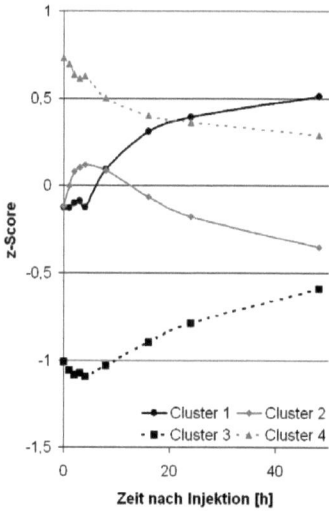

Abb. 3.20: Verlauf der z-Scores der 4 Hauptcluster nach Clusteranalyse

Neben der Analyse der Manganaufnahmekinetik im Zeitverlauf besteht noch die Möglichkeit, einen weiteren Aspekt der Daten zu betrachten: Die Verteilung der Manganaufnahme im Bezug auf die Gehirnhälfte. Diese Lateralisierung ist beim Menschen gut bekannt und spiegelt sich beispielsweise in der »Händigkeit« wider [91]. Es existieren auch bereits Studien, die diesen Effekt auch in der Ratte beobachten [92], nicht nur im Bereich des Cortex, sondern auch in weiteren Hirnstrukturen [93]. Die Lateralisierung lässt sich möglicherweise durch Unterschiede in der Neuronenzahl auf der linken bzw. auf der rechten Seite begründen [94]. Um eine Lateralisierung auch bei den vorliegenden Daten des Kapitels Zeitkinetik zeigen zu können, muss der sogenannte Laterlisierungsindex (LI) nach Formel 3.3 berechnet werden.

$$LI = \frac{(\text{Grauwert Struktur rechts}) - (\text{Grauwert Struktur links})}{(\text{Grauwert Struktur rechts}) + (\text{Grauwert Struktur links})} \quad (3.3)$$

Ist dieser Lateralisierungsindex größer als 0, liegt die höhere Aktivität der betreffenden Struktur auf der rechten Seite, ist der Wert kleiner als 0, ist die Aktivität bzw.

3. Ergebnisse und Diskussion

die Manganakkumulation auf der linken Seite höher. Somit kann die relative Aktivität in der linken bzw. rechten Gehirnhälfte für jede Gehirnstruktur zu jedem Zeitpunkt ermittelt werden.

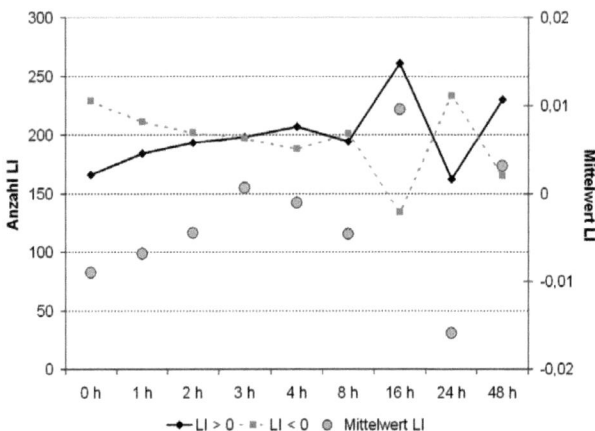

Abb. 3.21: Verlauf des Lateralisierungsindex mit der Zeit im Mittel über 5 Versuchstiere. Die verbundenen Punkte zeigen die Anzahl der Strukturen an einem Zeitpunkt, die einen Lateralisierungsindex größer (schwarz, durchgezogen) bzw. kleiner (grau, gestrichelt) als 0 aufweisen. Die grauen Punkte beziehen sich auf die Sekundärachse und veranschaulichen die Lage des mittleren Lateralisierungsindex zu den jeweiligen Zeitpunkten.

Wie aus Abbildung 3.21 ersichtlich wird, verschiebt sich der LI in der Zeit bis 8 Stunden langsam von links nach rechts. Dies wird durch die steigende Anzahl an Strukturen mit einem LI größer als 0 (schwarze durchgezogene Linie) und einer gleichzeitig sinkenden Anzahl an Strukturen mit einem LI kleiner als 0 (graue, gestrichelte Linie) deutlich. Der Mittelwert des LI - dargestellt als Punkte zugehörig zur Sekundärachse - lag folglich zunächst bei Werten kleiner als 0, verschob sich aber langsam Richtung 0 (bis zum Zeitpunkt 3 Stunden) um bis zum Zeitpunkt 8 Stunden wieder in die negativen Werte abzusinken. Auffällig war vor allem, dass ab 16 Stunden die Lateralisierung sich bei den folgenden Messungen keiner Regel folgend verhielt. Möglicherweise fielen hierbei individuelle Unterschiede zwischen den Tieren immer deutlicher ins Gewicht, da bei den Ratten vermutlich - wie auch bei den Menschen - eine gewisse Händigkeit und damit eine Verlagerung der Aktivität auf eine Gehirnhälfte möglich ist. Im Rahmen dieser Dissertation konnte die Lateralisierung aus zeitlichen Gründen nicht weiter eingehend untersucht werden. Es wurden jedoch Effekte beobachtet, die auf eine Lateralisierung bei Ratten hindeuten und die in weiteren Studien genauer analysiert bzw. berücksichtigt werden sollten.

3.3.5 Einordnung und Diskussion des Kapitels Zeitkinetik

Durch die Erkenntnisse der Studien aus dem Kapitel Zeitkinetik konnte folglich ein gut verwendbares Messprotokoll nach einmaliger subcutaner Injektion einer Manganchloridlösung etabliert werden. So war es möglich, die Zeitkinetik der Aufnahme von Mn^{2+} ins Gehirn zu erfassen und das dafür nötige aufwendige Auswertungsverfahren auch im Hinblick auf weitere Anwendungen zu entwickeln. Das Protokoll der Zeitkinetik ist für Untersuchungen geeignet, bei denen die Tiere im Anschluss an die Injektion keine freiwillige Tätigkeit ausführen müssen, da eine geringere Aktivität der Versuchstiere nach der Injektion festgestellt werden konnte. Denkbar wären hier beispielsweise Untersuchungen von Auswirkungen akustischer Reize oder der Schmerzstimulation. In wieweit eine Untersuchung der Gehirnaktivität von Ratten durch diese Injektionsmethode möglich ist, wird im folgenden Kapitel erläutert.

3.3.6 Zusammenfassung des Kapitels Zeitkinetik

Die im Rahmens dieses Kapitels angestrebten Ziele konnten nahezu optimal erreicht werden. So wurde eine Messmethode gefunden, mit deren Hilfe ein durch Mn^{2+} ausgelöster Kontrast im Gehirn von Ratten gut detektiert werden konnte. Das Messprotokoll MDEFT eignet sich hierfür uneingeschränkt mit den verwendeten Einstellungen (Kapitel 2.1.5). Zudem wurde die Notwendigkeit einer Normierung zwischen den Messungen bzw. zwischen den verwendeten Tieren erkannt und eine Lösung des Problems durch die individuelle Normalisierung mittels z-Scores erreicht. Dadurch ist es möglich, Gehirne von Versuchstieren, die an verschiedenen Tagen gemessen wurden zu vergleichen. Außerdem konnte die Zeitspanne ermittelt werden, die Mn^{2+}, nach einer subcutanen Injektion benötigt, um ins Gehirn aufgenommen zu werden ohne die Blut-Hirn-Schranke aufzubrechen. Um eine Aussage über die strukturspezifischen Aktivitäten bzw. die selektive Manganaufnahme im Gehirn treffen zu können, muss nach einer einmaligen Injektion (mittlere Dosis 65 mg $MnCl_2$ pro kg Körpergewicht) mindestens 8 Stunden abgewartet werden, bis Mn^{2+} im Gehirn angekommen ist. Zusätzlich zu diesen Ergebnissen wurden weitere Fragen aufgeworfen und teilweise geklärt: Eine

3. Ergebnisse und Diskussion

Gruppierung der 166 einzelnen Gehirnstrukturen gestaltet sich relativ schwierig. Die Einteilung in die vier funktionellen Gruppen Thalamus, Cortex, Limbic und Rest bietet eine Möglichkeit, die jedoch nicht die verschiedenen Zeitverläufe der Manganaufnahme ins Gehirn berücksichtigt. Um eine Einteilung nach Manganaufnahme zu treffen ist eine Clusteranalyse hilfreich. Hierbei konnten vier Hauptcluster ermittelt und die Strukturen dadurch gruppiert werden. Zudem wurde die Frage einer Lateralisierung angeschnitten, wobei sich herausstellte, dass bei den Tieren durchaus eine »Händigkeit« zu beobachten war und dass die Aktivität der Gehirnregionen mit der Zeit zwischen rechter und linker Gehirnhälfte schwankte.

3.4 Untersuchung futterspezifischer Auswirkungen auf Bewegungsaktivität und strukturspezifische Gehirnaktivität

Das Ziel war es, die optimierte MEMRI Messmethode anzuwenden um zu untersuchen, welche Gehirnstrukturen speziell durch die Aufnahme von Standardfutter, gesalzenen Kartoffelchips ohne Geschmacksverstärker und einer der Zusammensetzung von Kartoffelchips entsprechenden Mischung aus Fett und Kohlenhydraten aktiviert werden. Hierbei traten einige Probleme auf, da die Versuchstiere nach der geplanten einmaligen Applikation einer gewissen Dosis $MnCl_2$ keinerlei Futteraufnahme zeigten. Diese Schwierigkeiten konnten nach und nach gelöst werden, so dass am Ende die Messung von drei Futtergruppen im Bezug auf die spezifische Aktivierung von Gehirnregionen möglich war. Abweichend von den Futtersorten der Fütterungsstudie (Kapitel 3.1) wurde den Tieren für die folgenden Untersuchungen die Testfutter ohne Zumischung von Standardfutter bereitgestellt. Die Ratten hatten also neben dem ad libitum zur Verfügung stehenden Standardfutter in Pelletform und Trinkwasser Zugang zu Standardfutter in Mehlform, zerkleinerten gesalzenen Kartoffelchips oder einer Mischung aus 65 % Kohlenhydraten (Maltodextrin) und 35 % Fett (Sonnenblumenöl). Die Erhöhung des Testfuttergehaltes von 50 auf 100 % sollte einen möglicherweise vorhandenen Effekt auf die Bewegungs- und Gehirnaktivität der Ratten bei Fütterung dieser Testfutter maximieren.

3.4.1 Methodenentwicklung zur Verknüpfung von Fütterung mit Messung im MRT mittels MEMRI

In den ersten durchgeführten Tests wurde den Tieren durchgehend Standardfutter in Pelletform zur Verfügung gestellt. Die Injektion der Manganchlorid-Dosis von 65 mg/kg erfolgte über die individuelle Applikation einer 100 mM $MnCl_2$-Lösung dorsal subcutan. Als Injektionszeitpunkt wurde 08:00 Uhr gewählt, so dass von 10:00 Uhr bis 16:00 Uhr zunächst die Bereitstellung von Kartoffelchips ohne Zumischung von Standardfutter erfolgen konnte. Im Anschluss daran sollte die Messung mittels MRT durchgeführt werden. Keines der Tiere nahm jedoch unter diesen Bedingungen Kartoffelchips auf. Aus diesem Grunde wurden weitere Tiere zunächst 2 Wochen vor der Injektion an die Fütterungszeit am Tag gewöhnt. Diese Tiere hatten also lediglich täglich von 10:00

3. Ergebnisse und Diskussion

Uhr bis 16:00 Uhr Zugang zu Standardfutter in Pelletform, da zu den restlichen Zeiten kein Futter bereitgestellt wurde. Zusätzlich wurde nach der Injektion um 08:00 Uhr das Standardfutter entfernt, so dass eine Futteraufnahme ausschließlich über Kartoffelchips erfolgen konnte. Aber auch bei diesen Tieren konnte nach der Injektion keine Aufnahme von Kartoffelchips registriert werden. Auch eine Variation der Inhaltsstoffe, Dosis sowie Konzentration der applizierten Lösung konnte keine messbare Aufnahme von Kartoffelchips der individuell gehaltenen Ratten hervorrufen. So wurde die injizierte Lösung von $MnCl_2$ auf NaCl umgestellt, um mögliche negative Einflüsse durch toxische Eigenschaften von Mn^{2+} zu überprüfen, was in einer äußerst geringen Aufnahme von Kartoffelchips resultierte. Zudem brachte die Halbierung der Konzentration der $MnCl_2$-Lösung auf 0,5 mM und damit bei gleichem Injektionsvolumen halben Dosis sowie die Verringerung des injizierten Volumen der $MnCl_2$-Lösung auf $\frac{1}{10}$ bei gleichzeitiger 10facher Konzentrationserhöhung und damit gleicher Dosis keine Verbesserung im Bezug auf die Aufnahme von Kartoffelchips. Da bei einem weiteren Test festgestellt wurde, dass auch Tiere, die keine Injektion erhielten in Einzelhaltung am Tag nur eine relativ kleine Menge Kartoffelchips aufnahmen, wurde als nächstes die Haltungsart von Einzelhaltung auf Gruppenhaltung mit 4 Tieren pro Käfig umgestellt. Hier war sowohl bei Injektion von NaCl als auch von $MnCl_2$ (ca. 0,5 mL pro Seite, 200 mM, Dosis: 65 mg/kg) eine Aufnahme von Kartoffelchips am Tag erkennbar. Aufgrund dieser Beobachtung wurde das Studiendesign in sofern geändert, dass von Einzelhaltung auf Gruppenhaltung umgestellt wurde. Die Ergebnisse der Vorversuche konnten jedoch bei den Tests nicht reproduziert werden, da die Tiere nach einer wie vorher durchgeführten Injektion von $MnCl_2$ diesmal keinerlei Testfutteraufnahme zeigten. Nachdem die Variation von Injektion sowie Haltungsart zu keinem funktionierenden Versuchsaufbau führte, wurde die Aktivität der Tiere während Tag und Nacht gemessen. Bereits durchgeführte Vorversuche gaben Hinweise darauf, dass in Phasen der Dunkelheit eine höhere Nahrungsaufnahme sowie eine höhere Bereitschaft zur Bewegung der Ratten vorliegt. Aus diesem Grunde wurden weitere Versuchstiere Tag und Nacht über Kameraaufnahmen beobachtet. Hierbei konnte die Beobachtung aus den Vorversuchen bestätigt werden, dass sowohl die Aktivität als auch die Nahrungsaufnahme der Tiere in der Nacht um ein vielfaches höher war als am Tag. Aus diesem Grund wurde folgender Versuchsaufbau getestet: Eingewöhnung der Tiere über die durchgehende Bereitstellung von Kartoffelchips über 3 Tage und Nächte, Injektion einer 200 mM Lösung von $MnCl_2$ (resultierende Dosis: 65 mg/kg) dorsal subcutan zwischen 15:00 Uhr und 18:00 Uhr, Fütterung von Kartoffelchips über Nacht mit darauf folgenden Mes-

3.4. Untersuchung futterspezifischer Auswirkungen auf Bewegungsaktivität und strukturspezifische Gehirnaktivität

sungen zwischen 09:00 Uhr und 12:00 Uhr. Aus ungeklärten Gründen überlebten die Tiere jedoch die Nacht nicht, so dass dieser Aufbau nicht weiter verfolgt wurde. Da für MEMRI-Messungen Mn^{2+} als Kontrastmittel obligatorisch ist, wurde im Folgenden die Applikationsmethode variiert. Die zu dieser Zeit erschienene Publikation von Eschenko et al. [95] gab einen Hinweis darauf, wie das Problem möglicherweise zu lösen wäre. Die dort beschriebenen Probleme decken sich nahezu vollständig mit denen, die im Rahmen der hier beschriebenen Vorversuche auftraten. So wurden verschiedene dosisabhängige Effekte durch die Applikation einer $MnCl_2$-Lösung sowohl bei subcutaner als auch bei intraperitonealer Injektion im Vergleich zu einer entsprechenden Injektion einer NaCl-Lösung diskutiert: Die deutliche Abnahme der Bereitschaft der Tiere in einem Laufrad zu laufen sowie eine deutlich verminderte Nahrungsaufnahme. Im Gegensatz dazu führt eine Applikation von $MnCl_2$ durch osmotische Pumpen nicht zu einer reduzierten Futteraufnahme bzw. Aktivität im Vergleich zu Tieren, die über die osmotischen Pumpen eine NaCl-Lösung appliziert bekommen bzw. Kontrolltieren, denen weder eine osmotischen Pumpe implantiert noch auf sonstige Art und Weise eine Lösung verabreicht wird. Lediglich eine geringere Gewichtszunahme kann bei den Tieren mit implantierter osmotischer Pumpe - unabhängig davon, ob diese mit $MnCl_2$ oder NaCl gefüllt war - festgestellt werden. Dies ist vermutlich auf die Auswirkungen des Eingriffs bei der Implantation zurückzuführen. Osmotische Pumpen werden mit einer zu applizierenden Lösung gefüllt. Das mit dieser Lösung gefüllte impermeable Reservoir ist mit einer osmotischen Schicht und einer semipermeablen Membran umgeben. Wird diese Pumpe beispielsweise einer Ratte subcutan über einen kleinen Schnitt (Abb. 3.22) implantiert, wird durch die osmotische Schicht Gewebeflüssigkeit des Tieres angezogen. Dadurch entsteht durch Volumenvergrößerung dieser Schicht ein Druck auf das impermeable Reservoir aus dem die zu applizierende Lösung mit einer kontinuierlichen Rate über einen Flussratenbegrenzer freigesetzt wird. Die Funktion und der Aufbau der osmotischen Pumpen ist in Kapitel 2.4.3 detailliert dargestellt. Aufgrund dieser Beobachtungen durch Eschenko et al. sollte untersucht werden, ob durch Verwendung osmotischer Pumpen auch die im Rahmen dieser Arbeit entstandenen Probleme gelöst werden könnten und damit eine ausreichende Nahrungsaufnahme während der Anreicherung von Mn^{2+} im Rattengehirn induziert werden könnte. Folgende Faktoren konnten somit definiert werden, die für eine erfolgreiche Versuchsdurchführung wichtig sind:

- Gruppenhaltung, um die Umgebung sowie die Haltung für die Ratten so artgerecht wie möglich zu gestalten

3. Ergebnisse und Diskussion

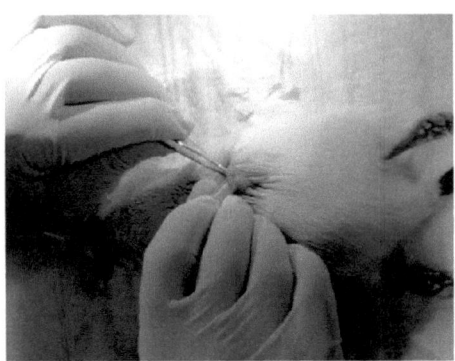

Abb. 3.22: Implantation der osmotischen Pumpe

- Fütterung der Testfuttersorten auch während der Nacht, um die Hauptaktivitätszeiten der Ratte zu berücksichtigen

- Applikation des Kontrastmittels über osmotische Pumpen, um negative Auswirkungen durch eine einmalige Injektion mit einer vergleichbaren Dosis zu vermeiden

Der zeitliche Ablauf der Studie ist in Abbildung 3.23 schematisch dargestellt. Die Tiere hatten jederzeit freien Zugang zu Standardfutter in Pelletform sowie Trinkwasser. Die Aufnahme von Testfutter war also jederzeit freiwillig. Zunächst erfolgte eine 7-tägige Gewöhnung der Tiere an die Umgebung im Versuchsraum, gefolgt von einer 7-tägigen Gewöhnung an das jeweilige Testfutter Standardfutter in Mehlform, Kartoffelchips bzw. das Chipsmodell. Über den Zeitraum der nächsten 7 Tage wurde das Testfutter wieder aus den Käfigen entfernt, gefolgt von der Implantation der osmotischen Pumpen. Innerhalb der folgenden 7 Tage konnte sich das Kontrastmittel in aktiven Gehirnregionen während der durchgehenden Bereitstellung des jeweiligen Testfutters anreichern. Im Anschluss an diese Akkumulation wurde die regionsspezifische Verteilung des Kontrastmittels im MRT gemessen.

Die im Folgenden dargestellten Untersuchungen bezüglich Futteraufnahme, Aktivitätsprofile sowie Gehirnaktivitätsmessungen mittels MEMRI erfolgen anhand des dargestellten Ablaufs wobei die Beobachtung aller drei genannter Auswertungskriterien an den jeweils gleichen Tieren durchgeführt werden konnte. Die Ratten wurden zu jeder Zeit in Gruppenhaltung zu je vier Tieren gehalten, wobei für jede Futtersorte jeweils vier Käfige, also 16 Tiere, zum Einsatz kamen. Zusätzlich zu den ad libitum zur

3.4. Untersuchung futterspezifischer Auswirkungen auf Bewegungsaktivität und strukturspezifische Gehirnaktivität

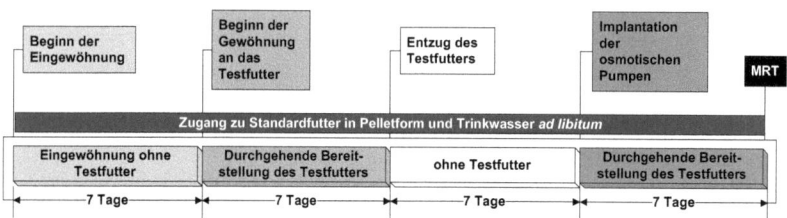

Abb. 3.23: Ablauf der Untersuchung futterspezifischer Auswirkungen auf Bewegungsaktivität und strukturspezifische Gehirnaktivität

Verfügung stehenden Standardfutter-Pellets und Trinkwasser wurde den Tieren in den Zeiträumen mit durchgehender Bereitstellung von Testfutter das Testfutter in jeweils zwei bis drei zusätzlich in den Käfig eingebrachten Futterbehältern Tag und Nacht in ausreichender Menge angeboten. Die Tiere hatten also jederzeit die Möglichkeit, zwischen Standardfutter-Pellets und Testfutter zu wählen. Eine detailliertere Beschreibung des Ablaufs findet sich in Kapitel 2.4.5.

3.4.2 Futteraufnahme

In den Phasen, in denen den Versuchstieren (jeweils 4 Tiere pro Käfig mit 4 Käfigen pro Futtersorte) das jeweilige Testfutter zur Verfügung gestellt wurde, wurde die Futteraufnahme am Tag und in der Nacht registriert. Hierfür wurden die Futterbehälter jeweils zu zwei Zeitpunkten pro Tag (z.B. 09:00 Uhr und 16:00 Uhr) gewogen und daraus die jeweilige Futteraufnahme pro Stunde am Tag und in der Nacht berechnet.

Abbildung 3.24 zeigt einen Vergleich der Futteraufnahme der 16 Tiere aus den 4 Käfigen pro Gruppe. Es kann festgestellt werden, dass kein signifikanter Unterschied in der Aufnahme von gleichen Futtern in verschiedenen Käfigen erkennbar ist. Die Aufnahme eines Futters in den unterschiedlichen Käfigen kann also als gut vergleichbar angesehen werden.

Der Vergleich der Futteraufnahme vor und nach der Implantation der osmotischen Pumpe zeigt eine interessante, wenn auch nicht signifikante Tendenz (Abb. 3.25). Sowohl bei Fütterung des pulverförmigen Standardfutters als auch der Mischung aus Fett und Kohlenhydraten ist festzustellen, dass die Futteraufnahmerate nach Implantation der osmotischen Pumpe größer ist als in der Eingewöhnungsphase zuvor. Bei den

3. Ergebnisse und Diskussion

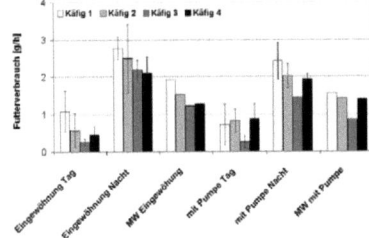

(a) Vergleich der Futteraufnahme zwischen den vier Käfigen mit jeweils vier Tieren mit Testfutter Kartoffelchips

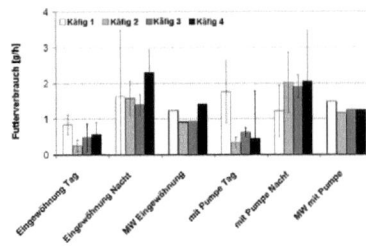

(b) Vergleich der Futteraufnahme zwischen den vier Käfigen mit jeweils vier Tieren mit Testfutter Standardfutter

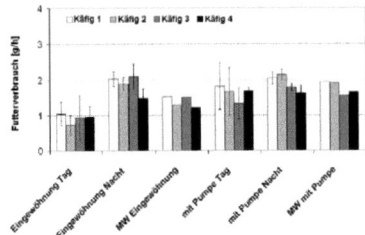

(c) Vergleich der Futteraufnahme zwischen den vier Käfigen mit jeweils vier Tieren mit Testfutter F+KH

Abb. 3.24: Vergleich der Futteraufnahme zwischen den vier Käfigen mit jeweils vier Tieren, denen das Testfutter Kartoffelchips (a), Standardfutter (b) oder F+KH (c) zur Verfügung gestellt wurde. Differenziert wurde zwischen »Eingewöhnung« und der Testphase mit implantierten osmotischen Pumpen (»mit Pumpe«). Der Futterverbrauch am Tag und in der Nacht ist jeweils einzeln aufgetragen. Zusätzlich dargestellt ist ein Mittelwert (MW) der Futteraufnahme aus Tag und Nacht. Fehlerbalken entsprechen Standardabweichungen über 16 Tiere in 4 Käfigen je Futtersorte.

3.4. Untersuchung futterspezifischer Auswirkungen auf Bewegungsaktivität und strukturspezifische Gehirnaktivität

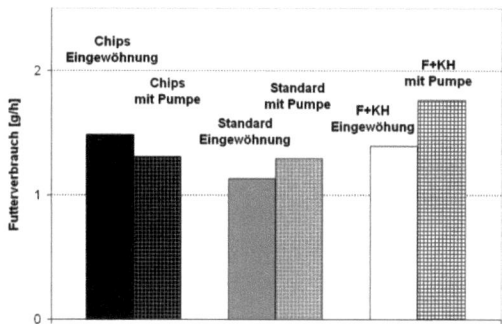

Abb. 3.25: Vergleich der Aufnahme der drei getesteten Futtersorten Kartoffelchips, Standardfutter und der Mischung aus Fett und Kohlenhydraten (F+KH) vor und nach der Implantation der osmotischen Pumpe. Dargestellt ist jeweils der Mittelwert der vier Käfige einer Futtersorte.

Kartoffelchips ist das Gegenteil der Fall: Nach Implantation der osmotischen Pumpen nimmt die Futteraufnahme ab. Eine sehr spekulative Begründung dafür könnte sein, dass die Tiere die Kartoffelchips eher als eine besondere Nahrung - eine Art Belohnung - ansehen und nach den Strapazen der Implantation und während der Akkumulation des Mn^{2+} eher keinen so großen Drang verspüren, eine Belohnung aufzunehmen. Möglicherweise halten die Tiere die Mischung aus Fett und Kohlenhydraten eher für attraktive »Standardnahrung«, weshalb die Aufnahme wie beim Standardfutter steigt. Diese Hypothese sollte jedoch durch weitere Versuche näher untersucht werden.

3.4.3 Aktivitätsprofile

Während der drei Phasen »Futtergewöhnung«, »ohne Testfutter« sowie »mit implantierten osmotischen Pumpen« wurde die Aktivität der Tiere wie in Kapitel 2.4.5 beschrieben in Abhängigkeit vom jeweils zur Verfügung gestellten Testfutter gemessen (Abb. 3.26). Hierfür wurden 2-4 Käfige pro Futtergruppe mit je 4 Tieren durchgängig durch Kameraaufnahmen beobachtet. Dabei erfolgte die Aufnahme von Bildern jedes Käfigs im Abstand von 10 Sekunden. Die Aktivität wurde über Zählimpulse quantifiziert, indem ein Zählimpuls definiert wurde als »Eine Ratte zeigt Aktivität im vorderen Teil des Käfigs«, wobei der vordere Teil des Käfigs vollständig durch die Kameras erfasst wurde. Durch die manuelle Auszählung der Zählimpulse konnte eine mittle-

3. Ergebnisse und Diskussion

re Aktivität für jede Stunde, abhängig von der bereitgestellten Futtersorte sowie der jeweiligen Phase »Futtergewöhnung«, »ohne Testfutter« und »mit implantierten osmotischen Pumpen« bestimmt werden. In allen drei Phasen war deutlich erkennbar, dass die Hauptaktivitätszeiten der Ratten während der Dunkelheit (12 Stunden) auftraten. Die Aktivität bei Helligkeit (12 Stunden) war erkennbar geringer. Zudem zeigte sich, dass die verschiedenen Futtersorten in der Lage waren, eine unterschiedliche Aktivität der Versuchstiere zu induzieren. Abbildung 3.26(a) zeigt den Aktivitätsverlauf der Versuchstiere der drei Futtergruppen während der 7-tägigen Eingewöhnungszeit an das jeweilige Testfutter. Es geht deutlich hervor, dass die Kartoffelchips in der Lage waren, die höchste Aktivität der Versuchstiere zu induzieren. Die Unterschiede in der Aktivität während der Dunkelphase waren größtenteils signifikant im Vergleich zur Aktivität der Tiere, die Standardfutter zur Verfügung gestellt bekamen. Zudem wird ersichtlich, dass die Tiere, die mit Kartoffelchips gefüttert wurden, zu jedem Zeitpunkt aktiver waren als die Tiere der beiden anderen Gruppen, die Zugang zur Mischung aus Fett und Kohlenhydraten sowie Standardfutter hatten. Auch das Fett-Kohlenhydrat-Futter war an einigen Zeitpunkten in der Lage, die Aktivität der Tiere im Vergleich zum Standardfutter signifikant zu erhöhen, wenn auch in geringerem Maße als die Kartoffelchips. In der folgenden Phase ohne Testfutter, also bei ad libitum Fütterung lediglich mit Standardfutter in Pelletform, konnte festgestellt werden, dass die Aktivitätsunterschiede zwischen den Tieren, die mit unterschiedlichen Testfutter eingewöhnt wurden, in deutlich geringerem Maße auftraten (Abb. 3.26(b)). Zu einigen Zeiten - besonders in der ersten Nachthälfte - war jedoch noch immer eine teilweise signifikant erhöhte Aktivität der Tiere, die vorher mit Kartoffelchips bzw. dem Chipsmodell F+KH gefüttert wurden, erkennbar. Hierbei zeigten wiederum die Tiere, die während der Eingewöhnung Zugang zu Kartoffelchips hatten, die höchste Aktivität, gefolgt von den Tieren, denen die Mischung aus Fett und Kohlenhydraten zur Verfügung stand. Diese unterschieden sich nur an wenigen Zeitpunkten von den Standardfutter-Tieren. Bei allen drei Gruppen war jedoch eine geringere Aktivität als in der Eingewöhnungsphase erkennbar. Eine nochmals verminderte Aktivität zeigte sich in den 7 Tagen nach der Implantation der osmotischen Pumpen (Abb. 3.26(c)). Der Trend, dass die Tiere, denen Kartoffelchips zur Verfügung gestellt wurden, die höchste Aktivität zeigten, setzte sich auch in dieser Phase mit den implantierten Pumpen fort. So war zu beobachten, dass die Kartoffelchips auch hier in der Lage waren an den meisten Zeitpunkten in der Nacht die höchste Aktivität der Versuchstiere hervorzurufen, wenn auch in geringerem Maße als in der Eingewöhnungsphase.

3.4. Untersuchung futterspezifischer Auswirkungen auf Bewegungsaktivität und strukturspezifische Gehirnaktivität

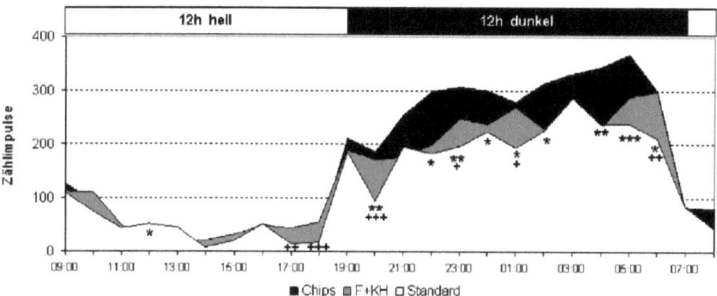

(a) Aktivitätsprofil der Tiere der drei Futtergruppen in der Eingewöhnungsphase

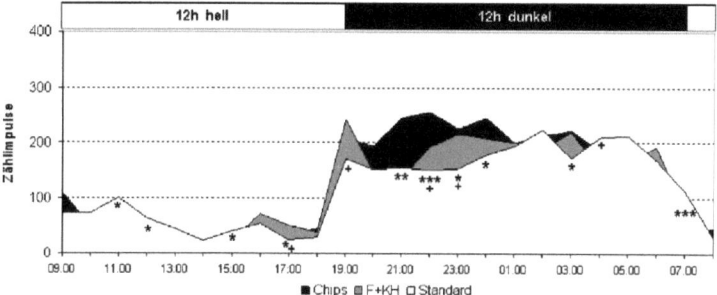

(b) Aktivitätsprofil der Tiere der drei Futtergruppen in der Phase ohne bereitgestelltes Testfutter nach der Eingewöhnung

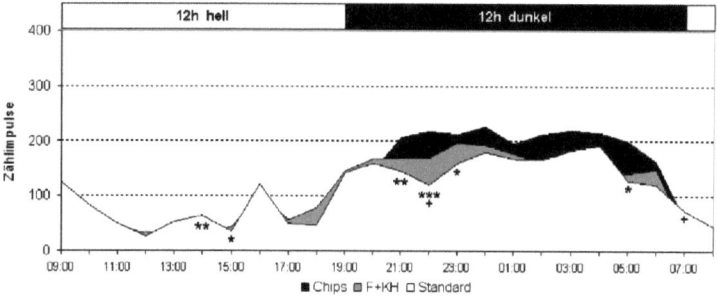

(c) Aktivitätsprofil der Tiere der drei Futtergruppen in der Phase mit implantierten osmotischen Pumpen

Abb. 3.26: Vergleich der Aktivität der Tiere der verschiedenen Futtergruppen bestehend aus je vier Käfigen bzw. 16 Tieren über jeweils 7 Tage pro Phase. Haltung der Tiere in einem 12 h/12 h Tag/Nacht-Zyklus. Signifikanzniveaus * $p<0.05$, ** $p<0.01$, *** $p<0.001$ Chips vs. Standard, + $p<0.05$, ++ $p<0.01$, +++ $p<0.001$ F+KH vs. Standard.

3. Ergebnisse und Diskussion

In der Literatur wurde bereits beschrieben, dass attraktives Futter in der Lage ist, eine antizipatorische Aktivität in Ratten auszulösen [96]. Auch bei Mäusen konnte eine solche Beobachtung bestätigt werden [97]. Zudem konnte ein sogenanntes »clock gene« identifiziert werden, dass durch metabolische Einflüsse aber auch durch Belohnungseffekte verstärkt exprimiert wird [98]. Dieses Gen steht im Zusammenhang mit der Induktion von Aktivität bei der Erwartung attraktiver Stimuli. Die Aktivität, die durch die Mischung aus Fett und Kohlenhydraten hervorgerufen wurde, lag in der Phase mit implantierten osmotischen Pumpen nur noch geringfügig über der, die durch Standardfutter ausgelöst wurde. Es konnte also gezeigt werden, dass die Kartoffelchips in der Lage waren, die höchste Aktivität bei den Versuchstieren zu induzieren. Auch die attraktive Fett-Kohlenhydrat-Mischung sorgte bei den Tieren dieser Gruppe für eine Aktivierung im Vergleich zur Standardfuttergruppe, wenn auch in geringerem Maße als die Kartoffelchips. Nachdem für Abbildung 3.26 die Aktivitätsprofile von 2-4 Käfigen über 7 Tage gemittelt wurden, stellt Abbildung 3.27 den Verlauf der Aktivität in 2-4 Käfigen pro Testtag in den drei Phasen des Versuchsaufbaus dar. Somit kann der Verlauf der Aktivität der Tiere zwischen der Eingewöhnungsphase, der Phase ohne bereitgestelltes Testfutter und der Phase mit implantierten osmotischen Pumpen verglichen werden. Dargestellt sind lediglich die Aktivitätsverläufe während der 12 Stunden dauernden Dunkelphasen, da die Aktivität der Tiere bei Helligkeit deutlich geringer ausfiel und zudem lediglich sehr geringe Unterschiede zwischen den Futtersorten beobachtet werden konnten. Abbildung 3.27(a) zeigt den Verlauf der Aktivität der Tiere der drei Futtergruppen während der Nächte der Eingewöhnungsphase. Hierbei ist deutlich erkennbar, dass die Versuchstiere, denen Kartoffelchips zur Verfügung gestellt wurden, von Anfang an die höchste Aktivität zeigten, die jedoch im Verlauf der Testtage am stärksten abnahm, was aus der größten negativen Steigung (-21,40 Abb. 3.27(d)) abzulesen ist. Die initiale Aktivität der Tiere der Kartoffelchips-Gruppe war demnach am höchsten, nahm aber auch am stärksten ab, wobei die beiden anderen Futtersorten (Standard und F+KH) zu jeder Zeit geringere Aktivitäten auslösten. Der Aktivitätsverlauf der Tiere dieser Futtersorten begann auf einem deutlich geringerem Niveau, zeigte jedoch auch keine so starke Abnahme wie bei den Tieren der Kartoffelchips-Gruppe. Es konnte festgestellt werden, dass das Fett-Kohlenhydrat-Futter zur geringsten Aktivitätsabnahme führte (-8,47 Abb. 3.27(d)), wobei das Standardfutter dafür sorgte, dass die Aktivität der Ratten nahezu im gleichen Maße wie bei den Kartoffelchips zurückging (-17,54 Abb. 3.27(d)). Daraus kann gefolgert werden, dass die Kartoffelchips von Beginn an als das interessanteste Futter angesehen wurden. Der sehr starke Rückgang

3.4. Untersuchung futterspezifischer Auswirkungen auf Bewegungsaktivität und strukturspezifische Gehirnaktivität

der Aktivität zeigte möglicherweise eine rasche Gewöhnung an das zunächst neue und außergewöhnliche Futter, resultierte jedoch in einer induzierten Aktivität, die auch am Ende des Zeitraums der Eingewöhnung die beiden anderen Futtersorten übertraf. Das Futter, das in den Ratten durchgängig ein relativ hohes Interesse induzieren konnte, ist die Mischung aus Fett und Kohlenhydraten, was aus dem geringsten Rückgang der Aktivität bei Fütterung dieser Mischung ersichtlich ist. Zudem zeigt Abbildung 3.26(a), dass die Aktivität der Tiere der Futtergruppe F+KH ab Testtag 4 nahezu parallel zu denen der Chips-Gruppe verlief. Möglicherweise war ab diesem Zeitpunkt die Aktivität, die durch Kartoffelchips ausgelöst wurde, hauptsächlich auf die Hauptbestandteile Fett und Kohlenhydrate zurückzuführen. Jedoch wirkte möglicherweise eine zusätzliche aktivitätsauslösende Komponente wie beispielsweise die Konsistenz oder zusätzliche Inhaltsstoffen wie Röststoffe oder Salz, die auch die hohe Anfangsaktivität in den Tieren, die mit Kartoffelchips gefüttert wurden, induzierten. Der Rückgang der Aktivität der Tiere, die mit Standardfutter gefüttert wurden, ist vermutlich darauf zurückzuführen, dass sich die Zusammensetzung des pulverförmigen Standardfutters in den Testfutterbehältern mit der der Standardfutter-Pellets deckte, was die Tiere möglicherweise nach und nach registrierten. Die zunächst erhöhte Aktivität durch die neue Darreichungsform (Pulver vs. Pellets) nahm deshalb mit der Zeit ab, da sich die Futterzusammensetzung nicht unterschied. Während des Zeitraums ohne bereitgestelltes Testfutter (Abb. 3.27(b)) kann ein bei allen Futtersorten gleichartiger Verlauf der Aktivität über die 7 Test-Nächte festgestellt werden. Dies zeigt sich auch in der Darstellung der Steigungen (Abb. 3.27(d)). Insgesamt war in diesem Zeitraum eine geringere Aktivität bei den Tieren aller Futtergruppen im Vergleich zum Eingewöhnungszeitraum zu beobachten. Eine Steigerung der Aktivität im Verlauf der Test-Nächte konnte in der Phase nach der Implantation der osmotischen Pumpen festgestellt werden (Abb. 3.27(c)). Hierbei zeigte sich, dass der Implantationsvorgang an sich einen Einfluss auf die Aktivität auszuüben scheint. Für die Anfangsaktivität im Zeitraum mit implantierten Pumpen wurde bei allen drei Futtergruppen ein vergleichbar niedriges Niveau festgestellt. In der Literatur wurde beschrieben, dass die Implantation an sich keinen Einfluss auf die Bewegung von Ratten in einem Laufrad haben sollte [95], wohingegen hier ein geringer Einfluss deutlich wird. Die Beeinträchtigung scheint jedoch vernachlässigbar zu sein, da die Tiere dennoch eine gut messbare Aktivität zeigten. Zudem konnte ein Anstieg der Aktivität im Verlauf der Testtage mit implantierten osmotischen Pumpen bei allen drei Futtergruppen festgestellt werden. Dieser Anstieg ist offenbar wiederum abhängig vom bereitgestellten Testfutter. So induzierten die attraktiven Futtersorten Kartoffelchips

3. Ergebnisse und Diskussion

sowie die Mischung aus Fett und Kohlenhydraten einen relativ raschen Anstieg der Aktivität innerhalb der ersten vier Nächte nach der Implantation, wobei die Kartoffelchips auch über den vierten Tag hinaus für eine kontinuierliche Aktivitätssteigerung mit der stärksten Steigung (16,41 Abb. 3.27(d)) aller getesteten Futtersorten sorgten. Die Fett-Kohlenhydrat-Mischung sowie das Standardfutter führten zu geringeren Aktivitätssteigerungen (7,32 bzw. 10,23 Abb. 3.27(d)) waren jedoch beide in der Lage, eine Bewegung der Tiere im vorderen Teil des Käfigs zu induzieren.

3.4. Untersuchung futterspezifischer Auswirkungen auf Bewegungsaktivität und strukturspezifische Gehirnaktivität

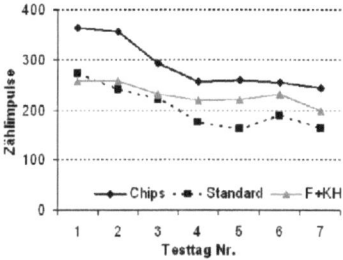

(a) Aktivitätsprofil der Tiere der drei Futtergruppen in der Eingewöhnungsphase (Nacht)

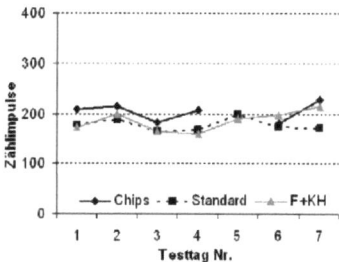

(b) Aktivitätsprofil der Tiere der drei Futtergruppen in der Phase ohne bereitgestelltes Testfutter nach der Eingewöhnung (Nacht)

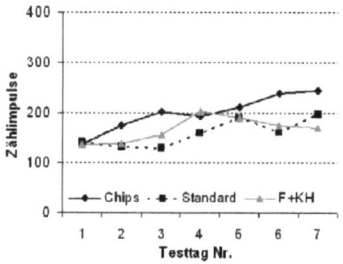

(c) Aktivitätsprofil der Tiere der drei Futtergruppen in der Phase mit implantierten osmotischen Pumpen (Nacht)

	Steigung Nacht		
	Chips	F+KH	Standard
Eingewöhnung	-21,40	-8,47	-17,54
ohne Testfutter	0,56	5,43	-0,58
mit Pumpe	16,41	7,32	10,23

(d) Lineare Steigungen der Regressionsgeraden der Aktivitäten der Tiere aus den verschiedenen Futtergruppen im Verlauf der Testtage (Nacht)

Abb. 3.27: Aktivitätsverläufe der Versuchstiere der verschiedenen Futtersorten in aufeinanderfolgenden Nächten in den drei Phasen Eingewöhnung (a), ohne Testfutter (b) sowie mit implantierten Pumpen (c). Beobachtung von 2-4 Käfigen mit je 4 Tieren pro Messtag. Tabelle (d) gibt einen Überblick über die Steigungen der Regressionsgeraden der Aktivitäten der Tiere.

3. Ergebnisse und Diskussion

3.4.4 Gehirnaktivitätsmessungen mittels MEMRI

Die Untersuchung der Aktivität der Gehirnregionen wurde mit Hilfe des erstellten Gehirnatlanten mittels MEMRI durchgeführt. Hierfür wurden die Ratten wie beschrieben zunächst unter ständigem freien Zugang zu Standardfutter in Pelletform und Trinkwasser für 7 Tage an das jeweilige Testfutter Chips, Chips-Modell und Standardfutter gewöhnt. Nach 7 Tagen ohne zusätzliches Testfutter erfolgte die Implantation der osmotischen Pumpen, die eine Lösung des Kontrastmittels $MnCl_2$ mit kontinuierlicher Rate freisetzte. Während dieser Akkumulationszeit des Mn^{2+} im Gehirn wurde den Tieren wiederum durchgehend das jeweilige Testfutter zur Verfügung gestellt. Somit konnte die futterspezifische Aktivierung von 166 im Atlas definierten Gehirnstrukturen untersucht werden. Daraus ergaben sich einige signifikante Unterschiede, die durch die verschiedenen Futtersorten Chips, Chips-Modell (F+KH) und Standardfutter ausgelöst wurden. Der Vergleich zwischen der Chips- und der Standardfuttergruppe ergab 80 signifikant unterschiedlich aktivierte Gehirnregionen, wobei sich zwischen dem Chips-Modell und der Standardgruppe 38 signifikante Unterschiede zeigten. Somit konnte gezeigt werden, dass die Aufnahme verschiedener Nahrung eine spezifische Aktivierung von Gehirnregionen auslöst. Die folgenden Balkendiagramme geben einen Überblick über das Aktivitätsprofil, wobei die einzelnen Gehirnstrukturen den Gruppen Thalamus, Cortex, Limbic und Rest zugeordnet wurden. Welche Strukturen jeweils den durch die Abkürzungen in den Abbildungen bezeichneten Überstrukturen zugeordnet wurden, kann der Tabelle im Anhang (Kapitel 6.1) entnommen werden. In den Balken sind jeweils die über z-Scores normierten Daten jeder Gehirnstruktur für jede Futtersorte visualisiert. Gehirnstrukturen, die in der rechten Gehirnhälfte lokalisiert sind, wurden mit »re«, Gehirnstrukturen in der linken Gehirnhälfte mit »li« gekennzeichnet. Mittels zweiseitigem homoskedastischen t-Test wurde jeweils auf signifikante Unterschiede zwischen den Futtergruppen im Bezug auf die Aktivierung einer Gehirnstruktur geprüft. Unterscheidet sich beispielsweise die Aktivität einer Gehirnstruktur durch die Fütterung von Chips bzw. Standardfutter, so ist der Balken, der den z-Score der Chips-Tiere visualisiert entsprechend dem Signifikanzniveau gekennzeichnet. Die dargestellten Balkendiagramme geben einen Überblick über die gesamten analysierten Gehirnstrukturen, die für die weitere Darstellung der Ergebnisse sowie die Diskussion bezüglich ihrer Funktionalität gruppiert wurden.

3.4. Untersuchung futterspezifischer Auswirkungen auf Bewegungsaktivität und strukturspezifische Gehirnaktivität

Zusammenstellung der z-Scores

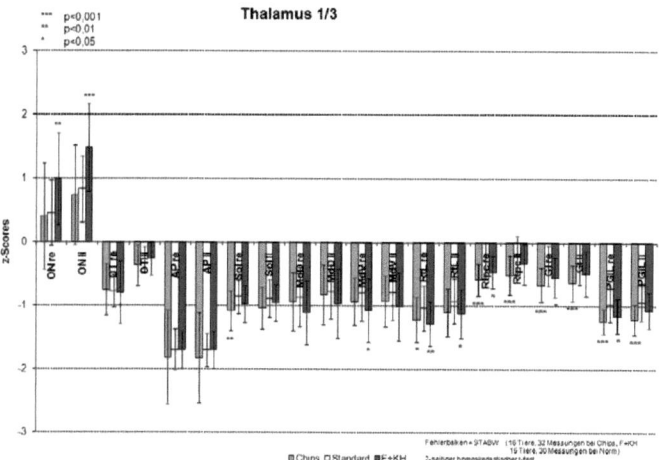

Abb. 3.28: Balkendiagramm z-Scores Thalamus 1/3

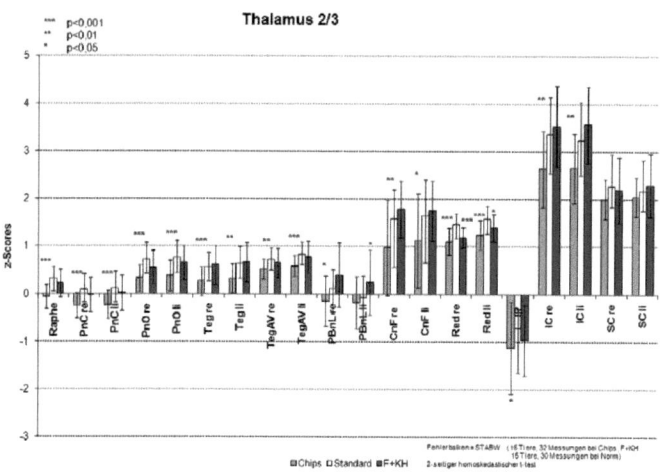

Abb. 3.29: Balkendiagramm z-Scores Thalamus 2/3

3. Ergebnisse und Diskussion

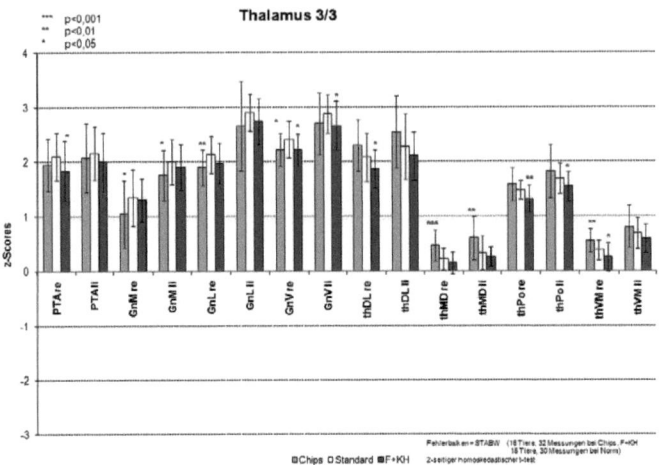

Abb. 3.30: Balkendiagramm z-Scores Thalamus 3/3

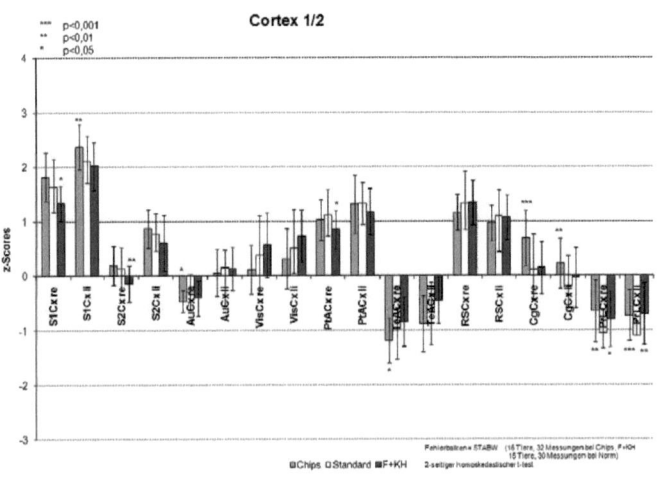

Abb. 3.31: Balkendiagramm z-Scores Cortex 1/2

3.4. Untersuchung futterspezifischer Auswirkungen auf Bewegungsaktivität und strukturspezifische Gehirnaktivität

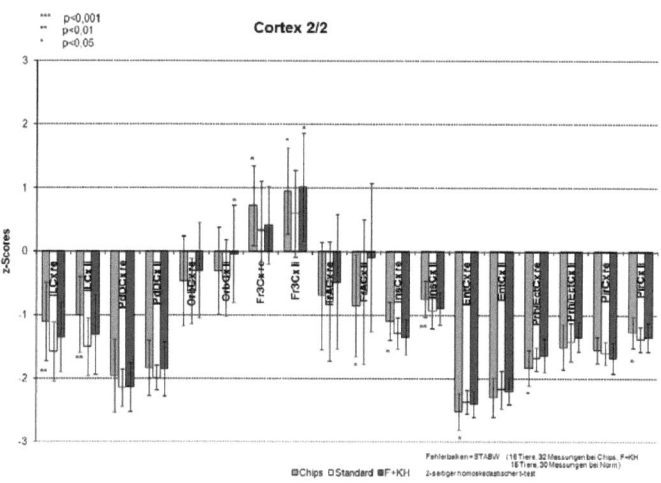

Abb. 3.32: Balkendiagramm z-Scores Cortex 2/2

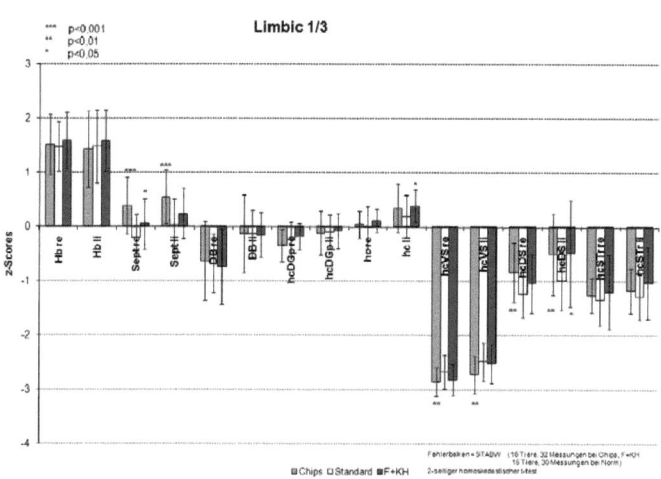

Abb. 3.33: Balkendiagramm z-Scores Limbic 1/3

3. Ergebnisse und Diskussion

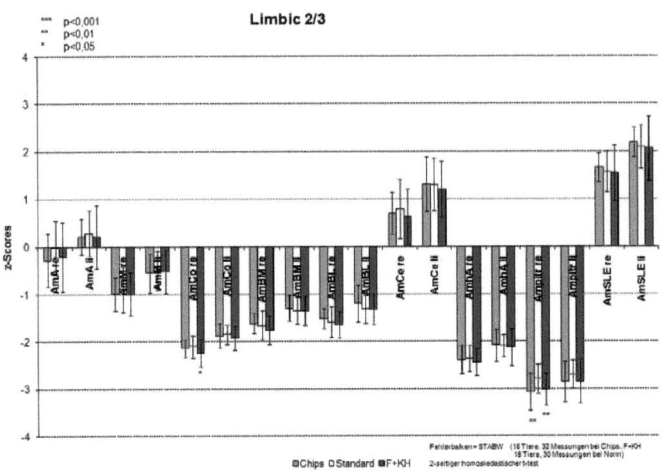

Abb. 3.34: Balkendiagramm z-Scores Limbic 2/3

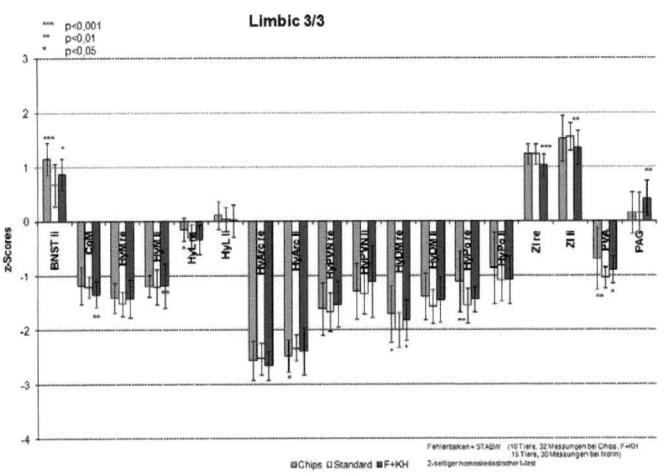

Abb. 3.35: Balkendiagramm z-Scores Limbic 3/3

3.4. Untersuchung futterspezifischer Auswirkungen auf Bewegungsaktivität und strukturspezifische Gehirnaktivität

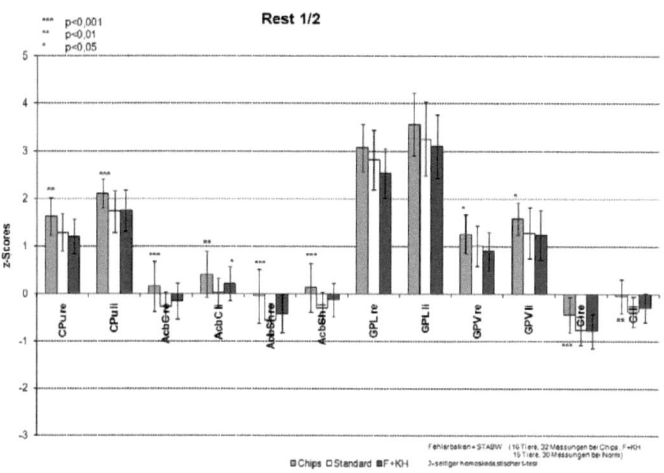

Abb. 3.36: Balkendiagramm z-Scores Rest 1/2

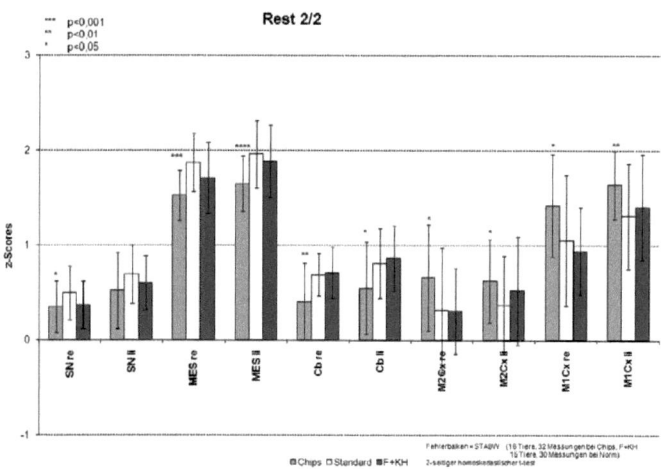

Abb. 3.37: Balkendiagramm z-Scores Rest 2/2

3. Ergebnisse und Diskussion

Im Folgenden sind die signifikanten Unterschiede dargestellt, indem die Gehirnbereiche den Funktionsgruppen Nahrungsaufnahme, Belohnung und Sucht, Emotionen und Motivation, Schlaf und Aufmerksamkeit, Aktivität und Bewegung, Lernen und Gedächtnis sowie Sonstiges zugeordnet wurden. Die Gehirnregionen wurden jeweils auf der rechten sowie auf der linken Gehirnhälfte separat analysiert. Bei Bereichen, die in eine rechte und linke Seite aufgeteilt wurden, wurde die rechte Seite mit »R« und die linke Seite mit »L« bezeichnet. Teilweise sind die signifikanten Unterschiede in den Aktivitäten der Gehirnstrukturen durch Abbildungen belegt. Die bildliche Darstellung erfolgt aufgrund der großen Anzahl an signifikant unterschiedlich aktivierten Gehirnbereichen nur beispielhaft. Die Darstellung zeigt jeweils den relevanten Schnitt aus dem Atlas (a), bei dem die jeweilige Struktur farbig markiert wurde. Unter (b) ist die statistische Auswertung auf Basis der einzelnen Voxel (dreidimensionale Bildpunkte) dargestellt, wobei signifikante Unterschiede in Bildpunkten zwischen der Chips- bzw. der Chips-Modellgruppe und der Standardfuttergruppe farbig dargestellt sind. Diese Unterschiede beruhen auf den verschiedenen Grauwerten, die durch Einlagerung des Kontrastmittels hervorgerufen werden. Hohe Aktivität ist gleichbedeutend mit einer hohen Akkumulation von Mn^{2+} und damit einem hellen Bereich im Bild. Unterschiedliche Aktivierung durch verschiedene Futtersorten resultiert folglich in unterschiedlichen Grauwerten, deren signifikante quantitative Unterschiede in dieser Abbildung dargestellt sind. Im Hintergrund ist eine anatomische Aufnahme ohne Information über die Aktivität gezeigt. Teilabbildung (c) zeigt die relative Aktivierung der jeweiligen Gehirnstruktur auf Basis der berechneten z-Scores durch Chips bzw. das Chips-Modell im Bezug auf mit Standardfutter gefütterte Tiere. Hierfür wurden die z-Scores jeder Struktur pro Tier berechnet und für jede Futtergruppe gemittelt. Auf Basis dieser drei erhaltenen Gruppenmittel wurden t-Tests berechnet, aus denen signifikante Unterschiede der betreffenden Gehirnregion im Bezug auf das jeweilige Futter ersichtlich wurden.

Nahrungsaufnahme

Im Funktionsbereich der Nahrungsaufnahme konnten 11 Strukturen detektiert werden, deren Aktivitäten sich zwischen Chips- und Standardfuttergruppe signifikant unterschieden. In der Chips-Modellgruppe (F+KH) wurden im Vergleich zur Standardfuttergruppe 4 Gehirnstrukturen signifikant unterschiedlich stark aktiviert (Tab. 3.6).

3.4. Untersuchung futterspezifischer Auswirkungen auf Bewegungsaktivität und strukturspezifische Gehirnaktivität

(a) Signifikant höhere Aktivität durch Chips im Vergleich zu Standardfutter

Chips aktiver als Standard	
Sept L	Sept R
	HyDM R
PVA	
ILCx L	ILCx R
	HyL R
BNST L	

(b) Signifikant höhere Aktivität durch Standardfutter im Vergleich zu Chips

Standard aktiver als Chips	
	Sol R
Raphe	
HyArc L	

(c) Signifikant höhere Aktivität durch F+KH im Vergleich zu Standardfutter

F+KH aktiver als Standard	
	Sept R
	HyDM R
PVA	
BNST L	

(d) Signifikant höhere Aktivität durch Standardfutter im Vergleich zu F+KH

Standard aktiver als F+KH
keine Strukturen detektiert

Tab. 3.6: Gehirnregionen, die im Zusammenhang mit der Regulation der Nahrungsaufnahme stehen und futterspezifisch signifikant unterschiedlich aktiviert werden.

Septum Das Septum (Sept) wird in einigen Studien in Zusammenhang mit Nahrungsaufnahme gebracht. So wird berichtet, dass sich eine erzwungene verminderte Nahrungsaufnahme auf die Ausschüttung von Hormonen im Septum auswirkt, die für die Regulation der Nahrungsaufnahme verantwortlich sind. Genannt werden hier beispielsweise das Neuropeptid Y oder Galanin [99]. Außerdem wird beschrieben, dass das Septum zusammen mit dem Hypothalamus an der Regulation der Nahrungsaufnahme beteiligt sein soll [100]. Auch ein Zusammenhang mit der durch das Septum gesteuerte Freisetzung von Hormonen bei unterbrochener Bereitstellung von attraktivem Futter wie Zucker als Folge von Stress wird diskutiert [101]. Die Erwartung von attraktivem Futter bei begrenzter Bereitstellung sorgte in einer weiteren Studie für einen Anstieg der neuronalen Aktivität u.a. im Septum [102]. Das Septum scheint also an der Regulation der Nahrungsaufnahme beteiligt zu sein, bzw. durch bestimmte Vorgänge bei der Nahrungsaufnahme und -suche aktiviert zu werden. In der Chipsgruppe war die Aktivität des Septums beidseitig (Sept R und Sept L) signifikant gegenüber der Standardfuttergruppe erhöht, in der F+KH Gruppe gegenüber Standardfutter lediglich auf der rechten Seite (Sept R).

3. Ergebnisse und Diskussion

Dorsomedialer Hypothalamus Der dorsomediale Hypothalamus (HyDM) wird noch deutlicher als das Septum in den Zusammenhang mit Nahrungsaufnahme gebracht. Es wird beschrieben, dass neben anderen Strukturen auch der HyDM spezifische Rezeptoren für Ghrelin besitzt, wobei die Bindung von Ghrelin eine Nahrungsaufnahme induziert [103]. Zudem scheint der HyDM eine Schaltstelle im System der Signalverarbeitung im Bezug auf Nahrungsaufnahme zu sein. Er ist hierbei für die Verarbeitung von Signalen aus dem Cerebellum sowie somatischer Signale zuständig [104]. Neben Ghrelin hat auch noch das galaninähnliche Peptid GALP, ein weiteres Neuropeptid, einen Einfluss auf die Regulation der Nahrungsaufnahme durch den HyDM. So wird beschrieben, dass eine Injektion dieses Neuropeptides in den HyDM wenige Stunden später eine erhöhte Nahrungsaufnahme hervorruft [105]. Der HyDM kann folglich als eine wichtige Struktur im Bezug auf die Regulation der Nahrungsaufnahme angesehen werden. Im Vergleich zum Standardfutter konnte eine signifikante Aktivierung des HyDM durch die Futtersorten Chips sowie F+KH festgestellt werden. In beiden Fällen jeweils auf der rechten Seite (HyDM R). Somit war der rechte Teil dieser Struktur durch die getesteten Futtersorten spezifisch signifikant aktiviert, während auf der linken Seite auch eine deutliche, jedoch nicht signifikante Aktivierung beobachtet werden konnte. Möglicherweise sitzen die Bereiche dieser Gehirnstruktur, die durch eine attraktive Mischung aus Fett und Kohlenhydraten aktiviert werden eher auf der rechten Seite, wohingegen andere Eindrücke durch die Nahrung (beispielsweise ein anderer Geschmack) vornehmlich auf der linken Seite Auswirkungen zeigen. Diese spekulative Vermutung müsste jedoch durch weitere Versuche untermauert werden. Abbildung 3.38 zeigt eine Darstellung dieser signifikanten Unterschiede. In dieser Abbildung ist zu erkennen, dass sowohl die voxelweise statistische Berechnung (Abb. 3.38(b)) als auch die Berechnung auf Basis der Grauwertdaten (Abb. 3.38(c)) zu einem signifikanten Unterschied führten. Aus Gründen der Übersichtlichkeit sind in Abbildung 3.38(b) lediglich die signifikant unterschiedlich aktivierten Bereiche im Vergleich von Chips zu Standardfutter dargestellt.

Vorderer Paraventrikulärer Thalamischer Nucleus Der Vordere Paraventrikuläre Thalamische Nucleus (PVA) weist wie auch der HyDM spezifische Rezeptoren für Ghrelin auf. Bindet Ghrelin an diese Rezeptoren im PVA wird eine Nahrungsaufnahme induziert, was zeigt, dass die Aktivierung des PVA einen Einfluss auf die Nahrungsaufnahme hat [103]. Zudem kann eine Injektion von Noradrenalin in den PVA eine kurze »Fress-Attacke« von 20–25 Minuten bei satten Ratten auslösen. Zunächst wurde

3.4. Untersuchung futterspezifischer Auswirkungen auf Bewegungsaktivität und strukturspezifische Gehirnaktivität

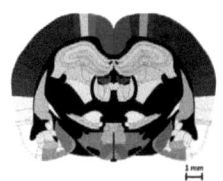
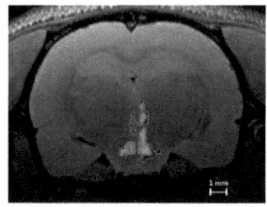
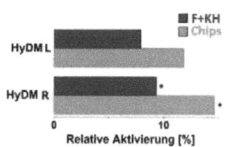

(a) Lokalisierung des HyDM auf einem beispielhaften Schnitt im Rattengehirnatlas farbig markiert. Bregma -3,12 mm

(b) Signifikante Unterschiede im HyDM: Chips vs. Standardfutter (grün) auf Basis der voxelweisen statistischen Auswertung

(c) Relative Aktivierung durch Chips (grün) bzw. F+KH (blau) im Bezug auf Standardfutter auf Basis der z-Scores. Signifikanzniveaus * p<0.05, ** p<0.01, *** p<0.001

Abb. 3.38: Signifikante Unterschiede in der Aktivierung des Dorsomedialen Hypothalamus (HyDM) durch voxelweise und regionsspezifische statistische Auswertung (ANOVA) auf Basis von z-Score-normierten Daten.

vermutet, dass hierbei die Futterart eine große Rolle spielt [106]. Später konnte jedoch gezeigt werden, dass die Injektion von Noradrenalin möglicherweise unspezifisch ein Verhalten auslöst, das zur Nahrungsaufnahme führen kann, wenn Nahrung vorhanden ist. Beispielsweise wird verstärktes Nagen beobachtet, unabhängig davon ob attraktives Futter zur Verfügung steht oder nicht [107]. Der PVA wurde sowohl durch die Aufnahme von Kartoffelchips als auch der Mischung aus Fett und Kohlenhydraten (F+KH) signifikant stärker als in der Standardfuttergruppe aktiviert (Abb. 3.39).

Infralimbischer Cortex Eine weitere Gehirnstruktur, die bisher im Zusammenhang mit Nahrungsaufnahme genannt wurde, ist der Infralimbische Cortex (ILCx). Diese Struktur in der Hirnrinde ist vornehmlich bekannt für die Vermittlung von Angst-Signalen [108]. Es existieren auch Hinweise darauf, dass der ILCx eine wichtige Cortex-Struktur im Bezug auf Appetit ist. So sendet diese Gehirnregion Signale, die für die Regulation des Appetits wichtig sind an subcorticale Strukturen. Durch die dadurch ausgelöste Steigerung der Körpertemperatur wird eine Vorbereitung auf die Nahrungsaufnahme erreicht, da beispielsweise das Verdauungssystem aktiviert wird [109]. Die im Rahmen dieser Arbeit durchgeführten Versuche konnten eine signifikante Erhöhung der Aktivität im ILCx spezifisch durch die Aufnahme von Kartoffelchips aufzeigen, wobei sowohl die rechte (ILCx R) als auch die linke Seite (ILCx L) betroffen war.

3. Ergebnisse und Diskussion

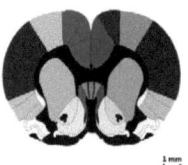
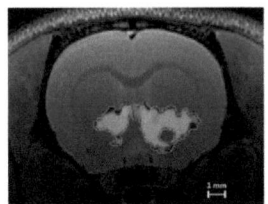
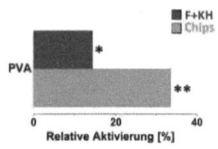

(a) Lokalisierung des PVA auf einem beispielhaften Schnitt im Rattengehirnatlas farbig markiert. Bregma -1,08 mm

(b) Signifikante Unterschiede im PVA: Chips vs. Standardfutter (grün) sowie F+KH vs. Standardfutter (blau) auf Basis der voxelweisen statistischen Auswertung

(c) Relative Aktivierung durch Chips (grün) bzw. F+KH (blau) im Bezug auf Standardfutter auf Basis der z-Scores. Signifikanzniveaus * $p<0.05$, ** $p<0.01$, *** $p<0.001$

Abb. 3.39: Signifikante Unterschiede in der Aktivierung des Vorderen Paraventriculären Thalamischen Nucleus (PVA) durch voxelweise und regionsspezifische statistische Auswertung (ANOVA) auf Basis von z-Score-normierten Daten.

Lateraler Hypothalamus Wichtig für die Regulation der Nahrungsaufnahme ist der Laterale Hypothalamus (HyL). Es wurde beschrieben, dass die Stimulation des HyL zu einer gierigen Nahrungsaufnahme führt [110]. Ebenso wie der HyDM als auch der PVA, trägt auch der HyL Ghrelin-Rezeptoren, wobei deren Wechselwirkung mit Ghrelin eine Nahrungsaufnahme induziert. Auch weitere Hormonsysteme, die die Nahrungsaufnahme beeinflussen, scheinen vom HyL, der aus vielen sehr kleinen gut vernetzten Kernen besteht, gesteuert zu werden [111]. Im Zusammenspiel mit dem Nucleus Accumbens oder der Amygdala ist der HyL eine wichtige Struktur für das Belohnungssystem und die Regulation der Nahrungsaufnahme. Auch für Emotionen und die Energiebilanz ist der HyL eine wichtige Struktur [112]. Im Gegensatz zu den durch die im Rahmen dieser Arbeit ermittelten Daten sprechen die Studien von Turenius et al. [113] sowie Sani et al. [114] dafür, dass eine Aktivierung des HyL durch die Anregung von GABA-A Rezeptoren bzw. elektrische Stimulation zu einer verminderten Nahrungsaufnahme führt. Im Rahmen der durchgeführten Studie konnte jedoch eine Aktivierung im HyL durch Chips im Vergleich zu Standardfutter gezeigt werden. Möglicherweise erfolgte diese Aktivierung über ein anderes Transmittersystem oder räumlich verschieden. Mittels MEMRI konnte lediglich eine signifikante Aktivierung durch Kartoffelchips in der rechten Gehirnhälfte gezeigt werden (HyL R).

3.4. Untersuchung futterspezifischer Auswirkungen auf Bewegungsaktivität und strukturspezifische Gehirnaktivität

Bed Nuclei der Stria Terminalis Die Bed Nuclei der Stria Terminalis (BNST) stehen im Zusammenhang mit einer veränderten c-fos-Expression bei beschränktem Zugang zu attraktivem Futter zusätzlich zu ad libitum Fütterung mit Standardfutter [102]. Die Verfügbarkeit der beiden deutlich von Standardfutter abweichenden Futter (Chips und Fett-Kohlenhydrat-Mischung gleichermaßen) konnte die Aktivität auf der linken Seite (BNST L) dieser Gehirnregion steigern.

Die bisher genannten Gehirnstrukturen wurden jeweils durch das besondere Testfutter Chips bzw. F+KH aktiviert. Es existieren jedoch auch Bereiche im Gehirn, die mit der Nahrungsaufnahme in Verbindung gesetzt werden und die durch Standardfutter eine höhere Aktivierung erfuhren als durch Chips bzw. F+KH. Diese werden im Folgenden dargestellt.

Tractus Solitarius Über den Tractus Solitarius (Sol) wird im Zusammenhang mit Geschmack und der Regulation der Nahrungsaufnahme berichtet. So wird beschrieben, dass differenzierte Bereiche im Sol durch verschiedene Geschmacks-Stimuli wie Kochsalz, Zucker oder Chinin aktiviert werden [115]. Diese Gehirnregion scheint daher für die Beurteilung des Geschmacks von Lebensmitteln zuständig zu sein. Neben einigen anderen Gehirnbereichen zählt der Sol zu den Kernen des Hirnstammes und des Hypothalamus, die die Nahrungsaufnahme regulieren [116]. Diese Regulation läuft beispielsweise über die im Sol vorhandenen Opioidrezeptoren ab [117]. Zudem wird beschrieben, dass eine Läsion des Sol einen Überkonsum an attraktiven und fetthaltigen Nahrungsmitteln hervorruft [118]. Dies steht im Einklang mit der hier gefundenen Aktivierung des Sol durch Standardfutter im Vergleich mit Chips, wobei lediglich die rechte Seite des Sol (Sol R) signifikant aktiver war.

Raphe-Kerne Vielseitige Funktionen werden den Raphe-Kernen (Raphe) zugeordnet. Neben dem später diskutierten Zusammenhang der Raphe mit Belohnung und Sucht, wird die Raphe in Verbindung mit der Regulation der Nahrungsaufnahme gebracht. So wird über Vorgänge, die durch Emotionen gesteuert sind beispielsweise die Wertigkeit von Stimuli beurteilt [119]. Zudem wird berichtet, dass die Raphe über GABA-Rezeptoren eine inhibitorische Kontrolle über die Nahrungsaufnahme ausübt. GABA-Agonisten können somit durch Entzug ausgelöste Futter- und Wasseraufnahme unterdrücken wohingegen durch GABA-Antagonisten eine Futteraufnahme induziert werden kann. Eine Inaktivierung der Raphe könnte somit zu einer allgemeinen unspezifischen

3. Ergebnisse und Diskussion

Aktivierung bzw. Erregung führen was in einer unkontrollierten Nahrungsaufnahme resultieren könnte [120]. Dieser Einfluss der Raphe auf das Nahrungsaufnahmeverhalten durch Regulation des Appetits wird auch in einer weiteren Studie diskutiert [121]. Die im Rahmen dieser Arbeit gefundene Deaktivierung der Raphe durch die Aufnahme von Kartoffelchips bestätigt diese Daten aus der Literatur, da auch hier eine erhöhte Aktivität und Bewegung der Ratten beobachtet werden konnte. Möglicherweise wurde diese Unruhe in den Ratten dadurch induziert, dass die Aktivität der Raphe herabgesetzt wurde. Abbildung 3.40 verdeutlicht den signifikanten Unterschied der durch Chips, F+KH sowie Standardfutter ausgelösten Aktivierung, wobei die Raphe durch Chips im Vergleich zu Standardfutter signifikant deaktiviert wurde.

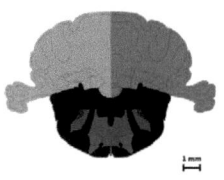
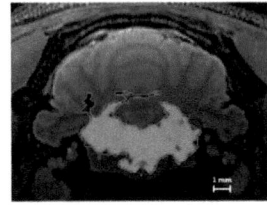
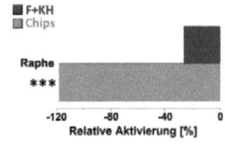

(a) Lokalisierung der Raphe auf einem beispielhaften Schnitt im Rattengehirnatlas farbig markiert. Bregma - 11,28 mm

(b) Signifikante Unterschiede in Raphe: Chips vs. Standardfutter (grün) auf Basis der voxelweisen statistischen Auswertung

(c) Relative Aktivierung durch Chips (grün) bzw. F+KH (blau) im Bezug auf Standardfutter auf Basis der z-Scores. Signifikanzniveaus * $p<0.05$, ** $p<0.01$, *** $p<0.001$

Abb. 3.40: Signifikante Unterschiede in der Aktivierung der Raphe-Kernen (Raphe) durch voxelweise und regionsspezifische statistische Auswertung (ANOVA) auf Basis von z-Score-normierten Daten.

Nucleus Arcuatus Der Nucleus Arcuatus (HyArc) ist ein Hypothalamuskern, der durch die Produktion von Hormonen und Neurotransmittern sehr stark zur Regulation der Nahrungsaufnahme beiträgt [122]. Eine Aktivierung der Struktur soll dafür sorgen, dass der Appetit gehemmt wird. In der aktuellen Studie wurde eine Deaktivierung des linken Teils dieser Struktur (HyArc L) durch Kartoffelchips im Vergleich zu Standardfutter beobachtet. Möglicherweise konnten die Kartoffelchips diese Struktur aufgrund ihrer attraktiven Zusammensetzung deaktivieren.

3.4. Untersuchung futterspezifischer Auswirkungen auf Bewegungsaktivität und strukturspezifische Gehirnaktivität

Belohnung und Sucht

In Gehirnregionen, die mit Belohnung und Sucht in Zusammenhang gebracht werden, wurden die meisten durch verschiedene Futtersorten signifikant unterschiedlich aktivierten Strukturen detektiert. Im Vergleich zwischen Kartoffelchips und Standardfutter wurden 27 Gehirnstrukturen signifikant unterschiedlich aktiviert, wobei der Vergleich der Mischung aus Fett und Kohlenhydraten und Standardfutter 10 signifikant unterschiedlich aktivierte Gehirnregionen zeigte (Tab. 3.7).

(a) Signifikant höhere Aktivität durch Chips im Vergleich zu Standardfutter

Chips aktiver als Standard	
PrLCx L	PrLCx R
hcDS L	hcDS R
BNST L	
AcbC L	AcbC R
AcbSh L	AcbSh R
thMD L	thMD R
CgCx L	CgCx R
CPu L	CPu R
GPV L	GPV R
InsCx L	InsCx R

(b) Signifikant höhere Aktivität durch Standardfutter im Vergleich zu Chips

Standard aktiver als Chips	
	PBnL R
Raphe	
IP	
TegAV L	TegAV R
hcVS L	hcVS R
HyArc L	

(c) Signifikant höhere Aktivität durch F+KH im Vergleich zu Standardfutter

F+KH aktiver als Standard	
PrLCx L	PrLCx R
hcDS L	
BNST L	
AcbC L	
hc L	
OrbCx L	

(d) Signifikant höhere Aktivität durch Standardfutter im Vergleich zu F+KH

Standard aktiver als F+KH	
PBnL L	
ZI L	ZI R

Tab. 3.7: Gehirnregionen, die im Zusammenhang mit der Regulation von Belohnung und Sucht stehen und futterspezifisch signifikant unterschiedlich aktiviert werden.

Prälimbischer Cortex Der Prälimbische Cortex (PrLCx) steht im Zusammenhang mit einigen regulatorischen Vorgängen wie beispielsweise der Nahrungsaufnahme nach

3. Ergebnisse und Diskussion

Konditionierung [123][124]. Einen entscheidenden Einfluss scheint der PrLCx jedoch auf das Suchtverhalten zu haben. Dies wurde bereits in zahlreichen Studien diskutiert. So wurde gezeigt, dass diese Struktur in vielen Stadien des Suchtverhaltens aktiviert wird, wie beispielsweise bei der Erwartung des Stimulus nach einer Zeit des Entzuges sowie bei der Bereitstellung des Stimulus selbst [125]. Eine auch nur teilweise Zerstörung des PrLCx führt zu einer Unterdrückung der Cocain-Sucht, hat jedoch keinen Einfluss auf das Verlangen nach Amphetaminen oder Morphin [126]. Auch die Heroinsucht scheint durch diese Struktur beeinflusst zu sein. Eine Aktivierung dieses Bereichs der Hirnrinde wird bei der Suche nach Heroin während des Entzuges festgestellt. Im Gegensatz dazu kann keine Aktivierung nach gleicher Konditionierung bei der Suche nach Zucker festgestellt werden. Die beobachtete Beeinflussung des Belohnungssystems scheint folglich stimulusspezifisch zu funktionieren [127]. Da auch bei Alkoholsucht eine Beteiligung des PrLCx an den Vorgängen bzw. eine Beeinträchtigung der Gliazellen in dieser Struktur beobachtet wird, scheinen jedoch mehrere verschiedene Stimuli Aktivitätsänderungen in dieser Struktur hervorzurufen [128]. Da bei den Untersuchungen im Rahmen dieser Arbeit eine Aktivierung im Vergleich zu Standardfutter sowohl durch Chips als auch durch die Mischung aus Fett und Kohlenhydraten gezeigt werden konnte, erfolgt möglicherweise auch eine Verarbeitung der Signale durch attraktives Futter bzw. ein attraktives Verhältnis von Fett zu Kohlenhydraten in dieser Struktur. Es konnten signifikante Unterschiede in beiden Hemisphären (PrLCx R und PrLCx L) gefunden werden.

Dorsales Subiculum Im Dorsalen Subiculum (hcDS) werden ebenfalls Verhaltensweisen im Bezug auf Suchtverhalten gesteuert. Es konnte festgestellt werden, dass diese Struktur Bedeutung bei der Cocain-Sucht hat. Die auch schon einmalige Konditionierung von Ratten mit Cocain führt zu einem starken Rückfall bzw. einer starken Wiederaufnahme bei erneuter Bereitstellung des Stimulus. Dieser Rückfall kann jedoch durch Inaktivierung des hcDS unterbunden werden, was Rückschlüsse darauf zulässt, dass diese Struktur den wiederholten Konsum von Cocain steuert [129]. Weiterhin werden noch Einflüsse dieser Struktur auf die Epilepsie [130] sowie das Gedächtnis diskutiert [131]. Das Dorsale Subiculum konnte durch Chips auf beiden Seiten (hcDS R und hcDS L) sowie durch die Fett-Kohlenhydrat-Mischung auf der linken Seite (hcDS L) signifikant im Vergleich zum Standardfutter aktiviert werden. Abbildung 3.41 veranschaulicht die signifikante Aktivierung, die durch Kartoffelchips ausgelöst wurde.

3.4. Untersuchung futterspezifischer Auswirkungen auf Bewegungsaktivität und strukturspezifische Gehirnaktivität

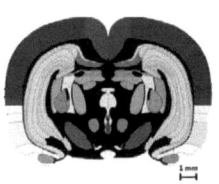
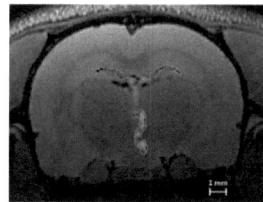
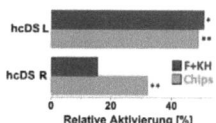

(a) Lokalisierung des hcDS auf einem beispielhaften Schnitt im Rattengehirnatlas farbig markiert. Bregma - 5,28 mm

(b) Signifikante Unterschiede im hcDS: Chips vs. Standardfutter (grün) auf Basis der voxelweisen statistischen Auswertung

(c) Relative Aktivierung durch Chips (grün) bzw. F+KH (blau) im Bezug auf Standardfutter auf Basis der z-Scores. Signifikanzniveaus * p<0.05, ** p<0.01, *** p<0.001

Abb. 3.41: Signifikante Unterschiede in der Aktivierung des Dorsalen Subiculums (hcDS) durch voxelweise und regionsspezifische statistische Auswertung (ANOVA) auf Basis von z-Score-normierten Daten.

Bed Nuclei der Stria Terminalis Die Bed Nuclei der Stria Terminalis (BNST) stehen durch Belonungseffekte im Zusammenhang mit einer veränderten c-fos-Expression bei beschränktem Zugang zu attraktivem Futter zusätzlich zu ad libitum Fütterung mit Standardfutter [102]. Damit besteht durch diese Struktur ein Einfluss auf die bereits beschriebene Regulation der Nahrungsaufnahme sowie auf das Belohnungssystem. Sowohl bereitgestellte Chips als auch die Fett-Kohlenhydrat-Mischung konnten die Aktivität auf der linken Seite (BNST L) dieser Gehirnregion steigern.

Nucleus Accumbens Die zentrale Struktur im Belohnungssystem stellt der Nucleus Accumbens (NAc) dar. Dieser Gehirnbereich ist in zwei Teile gegliedert: Den Kern (AcbC) und die Hülle (AcbSh). Diesen beiden Unterstrukturen werden teilweise verschiedene Eigenschaften im Belohnungssystem zugesprochen. Aus diesem Grund betrachten manche Studien diese Strukturen getrennt. Beim Belohnungseffekt durch Cocain oder Amphetamin scheint beispielsweise die Hülle wichtigere Funktionen auszuüben als der Kern. Hierbei wird durch die Injektion von Amphetamin- oder Dopaminagonisten in AcbSh eine verbesserte Konditionierung beobachtet. Injizierte Dopaminantagonisten sind in der Lage diesen Effekt zu reduzieren [132]. Attraktive Futtersorten wie beispielsweise Mais-Snacks können bei erstmaliger Bereitstellung für eine erhöhte Dopaminausschüttung im NAc sorgen. Ratten, die vorher noch keinen Zugang zu dieser Futtersorte hatten, zeigen eine besonders hohe Ausschüttung dieses Neurotransmit-

3. Ergebnisse und Diskussion

ters. Längerfristige Bereitstellung des Futters sorgt jedoch ebenfalls anhaltend für eine Ausschüttung von Dopamin, wodurch möglicherweise eine immer steigende Futteraufnahme ausgelöst wird. Vermutlich wird durch Dopamin im NAc der belohnende Effekt der energiereichen Snacks vermittelt [25]. Bei der Bereitstellung des Futters können Unterschiede in der Aktivierung im Kern und in der Hülle auftreten. Wird das Futter Ratten überraschend zur Verfügung gestellt ohne dass die Tiere in den Minuten vorher schon den Geruch wahrnehmen konnten, kann eine stärkere Dopaminfreisetzung in der Hülle als im Kern festgestellt werden, wobei in beiden Unterstrukturen der Gehalt an Dopamin ansteigt. Können sich die Versuchstiere bereits durch den Geruch auf die Bereitstellung des attraktiven Futters einstellen, erfolgt durch die Aufnahme des Stimulus eine spezifische Dopaminausschüttung im Kern [27]. Die Aktivierung durch Aufnahme attraktiver Nahrung und der damit verbundenen Belohnungsauswirkungen, ist vermutlich auf dadurch entstehende Emotionen und einen gewissen Lerneffekt zurückzuführen. In den Tieren wird durch das belohnende Gefühl bei der Aufnahme energiereicher Nahrung vermutlich die Motivation zur weiteren und wiederholten Aufnahme dieses Futters ausgelöst [112]. Dadurch werden die Tiere ausreichend mit Energie versorgt und sichern auf diesem Wege ihr Überleben durch eine positive Energiebilanz. Aber auch durch Drogen erfolgt eine Aktivierung des NAc. So kann nach Selbstadministration von Cocain eine zunächst starke Expression des Transkriptionsfaktors Fos im NAc festgestellt werden, die bei mehrmaliger Administration immer geringer wird [133]. Möglicherweise wird dadurch der Zwang ausgelöst, dass immer häufigere und immer höhere Dosen des Stimulus aufgenommen werden müssen, um die gleiche Wirkung wie bei der initialen Aufnahme zu erreichen. Beim Verlangen nach bestimmten Lebensmitteln wird eine solche Wirkung ebenfalls diskutiert [134]. Die Beteiligung des Nucleus Accumbens am Verhalten, das durch Sucht ausgelöst wird, wird in zahlreichen Studien diskutiert [135]. Auch durch Chips konnte in der vorliegenden Arbeit eine signifikante Aktivierung des NAc im Vergleich zu Standardfutter gezeigt werden. So wurde beidseitig eine starke Aktivierung sowohl im Kern als auch in der Hülle festgestellt (AcbSh R und L; AcbC R und L). Dieser Effekt scheint nur teilweise durch das attraktive Verhältnis von Fett zu Kohlenhydraten bedingt zu sein, da beim Vergleich der Fett-Kohlenhydrat-Mischung mit Standardfutter eine signifikante Aktivierung lediglich auf der linken Seite des Kerns (AcbC L) beobachtet werden konnte. Abbildung 3.42 veranschaulicht die starke Aktivierung dieser Struktur durch das attraktive Testfutter.

3.4. Untersuchung futterspezifischer Auswirkungen auf Bewegungsaktivität und strukturspezifische Gehirnaktivität

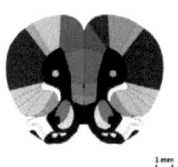
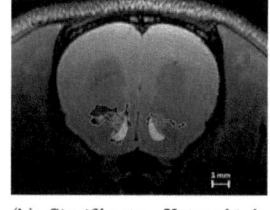
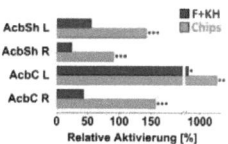

(a) Lokalisierung des NAc auf einem beispielhaften Schnitt im Rattengehirnatlas farbig markiert. AcbC ist rot, AcbSh gelb markiert.
Bregma +2,76 mm

(b) Signifikante Unterschiede im NAc: Chips vs. Standardfutter (grün) sowie F+KH vs. Standardfutter (blau) auf Basis der voxelweisen statistischen Auswertung

(c) Relative Aktivierung durch Chips (grün) bzw. F+KH (blau) im Bezug auf Standardfutter auf Basis der z-Scores. Signifikanzniveaus * $p<0.05$, ** $p<0.01$, *** $p<0.001$

Abb. 3.42: Signifikante Unterschiede in der Aktivierung des Nucleus Accumbens (NAc) aufgeteilt in Kern (AcC) und Hülle (AcSh) durch voxelweise und regionsspezifische statistische Auswertung (ANOVA) auf Basis von z-Score-normierten Daten.

Mediodorsaler Thalamus Der Mediodorsale Thalamus (thMD) ist als Unterstruktur des Thalamus am Belohnungssystem beteiligt [136]. Verletzungen im Bereich des thMD beeinträchtigen neben dem Gedächtnis, der räumlichen Vorstellungskraft und dem Lernvorgang auch die Verknüpfung eines Stimulus mit der resultierenden Belohnung [137]. Diese Struktur speichert folglich vermutlich die belohnenden Wirkungen eines Stimulus und wird bei der Erinnerung daran wieder aktiviert. So konnte spezifisch durch Fütterung von Kartoffelchips der thMD auf beiden Seiten (thMD R, thMD L) aktiviert werden. Möglicherweise lösten die Kartoffelchips über die Aktivität im thMD einen Erinnerungsvorgang an das attraktive Futter aus.

Cingulärer Cortex / Cingulum Der Cinguläre Cortex (CgCx) wird als weitere Struktur im Belohnungssystem diskutiert [136], an dem er vermutlich über Emotionen beteiligt ist. So ist der CgCx eine wichtige Region im Zusammenhang mit der Beurteilung der Wertigkeit von Stimuli [119]. Auch eine damit verbundene »Kosten-Nutzen-Entscheidung« wird in dieser Region getroffen. Eine Aktivierung des Cingulums tritt immer dann auf, wenn Tiere im Tierversuch abschätzen müssen, ob sich der Aufwand für einen bestimmten Stimulus lohnt. Beim sogenannten »Breking Point Modell« wird der Aufwand z.B. für ein belohnendes Futter immer weiter erhöht bis zu dem Punkt an dem die Tiere nicht mehr bereit sind, diesen Aufwand auf sich zu nehmen. An dieser

3. Ergebnisse und Diskussion

Entscheidung wirkt der CgCx mit [138]. Eine signifikante Aktivierung konnte auch in der vorliegenden Arbeit durch die Bereitstellung von Kartoffelchips im Vergleich zum Standardfutter erreicht werden, wobei die Aktivität auf beiden Seiten (CgCx R und CgCx L) gleichermaßen signifikant erhöht war.

Caudate Putamen / Striatum Im Caudate Putamen (CPu) erfolgt ebenfalls die Verarbeitung von Signalen, die im Zusammenhang mit dem Belohnungssystem stehen. Eine Aktivierung von Neuronen im CPu wird beispielsweise dann beobachtet, wenn Belohnungen erwartet werden und im Bezug darauf die Wertigkeit dieses Stimulus beurteilt wird [139]. Die Aktivität des CPu wird auch von Lansink et. al [140] beschrieben. Neurone werden bei der Erwartung einer Belohnung aktiviert. Diese Aktivierung hält jedoch nur bis zur tatsächlichen Bereitstellung des Stimulus an und geht dann wieder zurück. Speziell im Zusammenhang mit der Selbstadministration von Cocain wird von einer Aktivierung des CPu berichtet [133]. Durch Kartoffelchips konnten sowohl die rechte als auch die linke Seite des CPu (CPu R und CPu L) signifikant im Vergleich zu Standardfutter aktiviert werden. Abbildung 3.43 verdeutlicht diese spezifische Aktivierung durch Kartoffelchips.

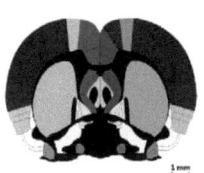
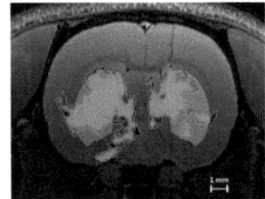
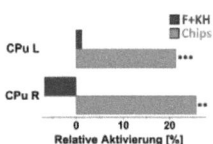

(a) Lokalisierung des CPu auf einem beispielhaften Schnitt im Rattengehirnatlas farbig markiert. Bregma -0,12 mm

(b) Signifikante Unterschiede im CPu: Chips vs. Standardfutter (grün) auf Basis der voxelweisen statistischen Auswertung

(c) Relative Aktivierung durch Chips (grün) bzw. F+KH (blau) im Bezug auf Standardfutter auf Basis der z-Scores. Signifikanzniveaus * p<0.05, ** p<0.01, *** p<0.001

Abb. 3.43: Signifikante Unterschiede in der Aktivierung des Caudate Putamen / Striatum (CPu) durch voxelweise und regionsspezifische statistische Auswertung (ANOVA) auf Basis von z-Score-normierten Daten.

Ventraler Globus Pallidus Ebenso im Zusammenhang mit dem Belohnungssystem steht der Ventrale Globus Pallidus (GPV). Der GPV stellt einen Teil des Suchtzen-

3.4. Untersuchung futterspezifischer Auswirkungen auf Bewegungsaktivität und strukturspezifische Gehirnaktivität

trums dar, wobei berichtet wird, dass durch Aufnahme von Cocain ein Effekt in dieser Struktur beobachtet werden kann [135]. Weitere Anhaltspunkte geben Hinweise darauf, dass die Vorliebe für ein Futter bzw. das Verlangen dieses Futter aufzunehmen im GPV gesteuert wird [134]. Außerdem bewirkt eine Injektion eines Glutamat-Agonisten in den GPV eine Hemmung des Suchtvehaltens [141]. Im Vergleich zu Standardfutter waren Chips in der Lage, die Aktivität in dieser Gehirnregion beidseitig (GPV R und GPV L) signifikant zu erhöhen.

Insulärer Cortex / Insula Neben der Verarbeitung von Signalen durch Gerüche [142], steht der Insuläre Cortex (InsCx) in Verbindung mit dem Belohnungssystem. Dort werden die Nahrung betreffende Informationen weitergeleitet [111] und Stimuli auf ihre Wertigkeit hin überprüft [119]. An der Drogensucht scheint die Insula dahingehend beteiligt zu sein, dass Gefühle und Entscheidungen beurteilt werden und damit eine Applikation von Drogen herbeigeführt wird. Daher stellt diese Struktur auch ein mögliches Ziel bei der Therapie von Drogenabhängigkeit dar [143]. Kartoffelchips lösten in der durchgeführten Studie ebenfalls signifikante Aktivierungen der rechten (InsCx R) und linken Seite (InsCx L) der Insula im Vergleich zu Standardfutter aus.

Hippocampus Spezifische Aktivierung durch die Fett-Kohlenhydrat-Mischung konnte im Hippocampus (hc) beobachtet werden. Diese Struktur ist bei starkem Verlangen nach Drogen (»Drug Craving«) und bei Belohnung aktiviert [144]. Im vorliegenden Fall wurde durch die Bereitstellung des Chips-Modells (F+KH) spezifisch die linke Seite des hc (hc L) signifikant aktiviert. Diese Aktivierung wurde durch Kartoffelchips nicht erreicht.

Orbitaler Cortex Ebenso spezifisch wurde der Orbitale Cortex (OrbCx) durch die Mischung aus Fett und Kohlenhydraten aktiviert. Eine erhöhte Aktivität in dieser Region tritt auf, wenn eine Belohnung erwartet wird [145]. Drogensucht führt im OrbCx zu einer verminderten Gentranskription und Proteinexpression [146]. Die linke Seite des OrbCx (OrbCx L) konnte durch die Bereitstellung der Fett-Kohlenhydrat-Mischung im Vergleich zu Standardfutter signifikant aktiviert werden.

Neben diesen durch die attraktiven Futtersorten aktivierten Gehirnbereichen fanden sich auch im System Sucht und Belohnung zahlreiche Strukturen, in denen durch Stan-

3. Ergebnisse und Diskussion

dardfutter eine signifikant höhere Aktivität als durch Chips oder F+KH festgestellt werden konnte. Diese Strukturen werden im Folgenden diskutiert.

Lateraler Parabrachialer Nucleus Der Laterale Parabrachiale Nucleus (PBnL) wird im Zusammenhang mit der Regulation von Belohnung durch Nahrungsaufnahme sowie Wahrnehmungsprozessen bei der Ernährung diskutiert [147]. Zudem führt die Blockade von Serotoninrezeptoren im PBnL und gleichzeitiger Injektion von Isoproterenol zu einem gesteigerten Salz-Appetit [148]. Dies könnte erklären, warum bei Standardfutter im Vergleich zu Chips eine erhöhte Aktivität festgestellt werden konnte. Möglicherweise wird bei der Aufnahme von gesalzenen Kartoffelchips der PBnL blockiert was in der durchgeführten Studie einen signifikanten Unterschied zwischen Chips und Standardfutter auf der rechten Seite (PBnL R) zur Folge hatte, wohingegen das Standardfutter im Vergleich zur Fett-Kohlenhydrat-Mischung die linke Seite (PBnL L) signifikant aktivierte.

Raphe-Kerne Die Raphe-Kerne (Raphe) sind neben ihrer bereits diskutierten Funktion bei der Nahrungsaufnahme weitere Strukturelemente, die am Belohnungssystem beteiligt sind [136]. Drogen scheinen dabei über dopaminerge und serotonerge Rezeptoren einen Einfluss auf die Aktivität der Raphe auszuüben [132]. Standardfutter war im Vergleich zu Kartoffelchips in der Lage, die Raphe-Kerne signifikant zu aktivieren. Abbildung 3.40 veranschaulicht diese Erkenntnis.

Nucleus Interpeduncularis Der Nucleus Interpeduncularis (IP) steht im Zusammenhang mit dem Suchtsystem, speziell bei der Nikotinsucht. Diese Struktur enthält Nikotinrezeptoren und vermittelt so die Effekte dieser Droge [149]. Auch bei akuter sowie wiederholter Applikation von Morphin ist der IP bei der Verarbeitung der Reize beteiligt, indem er die Dopaminabgabe im NAc beeinflussen kann [150]. Im Vergleich zu Kartoffelchips konnte diese Struktur signifikant durch Standardfutter aktiviert werden.

Ventrale Tegmentale Region / Tegmentum Die Ventrale Tegmentale Region (TegAV) ist zusammen mit dem Nucleus Accumbens, der Amygdala, dem Präfrontalen Cortex und dem Ventralen Globus Pallidus am Belohnungssystem beteiligt [135]. Dabei wird beschrieben, dass das durch Dopamin gesteuerte Regulationssystem der TegAV mit dem Nucleus Accumbens verbunden ist und durch Freisetzung von Dopamin im TegAV eine Aktivierung hauptsächlich der Hülle des NAc ein Belohnungssignal

3.4. Untersuchung futterspezifischer Auswirkungen auf Bewegungsaktivität und strukturspezifische Gehirnaktivität

hervorruft. Auf diese Weise werden Belohungseffekte von Nikotin, Opiaten, Cannabinoiden und Ethanol vermittelt. So bremst eine teilweise Läsion bzw. Blockade dieser Gehirnstruktur die Selbstapplikation von Nikotin [132]. Die dopaminergen Neurone in der TegAV stellen die Hauptquelle für Dopamin für den NAc dar. Eine Abhängigkeit wird in diesen Regionen durch glutamaterge Inputs aber auch über GABA- und Dopaminrezeptoren vermittelt [151]. Die Selbstadministration von Cocain kann durch Injektion sowohl von Dopamin-Agonisten als auch -Antagonisten in die TegAV unterdrückt werden [152], da das starke Verlangen nach Cocain bei Entzug möglicherweise im Tegmentum ausgelöst wird [153]. Zudem wird eine gegenseitige Beeinflussung des Belohnungssystem und der Modulation des Tagesrhythmus diskutiert [154]. Auch die in der vorliegenden Studie erhaltenen Daten lassen Rückschlüsse auf die Beeinflussung des Belohnungssystems zu. Im Vergleich zu Chips ist die Aktivität im TegAV sowohl rechts (TegAV R) als auch links (TegAV L) signifikant erhöht. Warum die Aktivität in dieser Struktur durch Standardfutter und nicht durch belohnende Futtersorten erhöht ist, ist nicht vollständig klar. Möglicherweise wird das Tegmentum bei einer erhöhten Ausschüttung von Neutrotransmittern, die dann an den NAc weitergeleitet werden, deaktiviert oder es findet eine calciumunabhängige Aktivierung statt, was den geringeren eingelagerten Mangangehalt erklären würde.

Ventrales Subiculum Das Ventrale Subiculum (hcVS) wird in Verbindung mit dem Nucleus Accumbens dem Suchtsystem zugeordnet. Dabei soll die Stimulation dieser Region einen Rückfall im Bezug auf die erneute Drogenapplikation bewirken [155]. Durch Kartoffelchips konnte eine signifikante Deaktivierung des hcVS im Bezug auf Standardfutter festgestellt werden, wobei beide Seiten (hcVS R und hcVS L) betroffen waren.

Nucleus Arcuatus Neben der bereits diskutierten Funktion bei der Nahrungsaufnahme, steht der Nucleus Arcuatus (hyArc) im Zusammenhang mit dem Belohnungssystem [122][111]. Es konnte beobachtet werden, dass die Aktivität im linken Teil dieser Struktur (hyArc L) bei bereitgestelltem Standardfutter signifikant höher war als bei Kartoffelchips.

Zona Incerta Die Zona Incerta (ZI) ist ebenfalls eine Struktur, die im Zusammenhang mit der Regulation von Sucht und Belohnung steht. Bei Cocain-Applikation wird die Expression des Transkriptionsfaktors Fos erhöht, was dazu führt, dass im Anschluss

3. Ergebnisse und Diskussion

eine Sensibilisierung für eine spätere Stimulation vorliegt [133]. Im Vergleich mit der Fett-Kohlenhydrat-Mischung konnte beim Standardfutter in beiden Gehirnhälften eine Aktivierung der ZI beobachtet werden (ZI R und ZI L). In Abbildung 3.44 ist diese Aktivierung bildlich dargestellt.

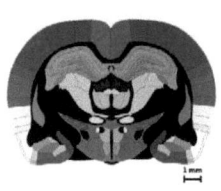
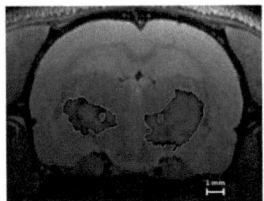
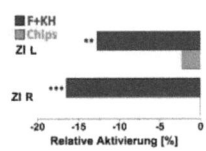

(a) Lokalisierung der ZI auf einem beispielhaften Schnitt im Rattengehirnatlas farbig markiert. Bregma - 3,48 mm

(b) Signifikante Unterschiede in der ZI: F+KH vs. Standardfutter (blau) auf Basis der voxelweisen statistischen Auswertung

(c) Relative Aktivierung durch Chips (grün) bzw. F+KH (blau) im Bezug auf Standardfutter auf Basis der z-Scores. Signifikanzniveaus * $p<0.05$, ** $p<0.01$, *** $p<0.001$

Abb. 3.44: Signifikante Unterschiede in der Aktivierung der Zona Incerta (ZI) durch voxelweise und regionsspezifische statistische Auswertung (ANOVA) auf Basis von z-Score-normierten Daten.

Emotionen und Motivation

Die im Folgenden diskutierten Gehirnstrukturen steuern die Verarbeitung von Emotionen und Motivation. In diesem sehr eng mit Belohnung und Sucht verknüpften Bereich konnten 11 signifikant unterschiedlich aktivierte Strukturen zwischen der Chips- und Standardfuttergruppe sowie 2 zwischen der Fett-Kohlenhydrat-Mischungs- und Standardfuttergruppe detektiert werden (Tab. 3.8). Jede dieser Strukturen wurde bereits im Zusammenhang mit Belohnung und Sucht genannt. In der Literatur wurde jedoch darüber hinaus beschrieben, dass diese Regionen auch im Zusammenhang mit Emotionen und Motivation stehen.

Prälimbischer Cortex Der Prälimbische Cortex (PrLCx) steht neben der Beeinflussung des Suchtverhaltens auch im Zusammenhang mit der Regulation von Emotionen [128][126]. Signifikante Aktivierung der Struktur in beiden Gehirnhälften im Vergleich

3.4. Untersuchung futterspezifischer Auswirkungen auf Bewegungsaktivität und strukturspezifische Gehirnaktivität

(a) Signifikant höhere Aktivität durch Chips im Vergleich zu Standardfutter		(b) Signifikant höhere Aktivität durch Standardfutter im Vergleich zu Chips	
Chips aktiver als Standard		**Standard aktiver als Chips**	
PrLCx L	PrLCx R	Raphe	
CgCx L	CgCx R	TegAV L	TegAV R
GPV L	GPV R	hcVS L	hcVS R

(c) Signifikant höhere Aktivität durch F+KH im Vergleich zu Standardfutter		(d) Signifikant höhere Aktivität durch Standardfutter im Vergleich zu F+KH	
F+KH aktiver als Standard		**Standard aktiver als F+KH**	
PrLCx L	PrLCx R	keine Strukturen detektiert	

Tab. 3.8: Gehirnregionen, die im Zusammenhang mit der Regulation von Emotionen und Motivation stehen und futterspezifisch signifikant unterschiedlich aktiviert werden.

zu Standardfutter (PrLCx R und PrLCx L) wurde sowohl durch Fütterung der Ratten mit Chips als auch mit der Fett-Kohlenhydrat-Mischung erzielt.

Cingulärer Cortex / Cingulum Der Cinguläre Cortex (CgCx) steht neben anderen Strukturen im Zusammenhang mit der Regulation von Emotionen. Außerdem erfolgt in dieser Struktur die Beurteilung der Wertigkeit von Stimuli [119]. Dies ist auch durch eine »Kosten-Nutzen-Entscheidung« reguliert, die die Entscheidung trifft, ob ein Aufwand für einen Stimulus lohnenswert ist. Die dafür nötige Motivation, diesen Aufwand einzugehen, wird vom CgCx beeinflusst [138]. Kartoffelchips konnten diese Struktur in beiden Hemisphären (CgCx R und CgCx L) signifikant im Vergleich zu Standardfutter aktivieren.

Ventraler Globus Pallidus Neben der Beteiligung am Sucht- und Belohnungssystem ist der Ventrale Globus Pallidus (GPV) an der Vermittlung und Steuerung von Motivation und Stimmung beteiligt [156]. Eine Aktivierung im Vergleich zum Standardfutter konnte durch Kartoffelchips beidseitig (GPV R und GPV L) detektiert werden.

Auch im Bereich der Regulation von Emotionen finden sich neben den genannten Strukturen, bei denen eine Aktivierung durch attraktives Futter (Chips sowie F+KH) beobachtet werden konnte, Gehirnregionen, die bei der Fütterung von Standardfutter eine höhere Aktivität zeigten. Diese sind im Folgenden dargestellt.

3. Ergebnisse und Diskussion

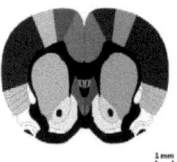
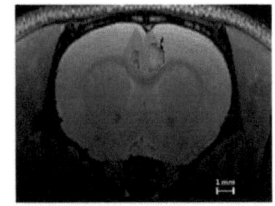
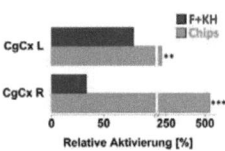

(a) Lokalisierung des CgCx auf einem beispielhaften Schnitt im Rattengehirnatlas farbig markiert. Bregma +1,08 mm

(b) Signifikante Unterschiede im CgCx: Chips vs. Standardfutter (grün) auf Basis der voxelweisen statistischen Auswertung

(c) Relative Aktivierung durch Chips (grün) bzw. F+KH (blau) im Bezug auf Standardfutter auf Basis der z-Scores. Signifikanzniveaus * $p<0.05$, ** $p<0.01$, *** $p<0.001$

Abb. 3.45: Signifikante Unterschiede in der Aktivierung des Cingulären Cortex (CgCx) durch voxelweise und regionsspezifische statistische Auswertung (ANOVA) auf Basis von z-Score-normierten Daten.

Ventrale Tegmentale Region / Tegmentum Die Ventrale Tegmentale Region (TegAV) ist wie u.a. der Prälimbische Cortex für die Vermittlung von Emotionen und die Beurteilung der Wertigkeit von Stimuli verantwortlich [119]. Diese Gehirnregion war beidseitig (TegAV R und TegAV L) bei Fütterung von Standardfutter signifikant aktiver als bei Fütterung von Kartoffelchips.

Ventrales Subiculum Eine weitere Struktur, die Stimmung oder Emotionen beeinflussen kann ist das Ventrale Subiculum (hcVS) [157]. Im Vergleich mit Kartoffelchips ist diese Region in beiden Gehirnhälften (hcVS R und hcVS L) durch die Fütterung von Standardfutter aktiviert.

Raphe-Kerne Sehr wichtige Funktionen bei der Entstehung von Emotionen und auch bei der Stimmung gehen von den Raphe-Kernen (Raphe) aus. So ist beschrieben, dass Depressionen sowie Angstzustände über Monoamin-Neurotransmitter auf der Raphe vermittelt werden [158]. Zusätzlich werden auch Stimmungsschwankungen mit dieser Gehirnregion in Verbindung gebracht [159]. Allgemein scheint die Raphe zusammen mit einigen anderen Strukturen für die Entwicklung von Emotionen verantwortlich zu sein [119]. Eine signifikant erhöhte Aktivität in der Raphe konnte bei Fütterung von Standardfutter im Vergleich zu Chips beobachtet werden.

3.4. Untersuchung futterspezifischer Auswirkungen auf Bewegungsaktivität und strukturspezifische Gehirnaktivität

Schlaf und Aufmerksamkeit

Sehr auffällige signifikante Unterschiede zwischen den verschiedenen Futtergruppen wurden in Gehirnregionen beobachtet, die im Zusammenhang mit der Regulation von Schlaf und Aufmerksamkeit stehen. Hierbei konnten durch Fütterung von Standardfutter im Vergleich zu Kartoffelchips 11 signifikant unterschiedlich aktivierte Gehirnregionen detektiert werden, wobei die Fütterung von Standardfutter im Vergleich zur Fett-Kohlenhydrat-Mischung 10 Strukturen signifikant unterschiedlich aktivierte (Tab. 3.9). Hierbei ist zu betonen, dass in Verbindung mit Schlaf und Aufmerksamkeit stehende Gehirnbereiche ausschließlich durch Standardfutter aktiviert wurden, also eine höhere Aktivität zeigten als bei Fütterung von Chips oder dem Chips-Modell (F+KH). Die Aktivierung der dargestellten Strukturen ist in den meisten Fällen darauf zurückzuführen, dass bei ausgeprägteren Tiefschlafphasen intensivere REM-Phasen (»rapid eye movement«) auftreten, durch die spezifische Gehirnregionen aktiviert werden.

(a) Signifikant höhere Aktivität durch Chips im Vergleich zu Standardfutter	(b) Signifikant höhere Aktivität durch Standardfutter im Vergleich zu Chips
Chips aktiver als Standard	**Standard aktiver als Chips**
keine Strukturen detektiert	RtL R
	Rtpc L / Rtpc R
	PGiL L / PGiL R
	Gi L / Gi R
	PnO L / PnO R
	Teg L / Teg R

(c) Signifikant höhere Aktivität durch F+KH im Vergleich zu Standardfutter	(d) Signifikant höhere Aktivität durch Standardfutter im Vergleich zu F+KH
F+KH aktiver als Standard	**Standard aktiver als F+KH**
keine Strukturen detektiert	RtL L / RtL R
	Rtpc R
	PGiL R
	Gi R
	PTA R
	ZI L / ZI R
	thPo L / thPo R

Tab. 3.9: Gehirnregionen, die im Zusammenhang mit der Regulation von Schlaf und Aufmerksamkeit stehen und futterspezifisch signifikant unterschiedlich aktiviert werden.

3. Ergebnisse und Diskussion

Lateraler Reticulärer Nucleus Der Laterale Reticuläre Nucleus (RtL) ist beteiligt an der Verschaltung lebenswichtiger Funktionen. Neben dem Schluckreflex, der Atmung und des Brechzentrums wird im RtL der Schlaf sowie der Schlaf-Wach-Rhythmus kontrolliert. Dabei wird der gesamte Großhirncortex auf- und abreguliert [17]. Standardfutter konnte im Vergleich zu Kartoffelchips die rechte Seite dieser Struktur (RtL R) signifikant aktivieren, wobei im Vergleich zur Fett-Kohlenhydrat-Mischung auf beiden Seiten (RtL R und RtL L) eine signifikante Aktivierung durch Standardfutter induziert werden konnte.

Gigantozellulärer Reticulärer Nucleus Der REM-Schlaf wird neben dem genannten PGiL auch durch den Gigatozellulären Reticulären Nucleus (Gi) gesteuert. Dem Gi wird eine Aktivität während dieser Schlafphase zugesprochen [160][161], wobei auch die Kopfbewegung durch diese Struktur gesteuert wird [162]. Kohyama et. al sprechen von einer Inhibition des motorischen Systems durch die Aktivierung des GI während der REM-Schlafphase [163]. Standardfutter konnte beidseitig (GI R und GI L) eine signifikante Aktivierung im Vergleich zu Kartoffelchips hervorrufen. Im Vergleich zur Fett-Kohlenhydrat-Mischung konnte eine signifikante Aktivierung der rechten Seite dieser Struktur (GI R) detektiert werden. Abbildung 3.46 veranschaulicht diese Aktivierung durch die genannten Futtersorten, wobei Abbildung 3.46(b) aus Gründen der Übersichtlichkeit lediglich die signifikanten Unterschiede zwischen Chips und Standardfutter zeigt.

Parvizellulärer Reticulärer Nucleus Der Parvizelluläre Reticuläre Nucleus (Rtpc) steuert unter anderem den Speichelfluss [164] und die Magensäureproduktion [165]. Eine bedeutende Rolle spielt der Rtpc jedoch auch bei der Regulation von gerichteter Aufmerksamkeit und der Steuerung des Schlaf-Wach-Rhythmus [17]. In der vorliegenden Studie konnte die Aktivität dieser Struktur in beiden Hemisphären (Rtpc R und Rtpc L) durch Standardfutter signifikant im Vergleich zu Kartoffelchips erhöht werden. Im Vergleich zum Chips-Modell (F+KH) war das Standardfutter in der Lage, signifikant die rechte Seite dieser Struktur zu aktivieren.

Lateraler Paragigantozellulärer Nucleus Ebenfalls eine wichtige Rolle bei der Regulation des Schlafes spielt der Laterale Paragigantozelluläre Nucleus (PGiL). So wird durch diese Struktur neben der Atmung und dem Schmerz auch Wachsamkeit und Aufmerksamkeit kontrolliert [166]. Zudem hat der PGiL eine Bedeutung in der Regu-

3.4. Untersuchung futterspezifischer Auswirkungen auf Bewegungsaktivität und strukturspezifische Gehirnaktivität

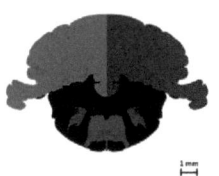 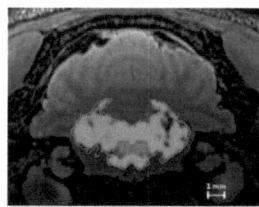 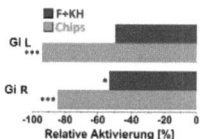

(a) Lokalisierung des Gi auf einem beispielhaften Schnitt im Rattengehirnatlas farbig markiert. Bregma -11,76 mm

(b) Signifikante Unterschiede im Gi: Chips vs. Standardfutter (grün) auf Basis der voxelweisen statistischen Auswertung

(c) Relative Aktivierung durch Chips (grün) bzw. F+KH (blau) im Bezug auf Standardfutter auf Basis der z-Scores. Signifikanzniveaus * p<0.05, ** p<0.01, *** p<0.001

Abb. 3.46: Signifikante Unterschiede in der Aktivierung des Giganzozellulären Retikulären Nucleus (Gi) durch voxelweise und regionsspezifische statistische Auswertung (ANOVA) auf Basis von z-Score-normierten Daten.

lation des REM-Schlafes, also der Tiefschlafphase bei der eine schnelle Augenbewegung stattfindet [167]. Sowohl im Vergleich zu Kartoffelchips als auch zur Fett-Kohlenhydrat-Mischung konnte die rechte Seite dieser Struktur (PGiL R) signifikant durch Standardfutter aktiviert werden, wobei im Vergleich zu Kartoffelchips zusätzlich eine signifikante Aktivierung der linken Seite (PGiL L) beobachtet werden konnte.

Pontine Reticulärer Nucleus Oral Ebenfalls im Zusammenhang mit dem REM-Schlaf steht der Pontine Reticuläre Nucleus Oral (PnO). Diese Struktur spielt eine Rolle bei der Steuerung der Augenbewegung während dieser Schlafphase [168] [169]. Die rechte (PnO R) und die linke (PnO L) Seite dieser Struktur konnten durch Standardfutter spezifisch im Vergleich zu Kartoffelchips signifikant aktiviert werden.

Tegmentale Kerne Die Tegmentalen Kerne (Teg) haben ebenso Bedeutung bei der Regulation des Schlaf-Wach-Rhythmus [170]. Außerdem wird diskutiert, dass die Injektion eines Serotonin-Agonisten in die Teg eine Änderung im REM-Schlaf hervorruft, in jedem Fall jedoch eine Auswirkung auf das Schlaf-Wach-Verhalten [171]. Zerstörung der cholinergen Zellen in den Teg führt jedoch zur Verringerung bzw. zum Ausbleiben des REM-Schlafes [172]. Die Teg konnten in beiden Hemisphären (Teg R und Teg L) durch Standardfutter im Vergleich zu Kartoffelchips signifikant aktiviert werden. In Abbil-

3. Ergebnisse und Diskussion

dung 3.47 sind die signifikanten Aktivitätsunterschiede des zwischen der Fütterung von Chips und Standardfutter veranschaulicht.

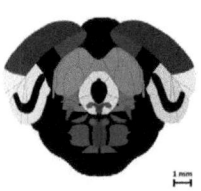 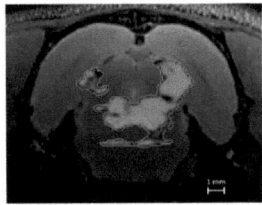 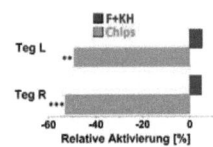

(a) Lokalisierung der Teg auf einem beispielhaften Schnitt im Rattengehirnatlas farbig markiert. Bregma - 8,28 mm

(b) Signifikante Unterschiede in den Teg: Chips vs. Standardfutter (grün) auf Basis der voxelweisen statistischen Auswertung

(c) Relative Aktivierung durch Chips (grün) bzw. F+KH (blau) im Bezug auf Standardfutter auf Basis der z-Scores. Signifikanzniveaus * $p<0.05$, ** $p<0.01$, *** $p<0.001$

Abb. 3.47: Signifikante Unterschiede in der Aktivierung der Tegmentalen Nuclei (Teg) durch voxelweise und regionsspezifische statistische Auswertung (ANOVA) auf Basis von z-Score-normierten Daten.

Prätectale Region Die Prätectale Region (PTA) steht ebenfalls im Zusammenhang mit der Kontrolle von Schlaf bzw. der Pupillenkontrolle [173][174]. Im Vergleich zur Fett-Kohlenhydrat-Mischung konnte diese Region durch Standardfutter selektiv auf der rechten Seite (PTA R) signifikant aktiviert werden.

Zona Incerta Die Zona Incerta (ZI) wirkt sich neben ihrer Hauptfunktion im Bereich der Regulation von Schlaf auch auf den Energiehaushalt und die Nahrungsaufnahme aus [175]. Der Schlaf-Wach-Rhythmus sowie der REM-Schlaf werden unter Beteiligung der ZI gesteuert [176]. Im Vergleich der Aktivität der ZI durch Fütterung verschiedener Futtersorten konnte eine beidseitige signifikante Aktivierung durch Standardfutter (ZI R und ZI L) im Vergleich mit der Fett-Kohlenhydrat-Mischung detektiert werden.

Posteriorer Thalamus Nicht direkt im Zusammenhang mit Schlaf, jedoch mit der gerichteten Aufmerksamkeit wird der Posteriore Thalamus (thPo) genannt [177]. Diese Struktur konnte durch Standardfutter beidseitig (thPo R und thPo L) signifikant im Vergleich zur Fett-Kohlenhydrat-Mischung aktiviert werden. Abbildung 3.48 veranschaulicht diese Aktivierung.

3.4. Untersuchung futterspezifischer Auswirkungen auf Bewegungsaktivität und strukturspezifische Gehirnaktivität

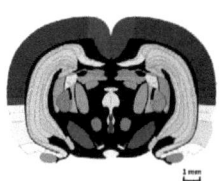
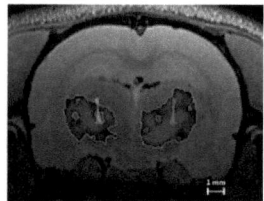
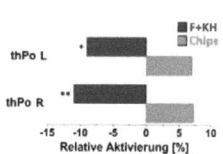

(a) Lokalisierung des thPo auf einem beispielhaften Schnitt im Rattengehirnatlas farbig markiert. Bregma -5,28 mm

(b) Signifikante Unterschiede im thPo: F+KH vs. Standardfutter (blau) auf Basis der voxelweisen statistischen Auswertung

(c) Relative Aktivierung durch Chips (grün) bzw. F+KH (blau) im Bezug auf Standardfutter auf Basis der z-Scores. Signifikanzniveaus * $p<0.05$, ** $p<0.01$, *** $p<0.001$

Abb. 3.48: Signifikante Unterschiede in der Aktivierung des Posterioren Thalamus (thPo) durch voxelweise und regionsspezifische statistische Auswertung (ANOVA) auf Basis von z-Score-normierten Daten.

Aktivität und Bewegung

Im System Aktivität und Bewegung konnten 6 Strukturen detektiert werden, die sich in ihrer Aktivität signifikant zwischen der Standardfutter- und Kartoffelchipsgruppe unterscheiden, wohingegen keine signifikanten Unterschiede durch Fütterung von Standardfutter im Vergleich zur Fett-Kohlenhydrat-Mischung festgestellt werden konnte (Tab. 3.10).

Motorischer Cortex Eine zentrale Rolle in der Koordination und Durchführung von Bewegungen spielt der Motorische Cortex (MCx), der in den primären (M1Cx) und sekundären (M2Cx) Motorischen Cortex aufgeteilt werden kann. Die Planung der Umsetzung einer willkürlichen Bewegung findet in den Sekundärfeldern statt. Dort werden die benötigten Vorgänge abgeschätzt und bei bekannten Bewegungen ein bereits gespeichertes »Bewegungsprogramm« abgerufen. Bei der Ausführung ist dann der M1Cx beteiligt, der die Bewegung über weitere Gehirnstrukturen veranlasst [16]. Eine Aktivierung dieser zentralen Struktur der Bewegungskoordination konnte in der vorliegenden Arbeit spezifisch durch die Fütterung von Kartoffelchips im Vergleich zu Standardfutter beobachtet werden. Hierbei wurden sowohl vom primären (M1Cx R und M1Cx L) als auch vom sekundären (M2Cx R und M2Cx L) Motorischen Cortex beide Seiten signifikant aktiviert. Abbildung 3.49 veranschaulicht diese signifikanten Unterschiede.

3. Ergebnisse und Diskussion

(a) Signifikant höhere Aktivität durch Chips im Vergleich zu Standardfutter

Chips aktiver als Standard	
M1Cx L	M1Cx R
M2Cx L	M2Cx R
CPu L	CPu R

(b) Signifikant höhere Aktivität durch Standardfutter im Vergleich zu Chips

Standard aktiver als Chips
keine Strukturen detektiert

(c) Signifikant höhere Aktivität durch F+KH im Vergleich zu Standardfutter

F+KH aktiver als Standard
keine Strukturen detektiert

(d) Signifikant höhere Aktivität durch Standardfutter im Vergleich zu F+KH

Standard aktiver als F+KH
keine Strukturen detektiert

Tab. 3.10: Gehirnregionen, die im Zusammenhang mit der Regulation der Aktivität und Bewegung stehen und futterspezifisch signifikant unterschiedlich aktiviert werden.

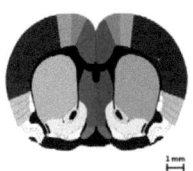
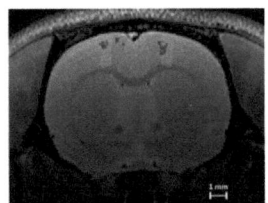
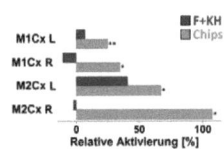

(a) Lokalisierung des MCx auf einem beispielhaften Schnitt im Rattengehirnatlas farbig markiert. M1Cx ist rot, M2Cx orange markiert.
Bregma + 0,24 mm

(b) Signifikante Unterschiede im MCx: Chips vs. Standardfutter (grün) auf Basis der voxelweisen statistischen Auswertung

(c) Relative Aktivierung durch Chips (grün) bzw. F+KH (blau) im Bezug auf Standardfutter auf Basis der z-Scores. Signifikanzniveaus * $p<0.05$, ** $p<0.01$, *** $p<0.001$

Abb. 3.49: Signifikante Unterschiede in der Aktivierung des Motorischen Cortex (MCx) aufgeteilt in primären (M1Cx) und sekundären (M2Cx) Teil durch voxelweise und regionsspezifische statistische Auswertung (ANOVA) auf Basis von z-Score-normierten Daten.

3.4. Untersuchung futterspezifischer Auswirkungen auf Bewegungsaktivität und strukturspezifische Gehirnaktivität

Caudate Putamen / Striatum Das Caudate Putamen (CPu) hat neben seiner Funktion im Bezug auf Belohnung und Sucht auch einen Einfluss auf das Bewegungssystem. So wird beschrieben, dass bei der Planung von Bewegungen durch den M2Cx mögliche nötige Feinabstimmungen durch das CPu vorgenommen werden [16]. Rezeptoraktivierung im CPu steht zudem in Verbindung mit dem Bewegungsapparat von Ratten [178]. Das CPu konnte beidseitig (CPu R und CPu L) durch die Fütterung von Kartoffelchips im Vergleich zu Standardfutter signifikant aktiviert werden. In Abbildung 3.43 ist diese Aktivierung bildlich dargestellt.

Lernen und Gedächtnis

Das Gedächtnis wird im Gehirn durch zahlreiche Strukturen beeinflusst. So sind auch definierte Gehirnbereiche für den Lernvorgang verantwortlich. In diesem komplexen System konnten 8 in der Aktivität signifikant unterschiedliche Gehirnstrukturen beim Vergleich der Standardfutter- mit der Kartoffelchipsgruppe sowie 6 signifikant unterschiedlich aktivierte Gehirnstrukturen beim Vergleich der Standardfutter- mit der Chipsmodellgruppe (F+KH) festgestellt werden (Tab. 3.11).

(a) Signifikant höhere Aktivität durch Chips im Vergleich zu Standardfutter

Chips aktiver als Standard	
PrLCx L	PrLCx R
thMD L	thMD R

(b) Signifikant höhere Aktivität durch Standardfutter im Vergleich zu Chips

Standard aktiver als Chips	
	Prh/EctCx R
	EntCx R
Cb L	Cb R

(c) Signifikant höhere Aktivität durch F+KH im Vergleich zu Standardfutter

F+KH aktiver als Standard	
PrLCx L	PrLCx R
hcDS L	
hc L	

(d) Signifikant höhere Aktivität durch Standardfutter im Vergleich zu F+KH

Standard aktiver als F+KH	
	thDL R
CoM	

Tab. 3.11: Gehirnregionen, die im Zusammenhang mit der Regulation von Lernen und Gedächtnis stehen und futterspezifisch signifikant unterschiedlich aktiviert werden.

3. Ergebnisse und Diskussion

Prälimbischer Cortex Der Prälimbische Cortex (PrLCx) spielt eine vielfältige Rolle in der Verarbeitung von Signalen aus verschiedenen Zuständigkeitsbereichen. So steht er auch im Zusammenhang mit »erlernter Präferenz«. Zusammen mit anderen Gehirnregionen wird also durch den PrLCx die Erinnerung an ein Futter gespeichert [123]. Diese Erinnerung wird möglicherweise durch ein Signal durch die Abgabe von Acetylcholin ins Geruchssystem im PrLCx verankert [124]. Sowohl Kartoffelchips als auch das Chips-Modell (F+KH) konnten im Vergleich zu Standardfutter die Aktivität in diesem Gehirnbereich in beiden Gehirnhälften (PrLCx R und PrLCx L) signifikant erhöhen.

Mediodorsaler Thalamus Der Mediodorsale Thalamus (thMD) steht neben der bereits diskutierten Beteiligung am Belohnungs- und Suchtverhalten im Zusammenhang mit dem räumlichen Lernen und dem Gedächtnis [179]. Läsionen im Bereich des thMD führen unter anderem auch zur Beeinträchtigung des räumlichen Vorstellungsvermögens und des Gedächtnisses. Außerdem werden Verknüpfungen von einem Stimulus mit Belohnungen beeinträchtigt, sowie das Erlernen von Gerüchen gestört [137]. In beiden Hemisphären (thMD R und thMD R) konnte durch Kartoffelchips eine signifikant erhöhte Aktivität im Vergleich zu Standardfutter erreicht werden.

Hippocampus Ebenso wie der thMD steht der Hippocampus (hc) im Zusammenhang mit dem Erlernen neuer Gerüche und damit mit Lernfunktionen des Gehirns [142]. Die linke Seite dieser Struktur (hc L) konnte spezifisch durch die Fett-Kohlenhydrat-Mischung im Vergleich zu Standardfutter signifikant aktiviert werden.

In den im Folgenden dargestellten Gehirnbereichen wurden signifikant höhere Aktivitäten durch die Fütterung von Standardfutter im Vergleich zu den attraktiven Futtersorten Chips sowie F+KH festgestellt.

Perirhinaler Cortex Der Perirhinale Cortex (Prh/EctCx) wird in der Literatur häufig im Zusammenhang mit Lernvorgängen bzw. dem Gedächtnis genannt. Zusammen mit weiteren Cortexstrukturen scheint der Prh/EctCx stark am Gedächtnis beteiligt zu sein [180]. So spielt diese Struktur eine wichtige Rolle bei der Erinnerung an Bekanntes [181]. In der vorliegenden Studie konnte eine signifikant erhöhte Aktivität der rechten Seite des Prh/EctCx (Prh/EctCx R) durch Standardfutter im Vergleich zu Kartoffelchips detektiert werden.

3.4. Untersuchung futterspezifischer Auswirkungen auf Bewegungsaktivität und strukturspezifische Gehirnaktivität

Entorhinaler Cortex Der Entorhinale Cortex (EntCx) ist funktionell eng mit dem Prh/EctCx verbunden. Diese beiden Strukturen sind stark mit dem Gedächtnis und der Lernfunktion verknüpft [180]. Wie auch schon beim Prh/EctCx konnte die rechte Seite des EntCx (EntCx R) durch Standardfutter im Vergleich zu Kartoffelchips signifikant aktiviert werden.

Cerebellum Das Kleinhirn, auch Cerebellum (Cb) genannt, spielt eine Rolle im System Lernen und Gedächtnis. So ist diese Struktur beispielsweise am Erlernen motorischer Fähigkeiten beteiligt [16]. Im Bezug auf das Gedächtnis scheint ein Einfluss des Cb auf die Entstehung und Verarbeitung von Erinnerungen zu existieren, nicht jedoch auf deren Speicherung [182]. Durch Standardfutter konnten beide Seiten dieser Struktur (Cb R und Cb L) im Vergleich zu Kartoffelchips signifikant aktiviert werden.

Dorsolateraler Thalamischer Nucleus Ebenso steuert der Dorsolaterale Thalamische Nucleus (thDL) Lernvorgänge und das Gedächtnis. Diese Struktur ist an vielfältigen Erinnerungsvorgängen auch über Emotionen beteiligt [183]. Zudem scheint die Erinnerung an Bekanntes vom thMD unterstützt zu sein [181]. Weitere Funktionen im Zusammenhang mit Lernen und Gedächtnis [179], sowie speziell dem räumlichen Gedächtnis werden diskutiert [184]. Eine signifikante Aktivierung der rechten Seite dieser Struktur (thDL R) konnte durch Standardfutter im Vergleich zur Fett-Kohlenhydrat-Mischung beobachtet werden.

Corpora Mammillaria Die Corpora Mammillaria (CoM) sind ebenfalls am Lern- und Gedächtnissystem beteiligt. So führt eine Läsion der CoM zu verschlechtertem Lernen [185]. Zudem steht diese Struktur im Zusammenhang mit dem Gedächtnis [186] und dabei speziell mit dem räumlichen Arbeitsgedächtnis [187]. Eine signifikante Aktivierung der CoM konnte durch die Fütterung von Standardfutter im Vergleich zu der Fett-Kohlenhydrat-Mischung erreicht werden.

Sonstiges

Die in diesem Kapitel »Sonstiges« aufgeführten Gehirnregionen konnten keiner der genannten Hauptgruppierungen zugeordnet werden, da eine Zugehörigkeit teilweise nicht eindeutig geklärt werden kann oder Funktionen beschrieben sind, die in keinem engen Verhältnis zur Futteraufnahme stehen. Alle diese Strukturen sind in Tabelle 3.12 aufgeführt. Ihre Hauptfunktionen sind - soweit möglich - im Folgenden dargestellt.

3. Ergebnisse und Diskussion

(a) Signifikant höhere Aktivität durch Chips im Vergleich zu Standardfutter

Chips aktiver als Standard	
PirCx L	
	thVM R
S1Cx L	
Cl L	Cl R
	hyPo R
Fr3Cx L	Fr3Cx R

(b) Signifikant höhere Aktivität durch Standardfutter im Vergleich zu Chips

Standard aktiver als Chips	
	Ampitr R
	GnV R
	GnL R
	TeACx R
GnM L	GnM R
	AuCx R
IC L	IC R
CnF L	CnF R
Red L	Red R
MES L	MES R
	SN R

(c) Signifikant höhere Aktivität durch F+KH im Vergleich zu Standardfutter

F+KH aktiver als Standard	
	PAG
Fr3Cx L	

(d) Signifikant höhere Aktivität durch Standardfutter im Vergleich zu F+KH

Standard aktiver als F+KH	
	Ampitr R
ON L	ON R
	AmCo R
GnV L	GnV R
	thVM R
	S1Cx R
	S2Cx R
Red L	Red R
	PtACx R
	MdV R

Tab. 3.12: Gehirnregionen, die im Zusammenhang mit der Regulation von sonstigen Vorgängen stehen und futterspezifisch signifikant unterschiedlich aktiviert werden.

Piriform Cortex Der Piriform Cortex (PirCx) steht im Zusammenhang mit der Verarbeitung von Geruchssignalen [188] und ist daher am olfaktorischen System beteiligt [189].

Amygdalo-Piriform Transition Über die Amygdalo-Piriform Transition (Ampitr) ist bisher wenig bekannt. Eine Beteiligung am olfaktorischen System wird diskutiert [190].

3.4. Untersuchung futterspezifischer Auswirkungen auf Bewegungsaktivität und strukturspezifische Gehirnaktivität

Olfaktorische Kerne Die Olfaktorischen Kerne (ON) haben eine ausschlaggebende aber wenig verstandene Funktion bei Verarbeitung von Geruchseindrücken [16].

Cortikale Amygdala Die Cortikale Amygdala (AmCo) wird im Zusammenhang mit der Verarbeitung olfaktorischer Signale genannt [191].

Ventraler Geniculate Nucleus Der Ventrale Geniculate Nucleus (GnV) ist am visuellen System beteiligt [192][193] da er einen Teil des visuellen Signalwegs darstellt [194].

Lateraler Geniculate Nucleus Ebenso wie der Ventrale ist der Laterale Geniculate Nucleus (GnL) am visuellen System beteiligt [195], wobei eine Stimulation die Freisetzung von Acetylcholin am visuellen Cortex bewirkt [196].

Temporaler Assoziationscortex Im Temporalen Assoziationscortex (TeACx) werden verschiedene Sinneseindrücke [197], insbesondere visuelle Reize verarbeitet [198].

Medialer Geniculate Nucleus Der Mediale Geniculate Nucleus (GnM) ist Teil des auditorischen Thalamus und damit für die Verarbeitung akustischer Reize zuständig [17].

Auditorischer Cortex Der Auditorische Cortex (AuCx) ist Teil des auditorischen Systems und damit ebenfalls für die Verarbeitung akustischer Reize verantwortlich [199].

Inferiorer Colliculus Der Inferiore Colliculus (IC) ist beteiligt am auditorischen System. Damit wird er durch akustische Reize in seiner Aktivität beeinflusst [200].

Ventromedialer Thalamus Der Ventromediale Thalamus (thVM) steht im Zusammenhang mit der Weiterleitung von Schmerzreizen [201][202]. Außerdem scheint ein Einfluss auf die Körperhaltung durch den thVM zu bestehen [203].

Periaquäduktales Grau Das Periaquäduktale Grau (PAG) steht im Zusammenhang mit der Schmerzunterdrückung [204], sowie Angst- und Fluchtreflexen [205].

3. Ergebnisse und Diskussion

Somatosensorischer Cortex   Der Sensorische Cortex (SCx) ist aufgeteilt in den primären (S1Cx) und sekundären (S2Cx) Somatosensorischen Cortex. In diesen Strukturen erfolgt die Verarbeitung von Sinneseindrücken [206].

Claustrum   Wenig bekannt sind die Funktionen des Claustrums (Cl). Vermutet wird, dass diese Struktur eine Schaltstelle für Wahrnehmung, Erkennung und Motorik darstellt, da eine Verbindung mit vielen Cortexstrukturen existiert. Mechanismen sind jedoch bisher unbekannt [207].

Posteriorer Hypothalamus   Der Posteriore Hypothalamus (HyPo) ist vermutlich an der Regulation der Körpertemperatur beteiligt [208].

Cuneiform Nucleus   Der Cuneiform Nucleus (CnF) ist vermutlich verantwortlich für Angstreaktionen [209] und möglicherweise an anderen Formen der Verhaltenskontrolle beteiligt [210].

Nucleus Ruber   Der Nucleus Ruber (Red) wird im Zusammenhang mit dem Kieferöffnungsreflex genannt [211]. Zudem scheint diese Struktur Zuständigkeiten beim Greifen, z.B. bei der Nahrungsaufnahme zu besitzen [212][213]. Dabei erfolgt ein Zusammenspiel mit dem Motorischen Cortex [214].

Mesencephalische Region   Die Mesencephalische Region (MES) ist für die Kieferöffnung und die Steuerung der Kaumuskulatur zuständig [215].

Substantia Nigra   Die Substantia Nigra (SN) ist für die Planung und Bewertung von Vorgängen wichtig [17].

Parietaler Assoziationscortex   Der Parietale Assoziationscortex (PtACx) ist für die räumliche Wahrnehmung zuständig [216].

Ventraler Medullärer Reticulärer Nucleus   Der Ventrale Medulläre Reticuläre Nucleus (MdV) steht als Teil der Formatio Reticularis im Zusammenhang mit der Regulation lebenswichtiger Funktionen wie der Atmung oder des Kreislaufs [16].

Frontale Cortexregion 3   Nahezu nichts bekannt ist über die Frontale Cortexregion 3 (Fr3Cx).

3.4.5 Diskussion der Untersuchung futterspezifischer Auswirkungen auf Bewegungsaktivität und strukturspezifische Gehirnaktivität

In der durchgeführten Untersuchung konnten sowohl durch die Verhaltenstests, in denen die Futteraufnahme sowie der Aktivität der Tiere gemessen wurde, als auch durch die Messungen mittels Magnetresonanztomographie deutliche Unterschiede zwischen der Aufnahme von Chips gegenüber Standardfutter und auch einer Fett-Kohlenhydrat-Mischung, die in ihrer Zusammensetzung den Chips entspricht, festgestellt werden.

Futteraufnahme

Die Aufnahme aller drei getesteten Futtersorten Kartoffelchips, Standardfutter sowie einer Mischung aus Fett und Kohlenhydraten lag zwischen 1 und 2 Gramm pro Stunde in einem ähnlichen Bereich. Wenn die Testfutter ohne Alternative eines zweiten Testfutters bereitgestellt werden, kann folglich kein Rückschluss auf die jeweilige relative Palatabilität durch die Auswertung der aufgenommenen Futtermenge getroffen werden. In diesem Zusammenhang wäre interessant, ob die Versuchstiere die zusätzliche Aufnahme des zur Verfügung gestellten Testfutters durch geringere Aufnahme des ad libitum präsentierten Standardfutters in Pelletform kompensierten. Der Verbrauch von Futterpellets wurde jedoch nicht registriert. Swithers et al. beschreiben, dass Ratten in Fütterungsstudien sensorische Eindrücke mit dem Energiegehalt verknüpfen können. Ratten, denen zusätzlich zum Standardfutter ausschließlich fetthaltige Kartoffelchips zur Verfügung gestellt werden, stellen sich auf den erhöhten Energiegehalt von Kartoffelchips ein und kompensieren die erhöhte Energieaufnahme durch eine geringere Aufnahme an Standardfutter. Anderen Versuchstieren wurden fettfreie und fetthaltige Kartoffelchips im täglichen Wechsel präsentiert, so dass die Tiere nicht in der Lage waren, die sensorischen Eigenschaften von Kartoffelchips mit dem hohen Energiegehalt zu verknüpfen. Bei dieser Versuchsgruppe erfolgte keine Kompensation der Aufnahme von Kartoffelchips durch geringere Aufnahme von Standardfutter [217]. Dieser Aspekt sollte in Folgestudien berücksichtigt werden, indem zusätzlich zum Verbrauch des Testfutters auch der Verbrauch der Standardpellets und des Trinkwassers festgehalten wird. Somit könnte ein Rückschluss auf die gesamte Futteraufnahme der Tiere getroffen werden. Eine nahezu gleiche Futteraufnahme steht jedoch nicht im Kontrast mit der Vermutung, dass Kartoffelchips in der Lage sind, Effekte im Zusammenhang mit »Food Craving« auszulösen, da dieses Phänomen, wie bereits erwähnt, nicht zwangsläufig mit einer erhöhten Aufnahme des betreffenden Lebensmittels gleichzusetzen ist. Daher stellt der etwas geringere Verbrauch von Kartoffelchips nach der Implantation im Vergleich zur Futteraufnahme vor der Implantation keinen Widerspruch dar. Sowohl das Standardfutter als auch die Fett-Kohlenhydrat-Mischung wurde nach der Implantation der osmotischen Pumpen in größerer Menge aufgenommen, was auch durch das steigende Körpergewicht und den damit einhergehenden größeren Energiebedarf nachvollziehbar ist. Kartoffelchips hingegen wurden von den Tieren nach erfolgter Implantation in geringerem Maße aufgenommen als zuvor (Abb. 3.25). Diese nicht signifikante Tendenz lässt Rückschlüsse darauf zu, dass das Standardfutter sowie die Fett-Kohlenhydrat-Mischung als »normale Nahrung« angesehen wurden, wobei die Ratten Kartoffelchips möglicherweise als »belohnendes Extra« einstuften. Die Erholungszeit nach der Implantation sowie die Manganakkumulation im Gehirn könnte ein Grund dafür sein, dass die Tiere keinen Drang verspüren, die belohnenden Kartoffelchips aufzunehmen. So wie auch beim Menschen davon auszugehen ist, dass Kartoffelchips nicht den wichtigsten Teil der Energieversorgung des Körpers abdecken und Kartoffelchips daher eher als zusätzlicher, besonderer Snack aufgenommen wird ist bei Ratten ein ähnliches Phänomen denkbar. Es konnte zudem keine auffällig unterschiedliche Futteraufnahme in den jeweils vier verschiedenen Käfigen einer Futtergruppe festgestellt werden. Die Aufnahme von Testfutter kann also bei allen Tieren einer Gruppe als gleich angesehen werden, so dass alle Tiere die gleichen Voraussetzungen für die Messung der futterspezifischen Aktivität definierter Gehirnregionen aufwiesen.

Aktivitätsprofile

Auch durch die beobachtete Aktivität der Versuchstiere konnte eine Sonderstellung der Kartoffelchips im Vergleich zu Standardfutter und der Fett-Kohlenhydrat-Mischung festgestellt werden. So waren die Kartoffelchips in der Lage, in jeder Phase der Studie, also von der Gewöhnung an das Testfutter über die Zeit ohne bereitgestelltes Testfutter bis hin zur Zeit nach der Implantation der osmotischen Pumpe mit gleichzeitiger Bereitstellung des jeweiligen Testfutters die höchste Aktivität in den Tieren zu induzieren (Abb. 3.26). Eine hohe Aktivität war bei allen Futtersorten hauptsächlich in der Nacht, also bei Dunkelheit erkennbar. Dies zeigt, dass Ratten vornehmlich nachtaktive Tiere sind. Aber auch in Phasen dieser ohnehin maximalen Aktivität der Tiere, konnte diese zusätzlich durch die Art des bereitgestellten Futters beeinflusst werden. Ein Blick auf den Verlauf der Aktivitäten von Testtag zu Testtag (Abb. 3.27) zeigt, dass alle Futtersorten beim ersten Kontakt mit dem neuen Testfutter die höchste Aktivität

3.4. Untersuchung futterspezifischer Auswirkungen auf Bewegungsaktivität und strukturspezifische Gehirnaktivität

hervorriefen. Dies hängt mit großer Wahrscheinlichkeit damit zusammen, dass die neue Situation - zusätzlich bereitgestelltes Testfutter - die Tiere in den vorderen Bereich des Käfigs locken konnte. Obwohl der Rückgang der Bewegungsaktivität bei den Tieren, denen Kartoffelchips zur Verfügung standen am stärksten war, konnten die Chips jedoch trotzdem an jedem Testtag die höchste Aktivität induzieren. Auch nach einer Gewöhnung an die neuen Futterbehälter und die zusätzliche Nahrungsquelle riefen die Chips bei den Tieren durchgehend die stärkste Aktivität hervor. Dass das bereitgestellte Testfutter eine Auswirkung auf die Aktivität der Tiere im Allgemeinen hat, zeigt sich in der der Zeit ohne bereitgestelltes Testfutter. Hierbei ist feststellbar, dass die Bereitstellung jedes Testfutters höhere Aktivität im Vergleich zu den Zeiten ohne zusätzlich bereitgestelltes Testfutter induziert. Jedoch zeigten die Tiere der Chips-Gruppe auch in der Phase ohne bereitgestelltes Testfutter noch immer eine signifikant höhere Aktivität als die Tiere, denen vorher das Chipsmodell bzw. Standardfutter zusätzlich zu den ad libitum verfügbaren Standardfutter-Pellets zur Verfügung gestellt wurde. Möglicherweise hängt dies mit Effekten durch die vorherige Fütterung mit Kartoffelchips zusammen oder es findet eine Suche nach dem nicht vorhandenen attraktiven Futter statt. Auch bei den Tieren der Fett-Kohlenhydrat-Gruppe konnte zu einigen Zeitpunkten eine signifikant höhere Aktivität als bei den Tieren der Standardfuttergruppe beobachtet werden. Der Verlauf über die Testtage ohne Testfutter zeigt, dass die Aktivität während der sieben Tage bei den Tieren aller Futtergruppen auf einem Niveau stagniert. Dass die Implantation der osmotischen Pumpe eine Auswirkung auf den Zustand der Versuchstiere hat, zeigt sich deutlich durch den Aktivitätsverlauf über die Testtage nach der Implantation. Die Tiere aller Versuchsgruppen zeigten zunächst die geringste Bewegungsaktivität des gesamten beobachteten Zeitraums der Studie. Futterspezifisch stieg diese Aktivität jedoch im weiteren Verlauf wieder deutlich an, wobei Kartoffelchips die höchste Steigerung induzieren konnten. Durch die Bereitstellung der Chips wurde in den Tieren folglich ein Drang ausgelöst, sich in den vorderen Bereich des Käfigs und damit zu den Futterbehältern zu begeben. Da auch in dieser Phase zu jedem Zeitpunk in der Nacht die Aktivität der Chips-Tiere höher war als die der beiden anderen Gruppen ist etwas verwunderlich, dass sich dies nicht in einer deutlich höheren Futteraufnahme äußert. Gründe dafür könnten Messungenauigkeiten bei der Bestimmung des Futterverbrauchs darstellen. Jedoch ist, wie bereits erwähnt, eine Präferenz nicht unbedingt mit einer hohen Futteraufnahme gleichzusetzen. Die hohe relative Palatabilität von Kartoffelchips könnte sich folglich auch lediglich durch eine höhere Aktivität der Tiere an den Futterbehältern äußern. Die Aktivitätsprofile können folglich zeigen, dass die verschiedenen Futtersorten in der Lage waren, aufgrund ihrer Zusammensetzungen eine spezifische Aktivität auszulösen. Diese Aktivität war bei allen verwendeten Futtersorten in der Nacht höher als am Tag. Die geringste Aktivität wurde in allen drei Phasen durch Standardfutter induziert, gefolgt von der Mischung aus Fett und Kohlenhydraten. Die Kartoffelchips konnten sowohl während der Eingewöhnungsphase als auch während der Zeit ohne bereitgestelltes Testfutter, sowie nach der Implantation der osmotischen Pumpen die höchste Aktivität der Versuchstiere hervorrufen. Die besondere Attraktivität der Kartoffelchips zeigte sich auch bei der Darstellung der Aktivitätsverläufe an aufeinanderfolgenden Messtagen der Eingewöhnungsphase. Hier konnte gezeigt werden, dass die Anfangsaktivität bei Bereitstellung von Kartoffelchips sehr deutlich über der lag, die durch die Fett-Kohlenhydrat-Mischung oder das Standardfutter ausgelöst wurde. Zudem konnte festgestellt werden, dass Kartoffelchips in der Lage waren, nach Implantation der osmotischen Pumpen die höchste Steigerung der Aktivität innerhalb der 7 auf die Implantation folgenden Testtage hervorzurufen.

Gehirnaktivitätsmessungen mittels MEMRI

Die Ergebnisse aus der Verhaltensstudie geben deutliche Hinweise darauf, dass Kartoffelchips in der Lage sind, eine Reaktion der Versuchstiere hervorzurufen, die sich deutlich von der Reaktion auf Standardfutter bzw. auf die Fett-Kohlenhydrat-Mischung unterscheidet. Da die Ratten in Gruppen zu 4 Tieren gehalten wurden, könnten aber auch gruppendynamische Einflüsse die Ergebnisse beeinträchtigen. Aufgrund der Durchführung der Versuche in vier unabhängigen Experimenten pro Gruppe ist dies jedoch sehr unwahrscheinlich. Die Messung der Gehirnaktivität mittels MEMRI bietet einen objektiven Einblick in die Vorgänge im Gehirn während der Fütterung verschiedener Futtersorten. Tabelle 3.13 gibt eine Übersicht über die Anzahl der signifikant unterschiedlich aktivierten Strukturen einer Funktionalität.

Die Verhaltensstudien unter Verwendung der Fett-Kohlenhydrat-Mischung und der Kartoffelchips zeigten zunächst, dass beide Futtersorten bei den Tieren ähnliche Reaktionen induzieren. Die Mischung aus Fett und Kohlenhydraten im Verhältnis wie in den Kartoffelchips konnte in der Fütterungsstudie eine ähnliche Futteraufnahme induzieren wie die Kartoffelchips selbst. Schon die Verhaltensstudien gaben jedoch Anlass zur Vermutung, dass sich die Kartoffelchips durch wichtige zusätzliche Inhaltsstoffe im Vergleich zum Chipsmodell in ihren Effekten unterscheiden. Und auch die regionsspezifischen Messungen der Gehirnaktivität ergaben neben einigen Ähnlichkeiten deutliche Unterschiede zwischen der Fütterung von Chips, der Mischung aus Fett und

3.4. Untersuchung futterspezifischer Auswirkungen auf Bewegungsaktivität und strukturspezifische Gehirnaktivität

Tab. 3.13: Anzahl der signifikant unterschiedlich aktivierten Strukturen einer Funktionalität

Funktion der Gehirnbereiche	Chips vs. Standard	F+KH vs. Standard
Nahrungsaufnahme	11	4
Belohnung, Sucht	27	10
Emotionen, Motivation	11	2
Schlaf, Aufmerksamkeit	11	10
Aktivität, Bewegung	6	0
Lernen, Gedächtnis	8	6
Sonstiges	23	13

Kohlenhydraten und Standardfutter (Abb. 3.50). Die unterschiedliche Auswirkung der Fütterung von Chips bzw. F+KH im Vergleich zum Standardfutter auf die Aktivität einzelner Gehirnregionen soll im Folgenden im Bezug auf jede Funktionsgruppe diskutiert werden.

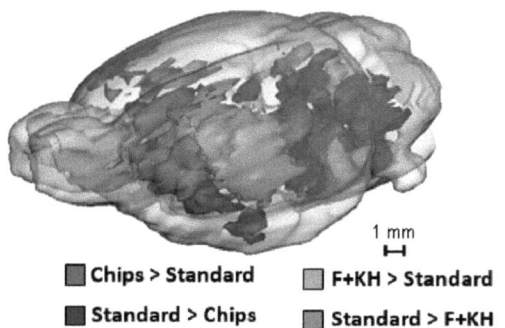

Abb. 3.50: Signifikant unterschiedlich aktivierte Gehirnbereiche im Vergleich der Fett-Kohlenhydrat- mit der Standardfuttergruppe sowie der Chips- mit der Standardfuttergruppe

Nahrungsaufnahme In Gehirnstrukturen, die an der Regulation der Nahrungsaufnahme beteiligt sind, konnten 11 signifikant unterschiedlich aktivierte Strukturen beim Vergleich der Chips- und Standardfuttergruppe sowie 4 beim Vergleich der Fett-Kohlenhydrat- und der Standardfuttergruppe detektiert werden. Hierbei konnte festgestellt werden, dass die große Mehrheit der an der Regulation der Nahrungsaufnahme beteiligten Strukturen bei der Fütterung der attraktiven Futtersorten eine

3. Ergebnisse und Diskussion

erhöhte Aktivität zeigten. Im Sept konnte eine solche Aktivierung sowohl durch Chips als auch einseitig durch F+KH festgestellt werden. Das Septum wird wie beschrieben im Zusammenhang mit der Aktivierung bei der Erwartung attraktiver Futtersorten genannt. Durch den gewählten Versuchsaufbau könnte sich möglicherweise eine solche Erwartung der Kartoffelchips gezeigt haben, da die Tiere nach 7 Tagen Gewöhnung an das Testfutter über 7 Tage keine Kartoffelchips zur Verfügung gestellt bekamen. Die daraus resultierende Suche und Erwartung der Kartoffelchips könnte sich dann nach der Implantation der osmotischen Pumpen bei erneuter Bereitstellung von Kartoffelchips in einer Aktivitätserhöhung im Bereich des Septums geäußert haben. Auch die Aktivierungen des HyDM und des PVA erfolgte durch die Futtergruppen F+KH und Chips. Diese Regionen werden folglich vermutlich durch das attraktive Verhältnis von Fett zu Kohlenhydraten aktiviert. Zusätzlich wurde durch Fütterung von Kartoffelchips noch der ILCx R und L, sowie der HyL R signifikant stärker im Vergleich zu Standardfutter aktiviert. Scheinbar werden diese Regionen durch Kartoffelchips spezifisch aktiviert. Möglicherweise sorgen dabei die Konsistenz, der Geschmack oder weitere Inhaltsstoffe neben Fett und Kohlenhydraten für eine Aktivierung, auch durch Auslösung spezieller emotionaler Eindrücke. Die stärkere Aktivierung der Gehirnbereiche Sol R, Raphe und HyArc L durch Standardfutter als durch Kartoffelchips kann im Bezug auf die Nahrungsaufnahme gut begründet werden. So wurde beschrieben, dass eine Läsion des Sol einen Überkonsum an attraktiven und fetthaltigen Nahrungsmitteln hervorruft. Die gefundene Deaktivierung des Sol R durch Kartoffelchips im Vergleich zu Standardfutter lässt Rückschlüsse darauf zu, dass attraktive Futtersorten die Aktivität dieser Struktur herabsetzen können und somit eine Futteraufnahme auslösen. Die Raphe steht ebenfalls in Verbindung mit der inhibitorischen Kontrolle der Nahrungsaufnahme. Hohe Aktivität dieser Struktur bedeutet folglich geringe Nahrungsaufnahme. Durch Kartoffelchips konnte die Raphe signifikant deaktiviert werden was auch mit einer unspezifischen Aktivierung bzw. Erregung verbunden sein soll. Die Aktivierung des HyArc wurde ebenso mit einer Hemmung des Appetits in Verbindung gebracht. Die Deaktivierung durch Kartoffelchips könnte folglich die große Palatabilität dieses Futters anzeigen. Die signifikant unterschiedlich aktivierten Gehirnregionen im Bereich Nahrungsaufnahme zeigten, dass die Bereiche, die durch F+KH aktiviert werden auch durch Kartoffelchips stärker aktiviert werden als bei der Fütterung von Standardfutter. Somit werden die Bereiche Sept R, HyDM R und PVA vermutlich durch den Fett-Kohlenhydrat-Gehalt aktiviert, während die weiteren Strukturen ILCx

3.4. Untersuchung futterspezifischer Auswirkungen auf Bewegungsaktivität und strukturspezifische Gehirnaktivität

R/L, HyL R, Sol R, Raphe und HyArc L spezifisch durch andere Inhaltsstoffe oder Eigenschaften der Kartoffelchips in ihrer Aktivität beeinflusst werden.

Belohnung und Sucht   25 Gehirnregionen, die in Verbindung mit dem System Belohnung und Sucht stehen, wurden durch Kartoffelchips im Vergleich zu Standardfutter signifikant unterschiedlich aktiviert, sowie 10 Gehirnregionen durch F+KH im Vergleich zu Standardfutter. Damit sind diese Strukturen im besonderen Maße durch die Fütterung von Kartoffelchips betroffen. Fett- und kohlenhydratreiche Futtersorten und im Besonderen Kartoffelchips scheinen also in der Lage zu sein, das Belohnungssystem von Ratten zu beeinflussen. Allerdings muss darauf hingewiesen werden, dass das große Interesse der Forschung an Sucht und Belohnung natürlich dazu führt, dass mehr Gehirnregionen im Zusammenhang mit diesen Mechanismen untersucht wurden. Auch hier konnten wie im System Nahrungsaufnahme, einige Strukturen sowohl durch F+KH als auch durch Kartoffelchips im Vergleich zu Standardfutter aktiviert werden. Dazu gehören der PrLCx R/L, das hcDS L, die BNST L, sowie der AcbC L. Diese Strukturen wurden alle in der Literatur im Zusammenhang mit Sucht oder Belohnung genannt. So vermitteln diese Gehirnbereiche vermutlich auch den belohnenden Effekt einer attraktiven Fett-Kohlenhydrat-Mischung. Zusätzlich konnten durch Kartoffelchips im Vergleich mit Standardfutter folgende Gehirnregionen aktiviert werden: hcDS R, AcbC R, AcbSh R/L, thMD R/L, CgCx R/L, CPu R/L, GPV R/L sowie InsCx R/L. Diese Aktivierung der stark im Zusammenhang mit Belohnung und Sucht stehenden Gehirnregionen zeigt, dass nicht nur der Fett-Kohlenhydrat-Gehalt eine belohnende und und suchtähnliches Verhalten auslösende Wirkung haben, sondern dass Kartoffelchips weitere Inhaltsstoffe bzw. spezifische Eigenschaften besitzen, die in besonderem Maße diese Effekte hervorrufen. Diese Eigenschaften bzw. Inhaltsstoffe stehen möglicherweise auch mit Food Craving Effekten in Zusammenhang, die Kartoffelchips beim Menschen auslösen. Besonders die Aktivierung des Nucleus Accumbens, der zentralen Struktur im Belohnungssystem, untermauert diese These. Verschiedene Studien, die die Dopaminausschüttung im NAc bei der Bereitstellung eines attraktiven Mais-Snacks untersuchten, kamen ebenfalls zum Ergebnis, dass diese Struktur durch attraktive Nahrung aktiviert wird. Die aktuelle Studie zeigt, dass dafür weniger der Nährwert entscheidend ist, da das Chipsmodell und die Kartoffelchips sich in ihrem Energiegehalt nicht unterschieden. Die belohnende Wirkung von Kartoffelchips muss folglich durch weitere Inhaltsstoffe wie beispielsweise dem Protein-Anteil, den Röststoffen, die beim Frittiervorgang entstehen oder auch dem Salzgehalt vermittelt

3. Ergebnisse und Diskussion

werden. Auch die Konsistenz spielt neben dem Geschmack und dem Aroma möglicherweise eine wichtige Rolle. Signifikante Aktivierungen durch Kartoffelchips im CgCx und im CPu sind möglicherweise durch die besondere Wertigkeit der Chips bedingt. Diese Strukturen stehen im Zusammenhang, die Wertigkeit eines Stimulus zu beurteilen bzw. bei Belohnung aktiviert zu werden. Die spezifische Aktivierung dieser Strukturen durch Kartoffelchips zeigt wiederum die spezifischen Effekte dieses Snacks. Eine weitere wichtige Struktur im Bezug auf das Suchtverhalten ist der InsCx. Diese Struktur wird sogar als mögliches Ziel für eine Therapie von Drogenabhängigkeit in Betracht gezogen. Durch die Fett-Kohlenhydrat-Mischung spezifisch aktivierte Gehirnregionen sind der hc L sowie der OrbCx L. Die zusätzliche Aktivierung dieser Regionen im Vergleich zu den Kartoffelchips lässt sich möglicherweise dadurch begründen, dass die Wirkung der Fett-Kohlenhydrat-Mischung auf diese Gehirnbereiche höher war als deren Wirkung zusammen mit weiteren Inhaltsstoffen wie Röstaromen, Proteinen oder Salz, die die Wirkung des Fett- und Kohlenhydrat-Gehalts möglicherweise verringerten. Eine signifikant höhere Aktivität durch die Fütterung von Standardfutter als durch Kartoffelchips konnte in folgenden Gehirnstrukturen festgestellt werden: PBnL R, Raphe, IP, TegAV R/L, hcVS R/L sowie HyArc L. Warum diese im Zusammenhang mit Sucht und Belohnung stehenden Strukturen durch Standardfutter aktiviert wurden kann an dieser Stelle nicht abschließend begründet werden. Jedoch ist es möglich, dass eine hier gefundene Aktivierung eigentlich eine Deaktivierung der Struktur anzeigt. Dies ist durch den Mechanismus von MEMRI bedingt. Ein erhöhter Einstrom von Calcium-Ionen in ein synaptisches Endköpfchen und damit eine erhöhte Konzentration von Mangan-Ionen löst wie in der Einleitung beschrieben eine Freisetzung eines Neurotransmitters aus. Da Neurotransmitter inihibitorische oder exzitatorische Wirkung haben können, ist es möglich, dass starke Aktivität eines Neurons eine starke Inhibierung dieses Systems bedeutet. Möglicherweise werden diese genannten Strukturen also durch Standardfutter inhibiert was gleichbedeutend mit einer Aktivierung durch Kartoffelchips wäre. Die gefundene höhere Aktivität der Synapsen durch Fütterung von Standardfutter in diesen Gehirnstrukturen steht also nicht im Widerspruch mit ihren in der Literatur genannten Eigenschaften. Besonders die TegAV steht in engem Zusammenhang mit dem Belohnungssystem, da die Dopamin-Neuronen in dieser Struktur die Hauptquelle für Dopamin im NAc darstellen. Hohe Dopaminausschüttung in der TegAV, die möglicherweise durch eine Inaktivierung der Synapsen ausgelöst wird, ruft folglich ein großes Belohnungssignal im NAc hervor. Im Vergleich zur Fett-Kohlenhydrat-Mischung konnte durch das Standardfutter der PBnL L sowie die ZI R/L aktiviert werden. Das System

3.4. Untersuchung futterspezifischer Auswirkungen auf Bewegungsaktivität und strukturspezifische Gehirnaktivität

Sucht und Belohnung wird folglich hauptsächlich durch die Kartoffelchips aktiviert, wobei 5 Strukturen gleichermaßen durch Chips und F+KH aktiviert wurden. Diese Bereiche (PrLCx R/L, hcDS L, BNST L sowie AcbC L) vermitteln folglich vermutlich die Attraktivität der Fett-Kohlenhydrat-Anteile in den Kartoffelchips wohingegen die spezifisch durch Kartoffelchips aktivierten Bereiche durch die Attraktivität weiterer Chips-Komponenten ausgelöst wurde.

Emotionen und Motivation Dass Sucht und Belohnung hauptsächlich über die Erzeugung von Emotionen vermittelt werden, wird anhand der im Folgenden dargestellten Gehirnbereiche diskutiert. In ihrer Aktivität unterschieden sich 11 Regionen signifikant beim Vergleich der Fütterung von Chips und Standardfutter. Die Fütterung von F+KH führte im Vergleich zur Fütterung von Standardfutter zu 2 signifikant unterschiedlich aktivierten Strukturen. Der PrLCx R/L, der gleichermaßen durch F+KH und Chips aktiviert wurde, vermittelt folglich die Emotionen, die durch das attraktive Fett-Kohlenhydrat-Verhältnis hervorgerufen werden, wohingegen die weiteren im Vergleich zu Standardfutter signifikant unterschiedlich aktivierten Regionen Emotionen widerspiegeln, die durch die speziellen Inhaltsstoffe von Kartoffelchips ausgelöst werden. Hier zu nennen sind der CgCx R/L, der GPV R/L, die Raphe, die TegAV R/L sowie der hcVS R/L.

Schlaf und Aufmerksamkeit Sehr interessante signifikante Unterschiede zeigen sich im System Schlaf und Aufmerksamkeit. Hierbei konnte sowohl im Vergleich mit Chips (11 signifikant unterschiedlich aktivierte Gehirnbereiche) als auch im Vergleich mit F+KH (10 signifikant unterschiedlich aktivierte Gehirnbereiche) eine Aktivierung durch Standardfutter beobachtet werden. Hauptsächlich waren Regionen betroffen, die in der Literatur im Zusammenhang mit dem REM-Schlaf oder dem Schlaf-Wach-Rhythmus genannt werden. Diese Erkenntnis bestätigt die bei der Erstellung der Aktivitätsprofile gewonnenen Daten. Die Ratten, die Standardfutter zur Verfügung gestellt bekamen, zeigten in allen drei Phasen der Studie die geringste Aktivität und den geringsten Drang sich im vorderen Bereich des Käfigs zu bewegen wo sie Zählimpulse ausgelöst hätten. Im hinteren Teil des Käfigs verbrachten die Tiere ihre Ruhe- und Schlafphasen. Die erhöhte Gehirnaktivität bei Tieren aus der Standardfuttergruppe in Bereichen, die im Zusammenhang mit der Augenbewegung während des REM-Schlafes stehen, zeigt, dass diese Tiere vermutlich mehr Zeit im Tiefschlaf verbrachten als die Tiere der beiden anderen Gruppen Chips oder F+KH. Die Aufnahme dieser Futtersor-

3. Ergebnisse und Diskussion

ten scheint folglich mit einer erhöhten Aktivität und weniger tiefem Schlaf einher zu gehen. Vermutlich sind diese Futtersorten in der Lage, die diesem System zugehörigen Gehirnbereiche zu deaktivieren. In ihrer Anzahl unterscheiden sich die durch F+KH sowie durch Chips deaktivierten Gehirnstrukturen nur geringfügig. Jedoch können diese beiden Futtersorten spezifisch unterschiedliche Gehirnbereiche deaktivieren. Eine höhere Aktivität durch Standardfutter im Vergleich zu Chips konnte in folgenden Gehirnbereichen gezeigt werden: RtL R, Rtpc R/L, PGiL R/L, Gi R/L, PnO R/L, Teg R/L. Im Vergleich zur Fett-Kohlenhydrat-Mischung wurden folgende Gehirnregionen, durch Standardfutter aktiviert: RtL R/L, Rtpc R, PGiL R, Gi R, PTA R, ZI R/L, thPo R/L. Sowohl durch Chips als auch durch F+KH wurden der RtL R, der Rtpc R, der PGiL R und der Gi R deaktiviert. Dabei fällt auf, dass die Fett-Kohlenhydrat-Mischung hauptsächlich die Regionen in der rechten Hemisphäre beeinflussten, während durch Kartoffelchips beide Gehirnhälften gleichermaßen betroffen waren.

Aktivität und Bewegung Die signifikant unterschiedliche Aktivierung von Gehirnregionen im System Aktivität und Bewegung steht im Einklang mit den Beobachtungen der Verhaltenstests, bei denen die Tiere, denen Kartoffelchips zur Verfügung gestellt wurden eine erhöhte Bewegungsaktivität zeigten als die Tiere der anderen Futtergruppen. In diesem System konnten 6 signifikant unterschiedlich aktivierte Gehirnbereiche bei der Betrachtung von Chips vs. Standardfutter detektiert werden, wohingegen keine signifikanten Unterschiede in der Aktivierung von Gehirnbereichen durch F+KH und Standardfutter auftraten. Diese Daten bestätigen die unterschiedlichen Aktivitätsprofile, die durch Kartoffelchips bzw. F+KH ausgelöst wurden. Die stets größere Aktivität der Tiere, denen Chips zur Verfügung gestellt wurden, spiegelt sich in der erhöhten Aktivität im Motorischen Cortex (M1Cx R/L und M2Cx R/L) wider. Diese Struktur stellt die zentrale Koordinationsstelle von Bewegungen dar und reguliert zusammen mit dem CPu (CPu R/L) die Durchführung von Bewegungen. Ob die Kartoffelchips diese Regionen aktivieren konnten und dadurch eine hohe Aktivitätsrate in den Tieren ausgelöst wurde oder ob Kartoffelchips durch eine hohe Palatabilität für eine Bewegung im Käfig sorgte was in einer Aktivierung des motorischen Systems im Gehirn resultierte kann an dieser Stelle nicht geklärt werden. In jedem Fall zeigt die spezifische Aktivierung des MCx durch Kartoffelchips an, dass die Daten aus der Verhaltensstudie mit den hier diskutierten Magnetresonanztomographie-Daten übereinstimmen.

3.4. Untersuchung futterspezifischer Auswirkungen auf Bewegungsaktivität und strukturspezifische Gehirnaktivität

Lernen und Gedächtnis Im System Lernen und Gedächtnis konnten zwischen Tieren der Chips- und Standardfuttergruppe 8, sowie zwischen Tieren der F+KH- und Standardfuttergruppe 6 signifikant unterschiedlich aktivierte Gehirnstrukturen detektiert werden. Das Erlernen einer Präferenz für eine Futtersorte und deren Speicherung im Gehirn ist für die Auswahl einer Futtersorte von Bedeutung. Außerdem ist wichtig, dass auch die Auswirkungen von attraktiven Stimuli im Gedächtnis behalten werden. Sowohl Kartoffelchips als auch die Fett-Kohlenhydrat-Mischung konnten also Bereiche dieses Systems signifikant beeinflussen. Vermutlich wird dieser Lernvorgang durch ein neues, attraktives Futter wie Chips oder F+KH ausgelöst, indem die positiven Auswirkungen im Gedächtnis verarbeitet werden. Da sich die Unterschiede der Aktivierungsprofile, die durch Chips und F+KH ausgelöst wurden nur teilweise decken, kann gefolgert werden, dass unterschiedliche Stimuli in verschiedenen Gehirnregionen verarbeitet werden. Gemeinsam durch beide Futtersorten wurde der PrLCx R/L aktiviert. Spezifische Unterschiede wurden durch Kartoffelchips zusätzlich in thMD R/L, Prh/EctCx R, Ent R und Cb R/L ausgelöst, wobei der thMD R/L als einziger Vertreter dieser Strukturen bei der Aufnahme von Kartoffelchips aktiviert wurde, wohingegen die anderen Strukturen weniger aktiv waren als bei der Aufnahme von Standardfutter. Signifikant aktiviert wurden durch F+KH das hcDS L und der hc L, wohingegen der thDL R und die CoM durch F+KH signifikant deaktiviert wurden.

Sonstiges Die im folgenden Abschnitt diskutierten Gehirnstrukturen konnten keiner der bisher behandelten Gruppen zugeordnet werden. Dies bedeutet jedoch nicht, dass nicht ein Zusammenhang mit Nahrungsaufnahme, Sucht und Belohnung, Emotionen, Schlaf und Aufmerksamkeit, Aktivität und Bewegung oder Lernen und Gedächtnis bestehen könnte. In der Literatur ist ein solcher Zusammenhang lediglich bisher nicht deutlich hergestellt worden. Die Ergebnisse dieses Abschnitts sind daher keineswegs unwichtiger als die bisher diskutierten Ergebnisse, da diese Strukturen ebenfalls signifikant durch eine der drei Futtersorten signifikant stärker aktiviert wurden. Im Zusammenhang mit dem olfaktorischen System wurden beispielsweise PirCx, Ampitr, AmCo und ON genannt. An der Verarbeitung visueller Reize beteiligt sind GnV, GnL sowie TeACx. Auditorische Reize werden in GnM, AuCx und IC verarbeitet. Der thVM steht im Zusammenhang mit der Weiterleitung von Schmerzreizen, das PAG mit der Schmerzunterdrückung sowie Angst- und Fluchtreflexen. Sinneseindrücke werden vom SCx und Cl prozessiert. Regulation der Körpertemperatur (thPo), Verhaltenskontrolle (CnF), Kieferöffnung (Red, MES), Planung und Bewertung von Vorgängen (SN),

3. Ergebnisse und Diskussion

Räumliche Wahrnehmung (PtACx) sowie Regulation der Atmung oder des Kreislaufs (MdV) zählen zu den Aufgaben der übrigen Gehirnregionen wobei über den Fr3Cx nahezu nichts bekannt ist.

3.4.6 Zusammenfassung der Untersuchung futterspezifischer Auswirkungen auf Bewegungsaktivität und strukturspezifische Gehirnaktivität

Es konnte ein funktionierendes Modell für die Verknüpfung von Fütterungen mit der Messung von Gehirnaktivitäten mittels MEMRI entwickelt werden. Gruppenhaltung der Tiere, sowie Applikation des Kontrastmittels $MnCl_2$ über osmotische Pumpen, ermöglichten die Detektion der spezifischen Gehirnaktivierungen durch verschiedene Futterarten. Signifikante Unterschiede, die durch die Fütterung von Kartoffelchips ausgelöst wurden, konnten hauptsächlich in den Bereichen Nahrungsaufnahme, Sucht und Belohnung, Emotionen und Aktivität detektiert werden. Diese spezifische Aktivierung zeigt, dass die Kartoffelchips von den Ratten als ein sehr attraktives Futter angesehen werden. Die Aktivierung von Strukturen aus den Bereichen Nahrungsaufnahme sowie Belohnung und Sucht durch die Fett-Kohlenhydrat-Mischung zeigt, dass diese Bestandteile bedeutend für die Attraktivität von Kartoffelchips sind, jedoch nicht das gesamte Phänomen erklären können. Weitere Bestandteile der Kartoffelchips müssen folglich für das starke Verlangen nach Kartoffelchips verantwortlich sein. Standardfutter war in der Lage, Gehirnbereiche zu aktivieren, die den (REM-)Schlaf und die Aufmerksamkeit steuern. Dies deutet darauf hin, dass die Standardfutter-Tiere ausgeprägtere Ruhephasen zeigen als die Tiere der anderen Gruppen. Chips sowie F+KH sind also in der Lage, eine Aktivität in den Versuchstieren herbeizuführen. Dies konnte durch die Beobachtung der Tiere über die gesamte Zeit und daraus erstellte Aktivitätsprofile bestätigt werden. So konnten Kartoffelchips die höchste Aktivität in den Versuchstieren induzieren, gefolgt von der Mischung aus Fett und Kohlenhydraten. Die Tiere, denen Standardfutter zur Verfügung gestellt wurde zeigten die geringste Aktivität im Tagesverlauf.

4 Zusammenfassung

Food Craving stellt im Zusammenhang mit Übergewicht ein ernstzunehmendes Problem dar, da hierbei ein starkes Verlangen nach energiereicher Nahrung auftritt, die vom Körper nicht benötigt wird. Methodisch wurde das Phänomen bisher vor allem durch Fragebögen mit Menschen oder über invasive Tierstudien untersucht. Dabei wurden z.b. einzelne Gehirnregionen von Ratten selektiv inaktiviert oder ihre Aktivität über die Ausschüttung von Neurotransmittern mittels im Gehirn implantierter Sonden bestimmt. In der vorliegenden Arbeit wurde die Palatabilität von Kartoffelchips in Abhängigkeit ihrer Inhaltsstoffe durch Verhaltensversuche mit Ratten untersucht. Weiterhin wurden die Prozesse, die bei der Aufnahme von Kartoffelchips ablaufen, am intakten Rattengehirn analysiert. In diesem Rahmen wurde im Rattenmodell die Fütterung verschiedener Futtersorten mit der Bildgebung durch Magnetresonanztomographie (MRT) verknüpft, um Auswirkungen der Inhaltsstoffe auf die spezifische Aktivität von 166 definierten Gehirnregionen zu messen. Das Ziel der Arbeit war zunächst, in einer Verhaltensstudie mit Ratten mittels Präferenztests die Hauptinhaltsstoffe zu identifizieren, die für die Palatabilität von Kartoffelchips verantwortlich sind. Im Anschluss daran sollte eine Methode zur Bestimmung der Gehirnaktivität in Abhängigkeit von der aufgenommenen Futtersorte entwickelt werden, wobei manganverstärkte Magnetresonanztomographie (MEMRI) zum Einsatz kommen sollte.

Für die Verhaltensstudie wurde ein Präferenztest entwickelt. Dabei wurde den Versuchstieren dreimal täglich zusätzlich zum ad libitum zur Verfügung stehenden Standardfutter in Pelletform die Auswahl zwischen zwei verschiedenen Futtersorten gegeben. Diese Futtersorten setzten sich jeweils aus 50 % mehlförmigem Standardfutter und Kartoffelchips bzw. deren Hauptkomponenten Fett und Kohlenhydraten, im Anteil wie sie in Kartoffelchips vorliegen, zusammen. Die »relative Palatabilität« eines Testfutters wurde anhand von zwei Auswertungsmethoden untersucht. Zum einen wurde die Futteraufnahme jedes Testfutters durch Differenzwägung der Futterbehälter vor und nach dem Test registriert. Zum anderen wurde die Aktivität der Tiere anhand von Zählimpulsen erfasst. Ein Zählimpuls wurde definiert als »eine Ratte frisst an einem Futterbehälter«. Somit konnte durch die Auswertung von Kameraaufnahmen der Ver-

4. Zusammenfassung

suchskäfige, die im Abstand von 10 Sekunden erfolgten, festgestellt werden, wie lange sich die Tiere an den jeweiligen Futterbehältern aufhielten. Die Attraktivität eines Testfutters wurde also anhand der Futteraufnahme und der Verweildauer der Tiere an einem Futterbehälter analysiert. Durch Präferenztests der Kartoffelchips gegen die Bestandteile Fett und Kohlenhydrate sowohl einzeln als auch in der Mischung konnte gezeigt werden, dass die relative Palatabilität der Kartoffelchips zum großen Teil auf die Mischung ihrer Hauptkomponenten Fett und Kohlenhydrate zurückzuführen ist. Weitergehende Versuche mit einem zusätzlichen Testfutter aus Standardfutter und fettfreien Kartoffelchips konnten zeigen, dass diese Palatabilität hauptsächlich durch den hohen Energiegehalt und in geringerem Maße auch durch die Konsistenz von Kartoffelchips begründet werden kann. In einem weiteren Testsystem wurden analoge Versuche mit Schokolade als Testfutter durchgeführt. Auch hier konnte gezeigt werden, dass erst die Mischung der Hauptbestandteile Fett und Kohlenhydrate die Palatabilität der Schokolade erreicht. Die Mischung aus Fett und Kohlenhydraten ist folglich von herausragender Bedeutung für die Palatabilität eines Lebensmittels. Aus diesem Grund wurden in weiteren Präferenztests mit Ratten verschiedene Mischverhältnisse von Fett und Kohlenhydraten getestet. Hierbei stellte sich heraus, dass die Palatabilität eines Testfutters zunächst mit steigendem Fettgehalt ansteigt, jedoch bei Fettgehalten ab 40 % wieder deutlich zurückgeht. Die optimale Zusammensetzung eines Testfutters in den Präferenztests lag bei 32-37 % Fett, 42-47 % Kohlenhydraten und 9% Proteinen. Hierbei stellte sich heraus, dass die Zusammensetzung der verwendeten Kartoffelchips genau in diesem Bereich lag. Kartoffelchips scheinen also die Zusammensetzung einer für die Versuchstiere maximal attraktiven Nahrung aufzuweisen.

Aus diesem Grund sollten im Folgenden die Vorgänge im Gehirn von Ratten bei der Aufnahme von a) Kartoffelchips, b) einer Mischung aus Fett und Kohlenhydraten im gleichen Verhältnis wie in Kartoffelchips sowie c) mehlförmigem Standardfutter mit jeweils 16 Tieren pro Gruppe untersucht werden. Die spezifische Aktivierung von Gehirnbereichen in Abhängigkeit der Nahrung wurde mittels manganverstärkter Magnetresonanztomographie (MEMRI) analysiert. Bei dieser Methode werden die ähnlichen Eigenschaften von Calciumionen (Ca^{2+}) und Manganionen (Mn^{2+}) ausgenutzt. Die Aktivierung von Gehirnbereichen geht mit dem dortigen verstärkten Transport von Ca^{2+} einher. Wird Mn^{2+} appliziert, so werden auch diese Ionen in aktiven Gehirnbereichen transportiert. Mn^{2+} akkumuliert jedoch im Gegensatz zu Ca^{2+} in den aktivierten Synapsen. Aufgrund seiner paramagnetischen Natur wirkt Mn^{2+} als Kontrastmittel bei der Magnetresonanztomographie. Durch Messungen im MRT können also Manganionen im Gehirn und damit aktivierte Gehirnareale lokalisiert werden. Die Applikation des Kontrastmittels Mn^{2+} erfolgte zunächst als Einmalinjektion. Im Anschluss an die Injektion war jedoch bei den Ratten über mehrere Tage eine sehr starke Beeinträchtigung der Futteraufnahme zu beobachten. Deshalb wurde auf eine schonendere Applikation mittels osmotischer Pumpen umgestellt, wodurch das Fressverhalten und die Aktivität der Tiere nur geringfügig beeinträchtigt wurden. Die mit $200\,\mu L$ einer 1 M Lösung von $MnCl_2$ gefüllten osmotischen Pumpen wurden den Ratten dorsal subcutan implantiert und gaben das Kontrastmittel mit einer kontinuierlichen Rate über den Zeitraum von 7 Tagen in das Gewebe der Ratten ab. Innerhalb dieser 7 Tage wurde das Kontrastmittel ins Gehirn transportiert, reicherte sich in den aktiven Gehirnbereichen an und konnte im Anschluss durch Messungen im MRT detektiert werden. Verschiedene Mn^{2+}-Konzentrationen werden durch diese Messmethode als verschieden helle Bildbereiche (Grauwerte) dargestellt, wobei hohe Mn^{2+}-Konzentrationen in hellen Bildbereichen resultieren. Die Quantifizierung der Helligkeit dieser Grauwerte erfolgte mit Hilfe eines im Rahmen dieser Arbeit erstellten digitalen Rattengehirnatlanten. In diesem Atlas wurden über 400 einzelne Gehirnstrukturen zu 166 Überstrukturen zusammengefasst. Diese definierten Strukturen decken nahezu das gesamte dreidimensionale Rattengehirn ab. Durch die digitale Überlagerung der Bilddaten jeder Messung mit dem Atlas konnten die Grauwerte und damit die Aktivität jeder definierten Gehirnstruktur ermittelt werden. Um die Grauwerte aus den Messungen der verschiedenen Tiere vergleichbar zu machen, wurde eine z-Score-Normierung der Daten herangezogen. Dadurch konnte die relative Aktivierung jedes Gehirnbereichs im Vergleich zur Aktivität des Gesamtgehirns berechnet werden. Hierbei konnte festgestellt werden, dass die Aufnahme von Kartoffelchips im Vergleich zur Aufnahme von Standardfutter im größten Maße eine signifikant unterschiedliche Aktivierung von Gehirnstrukturen induzierte. Diese 78 signifikant unterschiedlich aktivierten Gehirnstrukturen wurden verschiedenen Funktionen zugeordnet, mit denen sie in der Literatur in Zusammenhang gebracht werden. Im Vergleich zur Aufnahme von Standardfutter führte die Aufnahme von Kartoffelchips zu signifikant unterschiedlich aktivierten Gehirnbereichen, die für die Regulation der Nahrungsaufnahme zuständig sind (11 signifikant unterschiedlich aktivierte Gehirnbereiche), die im Zusammenhang mit Belohnung und Sucht genannt werden (27), die an Vorgängen bei der Entstehung von Emotionen beteiligt sind (11), die eine Funktion in Tiefschlafphasen aufweisen (11), die Aktivität und Bewegung regulieren (6) sowie im Zusammenhang mit Lernen und dem Gedächtnis stehen (8). Außerdem konnten 23 Gehirnregionen durch die Aufnahme von Kartoffelchips im Vergleich zur Aufnah-

4. Zusammenfassung

me von Standardfutter signifikant unterschiedlich aktiviert werden, die bisher in der Literatur mit keiner Funktion in Verbindung gebracht werden. Die Aufnahme einer Mischung aus Fett und Kohlenhydraten (Chipsmodell) konnte hingegen im Vergleich zur Aufnahme von Standardfutter lediglich eine weniger umfangreiche signifikant unterschiedliche Aktivierung von 33 Gehirnregionen hervorrufen. Diese Gehirnregionen sind verantwortlich für die Regulation der Nahrungsaufnahme (4 signifikant unterschiedlich aktivierte Gehirnbereiche), die Steuerung von Prozessen bei Belohnung und Sucht (10), stehen im Zusammenhang mit der Regulation von Emotionen (2), weisen eine Funktion in Tiefschlafphasen auf (10) oder sind an Vorgängen beim Lernen beteiligt (6). Im Vergleich der Gehirnaktivitäten durch die Aufnahme des Chipsmodells und von Standardfutter konnten 13 signifikant unterschiedlich aktivierte Gehirnregionen detektiert werden über deren Funktionalität bisher sehr wenig bekannt ist.

Der Unterschied zwischen der Fütterung von Kartoffelchips, dem Chipsmodell und dem Standardfutter in der Aktivierung von Gehirnbereichen, die die Aktivität und Bewegung regulieren, wurde auch bei der Beobachtung des Verhaltens der Tiere offensichtlich. Durch durchgängige Beobachtung der Tiere über Kameraaufnahmen (1 Bild pro 10 Sekunden) konnten Aktivitätsprofile der Tiere in Abhängigkeit der zur Verfügung gestellten Futtersorte erstellt werden. Die Aktivität wurde über Zählimpulse quantifiziert, wobei hierbei ein Zählimpuls als »eine Ratte zeigt Aktivität im vorderen Bereich des Käfigs« definiert wurde. Dabei konnte festgestellt werden, dass die Bereitstellung und Aufnahme von Kartoffelchips die höchste Aktivität der Tiere im Tagesverlauf hervorriefen. Die Fett-Kohlenhydrat-Mischung zeigte dies in geringerem Maße, das Standardfutter sorgte für die geringste Aktivität der Versuchstiere.

Aus diesen Ergebnissen kann gefolgert werden, dass die Mischung aus Fett und Kohlenhydraten sehr wichtig für die Palatabilität von Kartoffelchips ist. Jedoch scheinen noch weitere Eigenschaften oder Bestandteile der Kartoffelchips zu deren Palatabilität beizutragen. Diese scheinen dafür verantwortlich zu sein, dass die Aktivität der Tiere sowie die im Vergleich zur Aufnahme von Standardfutter unterschiedliche Aktivierung spezifischer Gehirnregionen bei Aufnahme von Kartoffelchips höher ist als bei Aufnahme einer Fett-Kohlenhydrat-Mischung. Möglicherweise spielen hier der Salzgehalt, Röstaromen, der Proteingehalt oder die Konsistenz von Kartoffelchips eine entscheidende Rolle. Zur weiteren Bewertung dieser Einflussfaktoren und die Durchführung weiterer Untersuchungen bildet das etablierte Studiendesign eine sehr gut verwendbare Grundlage.

5 Summary

Food craving constitutes a serious problem in connection with overweight since it causes a strong desire for high energy foods which the body actually does not need. So far, the phenomenon has been studied methodically mainly via surveys with people or via invasive animal studies. In the latter case, tests included the selective inactivation of separate brain regions in rats and the determination of the activity of these regions based on the release of neurotransmitters measured by testing probes implanted in the brain. The present study examines the palatability of potato chips depending on their ingredients by way of behavioural experiments with rats. Moreover, it analyses the processes which occur on the intake of potato chips in the functional rat brain. In the rat model, the provision of different types of feed was combined with magnetic resonance imaging (MRI) so as to determine the effects of the ingredients on the specific activity of 166 pre-defined brain regions. An initial goal of the study was to identify the main ingredients which are responsible for the palatability of potato chips. This was done by a preference test in a behavioural experiment with rats. Subsequently, the study aimed to develop a method to determine the brain activity in dependence on the type of feed consumed. It was especially here that increasing use was made of manganese enhanced magnetic resonance imaging (MEMRI).

A preference test was developed for the behavioural experiment. For this purpose, the test animals were given a choice between two different types of feed three times a day in addition to the standard feed in pellet form provided ad libitum. In each case, the additional types of feed consisted of 50 % of powdered standard feed and potato chips or, respectively, their main components fat and carbohydrates in the same ratio as they occur in potato chips. The »relative palatability« of a test feed was examined by two different evaluation methods. On the one hand, the feed intake of each test feed was registered by differential weighing of the feed containers before and after the test. On the other hand, the activity of the animals was charted on the basis of counting pulses. A counting pulse was defined as »a rat eats at a feed container«. After the analysis of camera recordings of the test cages, which took place every ten seconds, it was possible to determine how long the animals stayed at each feed container. The attractiveness of

5. Summary

a test feed was thus analysed on the basis of the feed intake and the duration of time the animals spent at a feed container. By way of preference tests on potato chips versus the ingredients fat and carbohydrates (both individually and in mixtures), it could be shown that the relative palatability of potato chips can to a great extent be traced back to the composition of the main ingredients fat and carbohydrates. Further tests with an additional test feed consisting of standard feed and fat-free potato chips showed that this palatability can be mainly traced back to the high energy content and, to a lesser degree, the consistency of potato chips. In another test system, analogous tests were carried out with chocolate as test feed. Here, it likewise could be demonstrated that only a mixture of the main ingredients fat and carbohydrates reaches the same palatability as chocolate. Consequently, the mixture of fat and carbohydrates is of prime importance for the palatability of a specific kind of food. For this reason, further preference tests with rats were carried out to test different ratios of fat and carbohydrates. These tests showed that the palatability of a test feed first rose with increasing fat content but fell markedly with fat contents rising over 40 %. In the preference tests, the perfect composition of a test feed was 32 % to 37 % fat, 42 % to 47 % carbohydrates and 9 % proteins. Here, it was found that the composition of the potato chips used lay precisely in the range specified above. This means that potato chips seem to feature the characteristics of a feed maximally attractive to the test animals.

For this reason, the next step consisted in an examination of the processes in the brains of rats on the intake of a) potato chips, b) a mixture of fat and carbohydrates in ratios equal to those in potato chips and c) powdered standard feed with 16 animals in each test group. The specific activation of brain areas in dependence on the feed consumed was analysed by way of manganese enhanced magnetic resonance imaging (MEMRI). This method makes use of the similar characteristic features of calcium ions (Ca^{2+}) and manganese ions (Mn^{2+}). The activation of brain areas coincides with an increased transport of Ca^{2+} in the area in question. If Mn^{2+} is administered, these ions are likewise transported to the active brain regions. However, in contrast to Ca^{2+}, Mn^{2+} accumulates in the activated synapses. Due to its paramagnetic qualities, Mn^{2+} acts as a contrast medium in magnetic resonance imaging. Via MRI measurements, it is possible to localise manganese ions and to thus also localise activated brain regions. The contrast medium Mn^{2+} was first administered by single injection. However, subsequent to the injection, there was a highly adverse effect on the rats' feed intake for several days. For this reason, an approach tolerated better by the rats was chosen and the contrast medium was administered by way of osmotic pumps. This method had only a very slight effect on feeding behaviour and on the activity of the animals. The osmotic pumps, filled with $200\,\mu$L of a 1 M solution of $MnCl_2$, were implanted in the rats dorsal-subcutaneously and released the contrast medium at a continuous rate over a period of 7 days into the rats' tissue. Within those 7 days, the contrast medium was transported into the brain, accumulated in the active brain areas and could subsequently be detected by MRI measurements. This method of measurement displays different grades of Mn^{2+}-concentration as differently shaded image areas (grey values), with high Mn^{2+}-concentrations resulting in light image areas. The quantification of the shade of these grey values was conducted with a digital atlas of the rat brain compiled specifically for this study. In the atlas, more than 400 single brain structures were grouped into 166 summarized structures. Those defined structures cover almost the entire three-dimensional rat brain. By the digital superposition of the image data of each measurement with the atlas, the grey values and thus the activity of the defined brain structure could be determined. In order to render the grey values from the measurements of different animals comparable, a normalisation by z-score transformation of the data was carried out. As a result, the relative activation of each brain area as compared to the activity of the entire brain could be calculated. Here, it was found that the intake of potato chips, as compared to the intake of standard feed, induced a significantly different activation of brain structures to the highest degree. These 78 brain structures, which were activated in a significantly different way, were correlated with the different functions with which they are related in literature. When compared to the intake of standard feed, the intake of potato chips resulted in significant differences in the activation of brain regions which are responsible for feed intake (11 brain areas activated in a significantly different way), which are cited in connection with reward and addiction (27), which are involved in the development of emotions (11), which have a function in deep sleep phases (11), which regulate activity and motion (6) and which are connected with learning and memory (8). Moreover, 23 brain regions, which so far have not been assigned a function in literature, were activated in a significantly different way by the intake of potato chips as compared to standard feed. By contrast, the intake of a mixture of fat and carbohydrates as compared to standard feed resulted in a less comprehensive significantly different activation of 33 brain regions. These brain regions are responsible for the regulation of feed intake (4 brain regions activated in a significantly different way), control processes of reward and addiction (10), regulate emotions (2), have a function in deep sleep phases (10) or are involved in learning processes (6). In a comparison of the brain activity caused by

5. Summary

the intake of the chips model as opposed to standard feed, 13 significantly differently activated brain regions could be detected whose function is yet nearly unknown.

The difference between potato chips, the chips model and standard feed in the activation of brain regions which regulate activity and motion also became apparent in the recording of the animals' behaviour. By way of permanent observation of the animals via camera recordings (1 image per 10 seconds), it was possible to compile activity profiles of the animals in relation to the type of feed provided. The activity was quantified by counting pulses, whereby a counting pulse was defined as »a rat shows activity in the front part of the cage«. Here, it was found that the provision and intake of potato chips resulted in the highest degree of activity of the animals over the course of a day. The fat carbohydrate mixture caused this effect to a lesser degree and standard feed provoked the least amount of activity in the test animals.

It may be concluded from these results that the mixture of fat and carbohydrates is highly important for the palatability of potato chips. However, further characteristics or components of potato chips appear to contribute to their palatability. These seem to be responsible for the fact that the degree of activity of the animals as well as the differing activation of specific brain regions as compared to standard feed are more pronounced on the intake of potato chips than on the intake of a fat carbohydrate mixture. It is possible that aspects such as salt content, roasting flavours, protein content and the consistency of potato chips play a decisive role in this context. The design established in this study offers a valid basis for the conduct of further studies on the influence of these additional factors.

6 Anhang

6.1 Atlas

6.1.1 Atlas Thalamus

Abkürzung	Struktur
	Zugehörige Unterstrukturen aus dem Atlas
ON	**olfactory nuclei**
OT	**olfactory tubercle**
	Tu olfactory tubercle
AP	**area postrema**
	AP area postrema
Sol	**solitary tract**
	sol solitary tract
	SolC nucleus of the solitary tract, commissural part
	SolCe nucleus of the solitary tract, central part
	SolDL solitary nucleus, dorsolateral part
	SolDM nucleus of the solitary tract, dorsomedial part
	SolG nucleus of the solitary tract, gelatinous part
	SolI nucleus of the solitary tract, interstitial part
	SolIM nucleus of the solitary tract, intermediate part
	SolL nucleus of the solitary tract, lateral part
	SolM nucleus of the solitary tract, medial part
	SolRL nucleus of the solitary tract, rostrolateral part
	SolV solitary nucleus, ventral part
	SolVL nucleus of the solitary tract, ventrolateral part
	5Sol trigeminal-solitary transition zone
MdD	**dorsal medullary reticular nucleus**

6. Anhang

Abkürzung	Struktur
	Zugehörige Unterstrukturen aus dem Atlas
	MdD medullary reticular nucleus, dorsal part
MdV	**ventral medullary reticular nucleus**
	MdV medullary reticular nucleus, ventral part
RtL	**lateral reticular nucleus**
	LRt lateral reticular nucleus
	LRtPC lateral reticular nucleus, parvicellular part
	LRtS5 lateral reticular nucleus, subtrigeminal part
Rtpc	**parvicellular reticular nucleus**
	PCRt parvicellular reticular nucleus
	PCRtA parvicellular reticular nucleus, alpha part
Gi	**gigantocellular reticular nucleus**
	Gi gigantocellular reticular nucleus
	GiA gigantocellular reticular nucleus, alpha part
	GiV gigantocellular reticular nucleus, ventral part
PGil	**lateral paragigantocellular nucleus**
	LPGi lateral paragigantocellular nucleus
	LPGiA lateral paragigantocellular nucleus, alpha part
	LPGiE lateral paragigantocellular nucleus, external part
Raphe	**raphe nucleus**
	DR dorsal raphe nucleus
	DRC dorsal raphe nucleus, caudal part
	DRD dorsal raphe nucleus, dorsal part
	DRL dorsal raphe nucleus, lateral part
	DRV dorsal raphe nucleus, ventral part
	MnR median raphe nucleus
	PDR posterodorsal raphe nucleus
	PMnR paramedian raphe nucleus
	PnR pontine raphe nucleus
	RIP raphe interpositus nucleus
	RLi rostral linear nucleus of the raphe
	RMg raphe magnus nucleus

Abkürzung	Struktur
	Zugehörige Unterstrukturen aus dem Atlas
	ROb raphe obscurus nucleus
	RPa raphe pallidus nucleus
PnC	**pontine reticular nucleus caudal**
	PnC pontine reticular nucleus, caudal part
PnO	**pontine reticular nucleus oral**
	PnO pontine reticular nucleus, oral part
Teg	**tegmental nuclei**
	ATg anterior tegmental nucleus
	DTgC dorsal tegmental nucleus, central part
	DTgP dorsal tegmental nucleus, pericentral part
	LDTg laterodorsal tegmental nucleus
	LDTgV laterodorsal tegmental nucleus, ventral part
	MiTg microcellular tegmental nucleus
	PDTg posterodorsal tegmental nucleus
	PTg pedunculopontine tegmental nucleus
	RtTg reticulotegmental nucleus of the pons
	RtTgL reticulotegmental nucleus of the pons, lateral part
	RtTgP reticulotegmental nucleus of the pons, pericentral part
	SPTg subpeduncular tegmental nucleus
	VTg ventral tegmental nucleus
TegAV	**ventral tegmental area**
	VTA ventral tegmental area
	VTAR ventral tegmental area, rostral part
PBnL	**lateral parabrachial nucleus**
	LPB lateral parabrachial nucleus
	LPBC lateral parabrachial nucleus, central part
	LPBCr lateral parabrachial nucleus, crescent part
	LPBD lateral parabrachial nucleus, dorsal part
	LPBE lateral parabrachial nucleus, external part
	LPBI lateral parabrachial nucleus, internal part
	LPBS lateral parabrachial nucleus, superior part

6. Anhang

Abkürzung	Struktur Zugehörige Unterstrukturen aus dem Atlas
	LPBV lateral parabrachial nucleus, ventral part
CnF	**cuneiform nucleus** CnFD cuneiform nucleus, dorsal part CnFI cuneiform nucleus, intermediate part CnFV cuneiform nucleus, ventral part
Red	**red nucleus** RMC red nucleus, magnocellular part RPC red nucleus, parvicellular part
IP	**interpeduncular nucleus** IP interpeduncular nucleus IPA interpeduncular nucleus, apical subnucleus IPC interpeduncular nucleus, caudal subnucleus IPDL interpeduncular nucleus, dorsolateral subnucleus IPDM interpeduncular nucleus, dorsomedial subnucleus IPF interpeduncular fossa IPI interpeduncular nucleus, intermediate subnucleus IPL interpeduncular nucleus, lateral subnucleus IPR interpeduncular nucleus, rostral subnucleus
IC	**inferior colliculus** BIC nucleus of the brachium of the inferior colliculus bic brachium of the inferior colliculus CIC central nucleus of the inferior colliculus cic commissure of the inferior colliculus Com commissural nucleus of the inferior colliculus DCIC dorsal cortex of the inferior colliculus ECIC external cortex of the inferior colliculus IC inferior colliculus ReIC recess of the inferior colliculus
SC	**superior colliculus** bsc brachium of the superior colliculus DpG deep gray layer of the superior colliculus

Abkürzung	Struktur
	Zugehörige Unterstrukturen aus dem Atlas
	DpWh deep white layer of the superior colliculus
	InG intermediate gray layer of the superior colliculus
	InWh intermediate white layer of the superior colliculus
	Op optic nerve layer of the superior colliculus
	SuG superficial gray layer of the superior colliculus
	Zo zonal layer of the superior colliculus
PTA	**pretectal area**
	APT anterior pretectal nucleus
	APTD anterior pretectal nucleus, dorsal part
	APTV anterior pretectal nucleus, ventral part
	MPT medial pretectal nucleus
	OPT olivary pretectal nucleus
	PPT posterior pretectal nucleus
GnM	**medial geniculate nucleus**
	MGD medial geniculate nucleus, dorsal part
	MGM medial geniculate nucleus, medial part
	MGV medial geniculate nucleus, ventral part
	MZMG marginal zone of the medial geniculate
GnL	**lateral geniculate nucleus**
	DLG dorsal lateral geniculate nucleus
GnV	**ventral geniculate nucleus**
	VG ventral geniculate nucleus
	VG1 ventral geniculate nucleus, layer 1
thDL	**dorsolateral thalamic nucleus**
	LDDM laterodorsal thalamic nucleus, dorsomedial part
	LDVL laterodorsal thalamic nucleus, ventrolateral part
thMD	**mediodorsal thalamic**
	MD mediodorsal thalamic nucleus
	MDC mediodorsal thalamic nucleus, central part
	MDL mediodorsal thalamic nucleus, lateral part
	MDM mediodorsal thalamic nucleus, medial part

6. Anhang

Abkürzung	Struktur Zugehörige Unterstrukturen aus dem Atlas
thPo	**posterior thalamic** LPLC lateral posterior thalamic nucleus, laterocaudal part LPLR lateral posterior thalamic nucleus, laterorostral part LPMC lateral posterior thalamic nucleus, mediocaudal part LPMR lateral posterior thalamic nucleus, mediorostral part Po posterior thalamic nuclear group PoMn posteromedian thalamic nucleus PoT posterior thalamic nuclear group, triangular part
thVM	**ventromedial thalamic** VM ventromedial thalamic nucleus

6.1.2 Atlas Cortex

Abkürzung	Struktur Zugehörige Unterstrukturen aus dem Atlas
S1Cx	**primary somatosensory cortex** S1 primary somatosensory cortex S1BF primary somatosensory cortex, barrel field S1DZ primary somatosensory cortex, dysgranular zone S1DZO primary somatosensory cortex, oral dysgranular zone S1FL primary somatosensory cortex, forelimb region S1HL primary somatosensory cortex, hindlimb region S1J primary somatosensory cortex, jaw region S1Sh primary somatosensory cortex, shoulder region S1Tr primary somatosensory cortex, trunk region S1ULp primary somatosensory cortex, upper lip region
S2Cx	**secondary somatosensory cortex** S2 secondary somatosensory cortex
AuCx	**auditory cortex** Au1 primary auditory cortex

Abkürzung	Struktur
	Zugehörige Unterstrukturen aus dem Atlas
	AuD secondary auditory cortex, dorsal area
	AuV secondary auditory cortex, ventral area
VisCx	**visual cortex**
	V1 primary visual cortex
	V1B primary visual cortex, binocular area
	V1M primary visual cortex, monocular area
	V2L secondary visual cortex, lateral area
	V2ML secondary visual cortex, mediolateral area
	V2MM secondary visual cortex, mediomedial area
PtACx	**parietal association cortex**
	LPtA lateral parietal association cortex
	MPtA medial parietal association cortex
TeACx	**temporal association cortex**
	TeA temporal associatin cortex
RSCx	**retrosplenial cortex**
	RSD retrosplenial dysgranular cortex
	RSGa retrosplenial granular cortex, a region
	RSGb retrosplenial granular cortex, b region
	RSGc retrosplenial granular cortex, c region
CgCx	**cingulate cortex**
	Cg1 cingulate cortex, area 1
	Cg2 cingulate cortex, area 2
PrLCx	**prelimbic cortex**
	PrL prelimbic cortex
ILCx	**infralimbic cortex**
	IL infralimbic cortex
PdDCx	**dorsal peduncular cortex**
	DP dorsal peduncular cortex
OrbCx	**orbital cortex**
	DLO dorsolateral orbital cortex

Abkürzung	Struktur
	Zugehörige Unterstrukturen aus dem Atlas
	LO lateral orbital cortex
	MO medial orbital cortex
	VO ventral orbital cortex
Fr3Cx	**frontal cortex area 3**
	Fr3 frontal cortex, area 3
FrACx	**frontal association cortex**
	FrA frontal assocn cortex
InsCx	**insular cortex**
	AID agranular insular cortex, dorsal part
	AIP agranular insular cortex, posterior part
	AIV agranular insular cortex, ventral part
	DI dysgranular insular cortex
	GI granular insular cortex
EntCx	**entorhinal cortex**
	DIEnt dorsal intermediate entorhinal cortex
	DLEnt dorsolateral entorhinal cortex
	MEnt medial entorhinal cortex
	VIEnt ventral intermediate entorhinal cortex
Prh/EctCx	**perirhinal cortex**
	PRh perirhinal cortex
PirCx	**piriform cortex**
	Pir piriform cortex
	Pir1 piriform cortex, layer 1

6.1.3 Atlas Limbic

Abkürzung	Struktur
	Zugehörige Unterstrukturen aus dem Atlas
Hb	**habenuli**
	hbc habenular commissure

6.1. Atlas

Abkürzung	Struktur
	Zugehörige Unterstrukturen aus dem Atlas
	LHb lateral habenular nucleus
	LHbL lateral habenular nucleus, lateral part
	LHbM lateral habenular nucleus, medial part
	MHb medial habenular nucleus
Sept	**septum**
	Ld lambdoid septal zone
	LSD lateral septal nucleus, dorsal part
	LSI lateral septal nucleus, intermediate part
	LSV lateral septal nucleus, ventral part
	MS medial septal nucleus
	PLd paralambdoid septal nucleus
	TS triangular septal nucleus
	SFi septofimbrial nucleus
	SHi septohippocampal nucleus
	SHy septohypothalamic nucleus
DB	**nuclei of diagonal band**
	HDB nucleus of the horizontal limb of the diagonal band
	VDB nucleus of the vertical limb of the diagonal band
hcDGp	**posterior layer of the dentate gyrus**
	DG dentate gyrus
	GrDG granular layer of the dentate gyrus
	MoDG molecular layer of the dentate gyrus
	PoDG polymorph layer of the dentate gyrus
hc	**hippocampus**
	CA3 field CA3 of the hippocampus
	CA1 field CA1 of the hippocampus
	CA2 field CA2 of the hippocampus
	Py pyramidal cell layer of the hippocampus
	alv alveus of the hippocampus
	dhc dorsal hippocampal commissure
	fi fimbria of the hippocampus

6. Anhang

Abkürzung	Struktur
	Zugehörige Unterstrukturen aus dem Atlas
	hif hippocampal fissure
	LMol lacunosum moleculare layer of the hippocampus
	Or oriens layer of the hippocampus
	Rad radiatum layer of the hippocampus
	SLu stratum lucidum of the hippocampus
	vhc ventral hippocampal commissure
hcVS	**ventral subiculum**
	VS ventral subiculum
hcDS	**dorsal subiculum**
	DS dorsal subiculum
hcSTr	**transition area of the subiculum**
	STr subiculum, transition area
	MoS molecular layer of the subiculum
	PaS parasubiculum
	Post postsubiculum
	PrS presubiculum
AmA	**anterior amygdala**
	AA anterior amygdaloid area
	ACo anterior cortical amygdaloid nucleus
AmM	**medial amygdaloid nucleus**
	MeAD medial amygdaloid nucleus, ant dorsal
	MeAV medial amygdaloid nucleus, anteroventral part
	MePD medial amygdaloid nucleus, posterodorsal part
	MePV medial amygdaloid nucleus, posteroventral part
AmCo	**cortical amygdala**
	CxA1 cortex-amygdala transition zone, layer 1
	PLCo posterolateral cortical amygdaloid nucleus
	PLCo1 posterolateral cortical amygdaloid nucleus, layer 1
	PMCo posteromedial cortical amygdaloid nucleus
	ACo anterior cortical amygdaloid nucleus

6.1. Atlas

Abkürzung	Struktur Zugehörige Unterstrukturen aus dem Atlas
AmBM	**basomedial amygdaloid nucleus** BMA basomedial amygdaloid nucleus, anterior part BMP basomedial amygdaloid nucleus, posterior part
AmBL	**basolateral amygdaloid nucleus** BL basolateral amygdaloid nucleus BLA basolateral amygdaloid nucleus, anterior part BLP basolateral amygdaloid nucleus, posterior part BLV basolateral amygdaloid nucleus, ventral part
AmCE	**central nucleus of the amygdala** CeC central amygdaloid nucleus, capsular part CeL central amygdaloid nucleus, lateral division CeM central amygdaloid nucleus, medial division I intercalated nuclei of the amygdala IM intercalated amygdaloid nucleus, main part
AmhA	**amygdala hip area** AHiAL amygdalohippocampal area, anterolateral part AHiPL amygdalohippocampal area, posterolateral AHiPM amygdalohippocampal area, posteromedial part
Ampitr	**amygdala piriform transition** APir amygdalopiriform transition area RAPir rostral amygdalopiriform area
AmSLE	**sublenticular extended amygdala** EA sublenticular extended amygdala EAC sublenticular extended amygdala, central part EAM sublenticular extended amygdala, medial part
BNST	**bed nucleus of stria terminalis** Fu bed nucleus of stria terminalis, fusiform part STIA bed nucleus of the stria terminalis, intraamygdaloid division STL bed nucleus of the stria terminalis, lateral division

Abkürzung	Struktur
	Zugehörige Unterstrukturen aus dem Atlas
	STLD bed nucleus of the stria terminalis, lateral division, dorsal part
	STLI bed nucleus of the stria terminalis, lateral division, intermediate part
	STLJ bed nucleus of the stria terminalis, lateral division, juxtacapsular part
	STLV bed nucleus of the stria terminalis, lateral division, ventral part
	STMA bed nucleus of the stria terminalis, medial division, anterior part
	STMAL bed nucleus of the stria terminalis, medial division, anterolateral part 34-37
	STMAM bed nucleus of the stria terminalis, medial division, anteromedial part
	STMP bed nucleus of the stria terminalis, medial division, posterior part
	STMPI bed nucleus of the stria terminalis, medial division, posterointermediate part
	STMPL bed nucleus of the stria terminalis, medial division, posterolateral part
	STMPM bed nucleus of the stria terminalis, medial division, posteromedial part
	STMV bed nucleus of the stria terminalis, medial division, ventral part
	STSL bed nucleus of stria terminalis, supracapsular division, medial part
	STSM bed nucleus of stria terminalis, supracapsular division, lateralpart
CoM	**corpora mammillaria**
	DTM dorsal tuberomammillary nucleus
	LM lateral mammillary nucleus
	ML medial mammillary nucleus, lateral part

6.1. Atlas

Abkürzung	Struktur
	Zugehörige Unterstrukturen aus dem Atlas
	MM medial mammillary nucleus, medial part
	MnM medial mammillary nucleus, median part
	mp mammillary peduncle
	MRe mammillary recess of the 3rd ventricle
	mt mammillothalamic tract
	mtg mammillotegmental tract
	pm principal mammillary tract
	PMD premammillary nucleus, dorsal part
	PMV premammillary nucleus, ventral part
	SMT submammillothalamic nucleus
	SuM supramammillary nucleus
	SuML supramammillary nucleus, lateral part
	SuMM supramammillary nucleus, medial part
	sumx supramammillary decussation
	VTM ventral tuberomammillary nucleus
HyM	**mediale hypothalamus**
	VMH ventromedial hypothalamic nucleus
	VMHC ventromedial hypothalamic nucleus, central part
	VMHDM ventromedial hypothalamic nucleus, dorsomedial part
	VMHSh ventromedial nucleus of the hypothalamus shell
	VMHVL ventromedial hypothalamic nucleus, ventrolateral part
	mch medial corticohypothalamic tract
HyL	**laterale hypothalamus**
	MCLH magnocellular nucleus of the lateral hypothalamus
	TuLH tuberal region of lateral hypothalamus
	VLH ventrolateral hypothalamic nucleus
	vlh ventrolateral hypothalamic tract
	PLH peduncular part of lateral hypothalamus
HyArc	**arcuate hypothalamic nucleus**
	Arc arcuate hypothalamic nucleus
	ArcD arcuate hypothalamic nucleus, dorsal part
	ArcL arcuate hypothalamic nucleus, lateral part

6. Anhang

Abkürzung	Struktur
	Zugehörige Unterstrukturen aus dem Atlas
	ArcLP arcuate hypothalamic nucleus, lateroposterior part
	ArcM arcuate hypothalamic nucleus, medial part
	ArcMP arcuate hypothalamic nucleus, medial posterior part
HyPVN	**paraventricular hypothalamic**
	PaAP paraventricular hypothalamic nucleus, anterior parvicellular part
	PaDC paraventricular hypothalamic nucleus, dorsal cap
	PaLM paraventricular hypothalamic nucleus, lateral magnocellular part
	PaMM paraventricular hypothalamic nucleus, medial magnocellular part
	PaMP paraventricular hypothalamic nucleus, medial parvicellular part
	PaPo paraventricular hypothalamic nucleus, posterior part
	PaV paraventricular hypothalamic nucleus, ventral part
HyDM	**dorsomediale hypothalamus**
	DM dorsomedial hypothalamic nucleus
	DMC dorsomedial hypothalamic nucleus, compact part
	DMD dorsomedial hypothalamic nucleus, dorsal part
	DMV dorsomedial hypothalamic nucleus, ventral part
	DA dorsal hypothalamic area
HyPo	**posterior hypothalamic**
	PH posterior hypothalamic nucleus
	PHA posterior hypothalamic area
	PHD posterior hypothalamic area, dorsal part
ZI	**zona incerta**
	ZI zona incerta
	ZIC zona incerta, caudal part
	ZID zona incerta, dorsal part
	ZIR zona incerta, rostral part
	ZIV zona incerta, ventral part

Abkürzung	Struktur
	Zugehörige Unterstrukturen aus dem Atlas
PVA	**paraventricular thalamic nucleus anterior**
	PVA paraventricular thalamic nucleus, anterior part
	PV paraventricular thalamic nucleus
	PVP paraventricular thalamic nucleus, posterior part
PAG	**periaqueductal grey**
	DLPAG dorsolateral periaqueductal gray
	DMPAG dorsomedial periaqueductal gray
	LPAG lateral periaqueductal gray
	p1PAG p1 periaqueductal gray 75
	PAG periaqueductal gray
	Su3 supraoculomotor periaqueductal gray
	VLPAG ventrolateral periaqueductal gray
	PLPAG pleomorphic part of periaqueductal grey

6.1.4 Atlas Rest

Abkürzung	Struktur
	Zugehörige Unterstrukturen aus dem Atlas
CPu	**caudate putamen**
	CPu caudate putamen (striatum)
AcbC	**core supregion of the nucleus accumbens**
	AcbC accumbens nucleus, core
AcbSh	**shell supregion of the nucleus accumbens**
	AcbSh accumbens nucleus, shell
	LAcbSh lateral accumbens shell
GPL	**lateral globus pallidus**
	GP globus pallidus
GPV	**ventral pallidum**
	VP ventral pallidum

6. Anhang

Abkürzung	Struktur Zugehörige Unterstrukturen aus dem Atlas
Cl	**claustrum** Cl claustrum DCl dorsal part of claustrum VCl ventral part of claustrum
SN	**substantia nigra** SNCD substantia nigra, compact part, dorsal tier SNCM substantia nigra, compact part, medial tier SNCV substantia nigra, compacta part, ventral tier SNL substantia nigra, lateral part SNR substantia nigra, reticular part
MES	**mesencephalic region** Me5 mesencephalic trigeminal nucleus me5 mesencephalic trigeminal tract veme vestibulomesencephalic tract
Cb	**cerebellum** 1Cb 1st cerebellar lobule (lingula) 2/3Cb 2nd and 3rd cerebellar lobules 2bCb 2b cerebellar lobule 2Cb 2nd cerebellar lobule 3/4Cb 3rd and 4th cerebellar lobules 3Cb 3rd cerebellar lobule 4/5Cb 4th and 5th cerebellar lobules 4Cb 4th cerebellar lobule 5Cb 5th cerebellar lobule 6aCb 6a cerebellar lobule 6bCb 6b cerebellar lobule 6Cb 6th cerebellar lobule 6cCb 6c cerebellar lobule 7Cb 7th cerebellar lobule 8Cb 8th cerebellar lobule 9a,bCb 9th cerebellar lobule, a and b

6.1. Atlas

Abkürzung	Struktur
	Zugehörige Unterstrukturen aus dem Atlas
	9Cb 9th cerebellar lobule
	9cCb 9th cerebellar lobule, c
	10Cb 10th cerebellar lobule (nodule)
	cbw cerebellar white matter
	GrCb granule cell layer of the cerebellum
	IntA interposed cerebellar nucleus, anterior part
	IntDL interposed cerebellar nucleus, dorsolateral hump
	IntDM interposed cerebellar nucleus, dorsomedial crest
	IntP interposed cerebellar nucleus, posterior part
	IntPPC interposed cerebellar nucleus, posterior parvicellular part
	Lat lateral (dentate) cerebellar nucleus
	LatPC lateral cerebellar nucleus, parvicellular part
	Med medial (fastigial) cerebellar nucleus
	MedCM medial cerebellar nucleus, caudomedial part
	MedDL medial cerebellar nucleus, dorsolateral protuberance
	MedL medial cerebellar nucleus, lateral part
	MoCb molecular layer of the cerebellum
	Pk Purkinje cell layer of the cerebellum
	scp superior cerebellar peduncle (brachium conjunctivum)
	VeCb vestibulocerebellar nucleus
	vscx ventral spinocerebellar tract decussation
M2Cx	**secondary motor cortex**
	M2 secondary motor cortex
M1Cx	**primary motor cortex**
	M1 primary motor cortex

6.2 Clusteranalyse

Tab. 6.5: Einteilung der Strukturen nach Clusteranalyse

Cluster	Beinhaltete Strukturen
Cluster 1	AcbC li, AcbC re, AcbSh li, AcbSh re, AmCe li, AmCe re, AmM re, AmSLE li, AmSLE re, BNST li, CgCx li, CgCx re, CPu li, CPu re, DB re, Fr3Cx li, Fr3Cx re, GnL li, GPL li, GPV li, GPV re, hcSTr li, hcSTr re, M1Cx li, M1Cx re, M2Cx li, M2Cx re, PtACx li, PtACx re, S1Cx li, S1Cx re, S2Cx li, TeACx li, TeACx re, thDL li, thDL re, thVM li, thVM re, VisCx li,
Cluster 2	AmCo li, AmhA li, AmhA re, AP li, AP re, AuCx li, AuCx re, Cb li, Cb re, CoM, DB li, Hb li, Hb re, hcDGp li, hcDGp re, hcDS li, hcDS re, HyArc li, HyArc re, HyDM li, HyDM re, HyL li, HyL re, HyM li, HyM re, HyPo li, HyPo re, HyPVN li, HyPVN re, MdV li, MdV re, PVA, RSCx li, RtL li, RtL re, S2Cx re, Sept li, Sept re, SN li, SN re, thMD li, thMD re, VisCx re,
Cluster 3	AmA re, AmA li, AmBL li, AmBL re, AmBM li, AmBM re, AmM li, Ampitr li, Ampitr re, Cl li, Cl re, FrACx li, FrACx re, ILCx li, ILCx re, InsCx li, InsCx re, MdD li, MdD re, ON li, ON re, OrbCx li, OrbCx re, OT re, PirCx li, PirCx re, PrLCx li, PrLCx re,
Cluster 4	AmCo re, CnF li, CnF re, EntCx li, EntCx re, Gi li, Gi re, GnL re, GnM li, GnM re, GnV li, GnV re, GPL re, hc li , hc re, hcVS li, hcVS re, IC li, IC re, IP, MES li, MES re, OT li, PAG, PBnL li, PBnL re, PdDCx li, PdDCx re, PGiL li, PGiL re, PnC li, PnC re, PnO li, PnO re, Prh/EctCx li, Prh/EctCx li, Prh/EctCx re, Prh/EctCx re, PTA li, PTA re, Raphe, Red li, Red re, RSCx re, Rtpc li, Rtpc re, SC li, SC re, Sol li, Sol re, Teg li, Teg re, TegAV li, TegAV re, thPo li, thPo re, ZI li, ZI re

Literaturverzeichnis

[1] ZELLNER, D.A. ; GARRIGA-TRILLO, A. ; ROHM, E. ; CENTENO, S. ; PARKER, S.: Food Liking and Craving: A Cross-cultural Approach. In: *Appetite* (1999), Nr. 33, S. 61–70

[2] HILL, Andrew J.: The psychology of food craving. In: *Proceedings of the Nutrition Society* (2007), Nr. 66, S. 277–285

[3] PELCHAT, Marcia L. ; JOHNSON, Andrea ; CHAN, Robin ; VALDEZ, Jeffrey ; RAGLAND, J. D.: Images of desire: food-craving activation during fMRI. In: *NeuroImage* (2004), Nr. 23, S. 1486–1493

[4] CHAPELOT, Didier: The role of snacking in energy balance: a biobehavioral approach. In: *The Journal of nutrition* (2011), Nr. 141 (1), S. 158–162. – ISSN 1541–6100

[5] DREWNOWSKI, Adam ; KURTH, Candace ; HOLDEN-WILTSE, Jeanne ; SAARI, Jennifer: Food preferences in human obesity: Carbohydrates versus fats. In: *Appetite* (1992), Nr. 18, S. 207–221

[6] HILL, A. J. ; HEATON-BROWN, L.: The experience of food craving: a prospective investigation in healthy women. In: *Journal of psychosomatic research* (1994), Nr. 38 (8), S. 801–814. – ISSN 0022–3999

[7] TIGGEMANN, M. ; KEMPS, E.: The phenomenology of food cravings: The role of mental imagery. In: *Appetite* (2005), Nr. 45, S. 305–313

[8] WANG, Gene-Jack ; VOLKOW, Nora D. ; TELANG, Frank ; JAYNE, Millard ; MA, Jim ; RAO, Manlong ; ZHU, Wei Wong Christopher T. ; PAPPAS, Naomi R. ; GELIEBTER, Allan ; FOWLER, Joanna S.: Exposure to appetitive food stimuli markedly activates the human brain. In: *NeuroImage* (2004), Nr. 21, S. 1790–1797

[9] KEMPS, E. ; TIGGEMANN, M.: A Cognitive Experimental Approach to Understanding and Reducing Food Cravings. In: *Current Directions in Psychological Science* (2010), Nr. 19 (2), S. 86–90

[10] TSURUGIZAWA, Tomokazu ; KONDOH, Takashi ; TORII, Kunio: Forebrain activation induced by postoral nutritive substances in rats. In: *NeuroReport* (2008), Nr. 19 (11), S. 1111–1115. – ISSN 0959–4965

[11] PELCHAT, M. L. ; SCHAEFER, S.: Dietary monotony and food cravings in young and elderly adults. In: *Physiology & behavior* (2000), Nr. 68 (3), S. 353–359. – ISSN 0031–9384

[12] PELCHAT, Marcia L.: Food Addiction in Humans. In: *J. Nutr.* (2009), Nr. 139 (3), S. 620–622

[13] ROBINSON, T. E. ; BERRIDGE, K. C.: The neural basis of drug craving: an incentive-sensitization theory of addiction. In: *Brain research. Brain research reviews* (1993), Nr. 18 (3), S. 247–291

[14] ANTON, Raymond F.: What is Craving? Models and Implications of Treatment. In: *Alcohol Research & Health* (1999), Nr. 23 (3), S. 165–173

[15] PELCHAT, Marcia L.: Of human bondage: Food craving, obsession, compulsion, and addiction. In: *Physiology & Behavior* (2002), Nr. 76, S. 347–352

[16] GARZORZ, Natalie: *BASICS Neuroanatomie*. Urban & Fischer in Elsevier, 2008. – ISBN 3437424564

[17] TREPEL, Martin: *Neuroanatomie: Struktur und Funktion*. 3., neu bearb. Aufl., 2. Nachdr. München : Urban & Fischer Verlag GmbH & Co. KG and Urban & Fischer, 2003. – ISBN 3437412973

[18] KLEINE, Bernhard ; ROSSMANITH, Winfried G.: *Hormone und Hormonsystem: Eine Endokrinologie für Biowissenschaftler*. Springer Berlin, 2007. – ISBN 3540377026

[19] LIEBERMAN, Harris R. ; KANAREK, Robin B. ; PRASAD, Chandan: *Nutritional neuroscience*. Boca Raton : Taylor & Francis, 2005 (Nutrition, brain, and behavior). – ISBN 0415315999

[20] LEVINE, Allen S. ; KOTZ, Catherine M. ; GOSNELL, Blake A.: Sugars: hedonic aspects, neuroregulation, and energy balance. In: *The American journal of clinical nutrition* (2003), Nr. 78 (4), S. 834S–842S. – ISSN 0002–9165

[21] VOLKOW, Nora D. ; WISE, Roy A.: How can drug addiction help us understand obesity? In: *Nature neuroscience* (2005), Nr. 8 (5), S. 555–560. – ISSN 1097–6256

[22] MARTEL, P. ; FANTINO, M.: Mesolimbic dopaminergic system activity as a function of food reward: a microdialysis study. In: *Pharmacology, biochemistry, and behavior* (1996), Nr. 53 (1), S. 221–226. – ISSN 0091–3057

[23] MARTEL, P. ; FANTINO, M.: Influence of the amount of food ingested on mesolimbic dopaminergic system activity: a microdialysis study. In: *Pharmacology, biochemistry, and behavior* (1996), Nr. 55 (2), S. 297–302. – ISSN 0091–3057

[24] GEIGER, B. M. ; HABURCAK, M. ; AVENA, N. M. ; MOYER, M. C. ; HOEBEL, B. G. ; POTHOS, E. N.: Deficits of mesolimbic dopamine neurotransmission in rat dietary obesity. In: *Neuroscience* (2009), Nr. 159 (4), S. 1193–1199. – ISSN 0306-4522

[25] BASSAREO, Valentina ; DI CHIARA, Gaetano: Differential Influence of Associative and Nonassociative Learning Mechanisms on the Responsiveness of Prefrontal and Accumbal Dopamine Transmission to Food Stimuli in Rats Fed Ad Libitum. In: *J. Neurosci.* (1997), Nr. 17, S. 851–861

[26] FUCHS, Holger ; NAGEL, Jens ; HAUBER, Wolfgang: Effects of physiological and pharmacological stimuli on dopamine release in the rat globus pallidus. In: *Neurochemistry International* (2005), Nr. 47, S. 474–481

[27] BASSAREO, V. ; DI CHIARA, G.: Differential Responsiveness of Dopamine Transmission to Food-Stimuli in Nucleus Accumbens Shell/Core Compartments. In: *Neuroscience Letters* (1999), Nr. 89 (3), S. 637–641

[28] GAMBARANA, C. ; MASI, F. ; LEGGIO, B. ; GRAPPI, S. ; NANNI, G. ; SCHEGGI, S. ; MONTIS, M. G. ; TAGLIAMONTE, A.: Acquisition of a palatable-food-sustained appetitive behavior in satiated rats is dependent on the dopaminergic response to this food in limbic areas. In: *Neuroscience* (2003), Nr. 121, S. 179–187

[29] KRINGELBACH, Morten L.: The human orbitofrontal cortex: linking reward to hedonic experience. In: *Nat Rev Neurosci* (2005), Nr. 6, S. 691–702. – ISSN 1471-003X

[30] ARAUJO, Ivan E. ; ROLLS, Edmund T.: Representation in the Human Brain of Food Texture and Oral Fat. In: *J. Neurosci.* (2004), Nr. 24 (12), S. 3086–3093

[31] YAXLEY, Simon ; ROLLS, Edmund T. ; SIENKIEWICZ, Zenon J.: The responsiveness of neurons in the insular gustatory cortex of the macaque monkey is independent of hunger. In: *Physiology & Behavior* (1988), Nr. 42, S. 223–229

[32] BEAVER, John D. ; LAWRENCE, Andrew D. ; DITZHUIJZEN, Jenneke van ; DAVIS, Matt H. ; WOODS, Andrew ; CALDER, Andrew J.: Individual Differences in Reward Drive Predict Neural Responses to Images of Food. In: *J. Neurosci.* (2006), Nr. 19, S. 5160–5166

[33] WEISHAUPT, Dominik ; KOECHLI, Victor D. ; MARINCEK, Borut: *Wie funktioniert MRI? Eine Einführung in Physik und Funktionsweise der Magnetresonanzbildgebung.* Springer-Verlag GmbH, 2009. – ISBN 1363540895728

[34] OGAWA, S. ; LEE, T. M. ; KAY, A. R. ; TANK, D. W.: Brain magnetic resonance imaging with contrast dependent on blood oxygenation. In: *Proceedings of the National Academy of Sciences of the United States of America* (1990), Nr. 87 (24), S. 9868–9872. – ISSN 0027-8424

[35] HESS, Andreas ; SERGEJEVA, Marina ; BUDINSKY, Lubos ; ZEILHOFER, Hanns U. ; BRUNE, Kay: Imaging of hyperalgesia in rats by functional MRI. In: *European Journal of Pain* (2007), Nr. 11, S. 109–119. – ISSN 1090-3801

[36] WATANABE, Takashi ; NATT, Oliver ; BORETIUS, Susann ; FRAHM, Jens ; MICHAELIS, Thomas: In vivo 3D MRI staining of mouse brain after subcutaneous application of MnCl2. In: *Magnetic Resonance in Medicine* (2002), Nr. 48, S. 852–859. – ISSN 1522-2594

[37] SILVA, Alfonso C. ; LEE, Jung H. ; AOKI, Ichio ; KORETSKY, Alan P.: Manganese-enhanced magnetic resonance imaging (MEMRI): methodological and practical considerations. In: *NMR in Biomedicine* (2004), Nr. 17, S. 532–543. – ISSN 1099-1492

[38] AOKI, Ichio ; WU, Yi-Jen L. ; SILVA, Afonso C. ; LYNCH, Ronald M. ; KORETSKY, Alan P.: In vivo detection of neuroarchitecture in the rodent brain using manganese-enhanced MRI. In: *NeuroImage* (2004), Nr. 22, S. 1046–1059

[39] CANALS, Santiago ; BEYERLEIN, Michael ; MURAYAMA, Yusuke ; LOGOTHETIS, Nikos K.: Electric stimulation fMRI of the perforant pathway to the rat hippocampus: Proceedings of the International School on Magnetic Resonance and Brain Function, Proceedings of the International School on Magnetic Resonance and Brain Function. In: *Magnetic Resonance Imaging* (2008), Nr. 26, S. 978–986. – ISSN 0730-725X

[40] LONDON, Robert E. ; TONEY, Glen ; GABEL, Scott A. ; FUNK, Alex: Magnetic resonance imaging studies of the brains of anesthetized rats treated with manganese chloride. In: *Brain Research Bulletin* (1989), Nr. 23, S. 229–235. – ISSN 0361-9230

[41] PARKINSON, J. R. ; OWAIS, Chaudhri B. ; JIMMY, Bell D.: Imaging Appetite-Regulating Pathways in the Central Nervous System Using Manganese-Enhanced Magnetic Resonance Imaging. In: *Neuroendocrinology* (2008), Nr. 89 (2), S. 121–130

[42] WENG, Jun-Cheng ; CHEN, Jyh-Horng ; YANG, Pai-Feng ; TSENG, Wen-Yih I.: Functional mapping of rat barrel activation following whisker stimulation using activity-induced manganese-dependent contrast. In: *NeuroImage* (2007), Nr. 36, S. 1179–1188

[43] MANNINEN, O. H. ; AITTONIEMI, T. ; LIPPONEN, A. ; TANILA, H. ; GRÖHN, O.: Detection of olfaction induced activation in the brain after systemic manganese infusion. In: *Proc. Intl. Soc. Mag. Reson. Med.* (2008), Nr. 16, S. 2313

[44] PAUTLER, Robia G. ; KORETSKY, Alan P.: Tracing Odor-Induced Activation in the Olfactory Bulbs of Mice Using Manganese-Enhanced Magnetic Resonance Imaging. In: *NeuroImage* (2002), Nr. 16, S. 441–448

[45] CHUANG, Kai-Hsiang ; LEE, Jung H. ; SILVA, Afonso C. ; BELLUSCIO, Leonardo ; KORETSKY, Alan P.: Manganese enhanced MRI reveals functional circuitry in response to odorant stimuli. In: *NeuroImage* (2009), Nr. 44, S. 363–372

[46] KONDOH, Takashi ; YAMADA, Shuori ; SHIODA, Seiji ; TORII, Kunio: Central Olfactory Pathway in Response to Olfactory Stimulation in Rats Detected by Magnetic Resonance Imaging. In: *Chem. Senses* (2005), Nr. 30, S. 172–173

[47] CHUANG, Kai-Hsiang ; KORETSKY, Alan: Improved neuronal tract tracing using manganese enhanced magnetic resonance imaging with fast T1 mapping. In: *Magnetic Resonance in Medicine* (2006), Nr. 55, S. 604–611. – ISSN 1522-2594

[48] MAJEED, W. ; MAGNUSON, M. ; RESSLER, K. ; DAVIS, M. ; KEILHOLZ, S.: 3D Statistical Mapping of Odor Induced Differences in Manganese Uptake in the Mouse Olfactory System. In: *Proc. Intl. Soc. Mag. Reson. Med.* (2008), Nr. 16, S. 2315

[49] LOWE, A. ; THOMPSON, I. D. ; SIBSON, N. R.: Quantitative Manganese Tract Tracing: Concentration Dependence. In: *Proc. Intl. Soc. Mag. Reson. Med.* (2006), Nr. 14, S. 225

[50] LINDSEY, James D. ; SCADENG, Miriam ; DUBOWITZ, David J. ; CROWSTON, Jonathan G. ; WEINREB, Robert N.: Magnetic resonance imaging of the visual system in vivo: Transsynaptic illumination of V1 and V2 visual cortex. In: *NeuroImage* (2007), Nr. 34, S. 1619–1626

[51] BISSIG, David ; BERKOWITZ, Bruce A.: Manganese-enhanced MRI of layer-specific activity in the visual cortex from awake and free-moving rats. In: *NeuroImage* (2009), Nr. 44, S. 627–635

[52] BOCK, Nicholas A. ; KOCHARYAN, Ara ; SILVA, Afonso C.: Manganese-enhanced MRI visualizes V1 in the non-human primate visual cortex. In: *NMR in Biomedicine* (2009), Nr. 22, S. 730–736. – ISSN 1099-1492

[53] YU, Xin ; WADGHIRI, Youssef Z. ; SANES, Dan H. ; TURNBULL, Daniel H.: In vivo auditory brain mapping in mice with Mn-enhanced MRI. In: *Nature neuroscience* (2005), Nr. 8, S. 961–968. – ISSN 1097-6256

[54] YU, Xin ; ZOU, Jing ; BABB, James S. ; JOHNSON, Glyn ; SANES, Dan H. ; TURNBULL, Daniel H.: Statistical mapping of sound-evoked activity in the mouse auditory midbrain using Mn-enhanced MRI. In: *NeuroImage* (2008), Nr. 39, S. 223–230

[55] KUO, Yu-Ting ; HERLIHY, Amy H. ; SO, Po-Wah ; BELL, Jimmy D.: Manganese-enhanced magnetic resonance imaging (MEMRI) without compromise of the blood-brain barrier detects hypothalamic neuronal activity Iin vivo. In: *NMR in Biomedicine* (2006), Nr. 19, S. 1028–1034. – ISSN 1099-1492

Literaturverzeichnis

[56] ZEENI, N. ; NADKARNI, N. ; BELL, J. D. ; EVEN, P. C. ; FROMENTIN, G. ; TOME, D. ; DARCEL, N.: Peripherally injected cholecystokinin-induced neuronal activation is modified by dietary composition in mice. In: *NeuroImage* (2010), Nr. 50, S. 1560–1565. – ISSN 1095-9572

[57] LIN, Ching-Po ; WEDEEN, Jay van ; CHEN, Jyh-Horng ; YAO, Ching ; TSENG, Wen-Yih I.: Validation of diffusion spectrum magnetic resonance imaging with manganese-enhanced rat optic tracts and ex vivo phantoms. In: *NeuroImage* (2003), Nr. 19, S. 482–495

[58] PAXINOS, George ; WATSON, Charles: *The Rat Brain in Stereotaxic Coordinates*. Academic Press, 2007. – ISBN 0123741211

[59] JAROSZ, Patricia A. ; SEKHON, Phawanjit ; COSCINA, Donald V.: Effect of opioid antagonism on conditioned place preferences to snack foods. In: *Pharmacology, Biochemistry and Behavior* (2006), Nr. 83, S. 257–264

[60] JAROSZ, Patricia A. ; KESSLER, Justin T. ; SEKHON, Phawanjit ; COSCINA, Donald V.: Conditioned place preferences (CPPs) to high-caloric "snack foods" in rat strains genetically prone vs. resistant to diet-induced obesity: Resistance to natrexone blockade. In: *Pharmacology, Biochemistry and Behavior* (2007), Nr. 86, S. 699–704

[61] WARWICK, Zoe S. ; SCHIFFMAN, Susan S.: Role of dietary fat in calorie intake and weight gain. In: *Neuroscience & Biobehavioral Reviews* (1992), Nr. 16, S. 585–596

[62] LUCAS, F. ; SCLAFANI, A.: Hyperphagia in rats produced by a mixture of fat and sugar. In: *Physiology & behavior* (1990), Nr. 47 (1), S. 51–55. – ISSN 0031-9384

[63] REED, Danielle R. ; FRIEDMAN, Mark I.: Diet composition alters the acceptance of fat by rats. In: *Appetite* (1990), Nr. 14, S. 219–230

[64] WARWICK, Zoe S. ; SYNOWSKI, Stephen J.: Effect of food deprivation and maintenance diet composition on fat preference and acceptance in rats. In: *Physiology & Behavior* (1999), Nr. 68, S. 235–239

[65] LAUGERETTE, Fabienne ; PASSILLY-DEGRACE, Patricia ; PATRIS, Bruno ; NIOT, Isabelle ; FEBBRAIO, Maria ; MONTMAYEUR, Jean-Pierre ; BESNARD, Philippe: CD36 involvement in orosensory detection of dietary lipids, spontaneous fat preference, and digestive secretions. In: *Journal of Clinical Investigation* (2005), Nr. 115 (11), S. 3177–3184

[66] IMAIZUMI, Masahiro ; TAKEDA, Masami ; FUSHIKI, Tohru: Effects of oil intake in the conditioned place preference test in mice. In: *Brain Research* (2000), Nr. 870, S. 150–156

[67] ELIZALDE, Graciela ; SCLAFANI, Anthony: Fat Appetite in Rats: Flavor Preferences Conditioned by Nutritive and Non-nutritive Oil Emulsions. In: *Appetite* (1990), Nr. 15, S. 189–197

[68] ACKROFF, Karen ; SCLAFANI, Anthony: Energy density and macronutrient composition determine flavor preference conditioned by intragastric infusions of mixed diets. In: *Physiology & Behavior* (2006), Nr. 89 (2), S. 250–260

[69] WARWICK, Zoe S. ; SYNOWSKI, Stephen J. ; RICE, Karmeshia D. ; SMART, Andrew B.: Independent effects of diet palatability and fat content on bout size and daily intake in rats. In: *Physiology & Behavior* (2003), Nr. 80, S. 253–258

[70] WISE, Roy A.: Role of brain dopamine in food reward and reinforcement. In: *Philosophical transactions of the Royal Society of London. Series B, Biological sciences* (2006), Nr. 361 (1471), S. 1149–1158. – ISSN 0962–8436

[71] PRINCE, Diane M. ; WELSCHENBACH, MARILYN A.: Olestra: A New Food Additive. In: *Journal of the American Dietetic Association* (1998), Nr. 98, S. 565–569

[72] NUCK, Barbara A. ; SCHLAGHECK, Thomas G. ; FEDERLE, Thomas W.: Inability of the human fecal microflora to metabolize the nonabsorbable fat substitute, olestra. In: *Journal of Industrial Microbiology & Biotechnology* (1994), Nr. 13 (5), S. 328–334. – ISSN 1367–5435

[73] BEAUCHAMP, G. K. ; BERTINO, M.: Rats (Rattus norvegicus) do not prefer salted solid food. In: *Journal of comparative psychology (Washington, D.C. : 1983)* (1985), Nr. 99 (2), S. 240–247. – ISSN 0735–7036

[74] BERTINO, M. ; BEAUCHAMP, G. K.: The spontaneously hypertensive rat's preference for salted foods. In: *Physiology & behavior* (1988), Nr. 44 (3), S. 285–289. – ISSN 0031–9384

[75] COCORES, James A. ; GOLD, Mark S.: The Salted Food Addiction Hypothesis may explain overeating and the obesity epidemic. In: *Medical hypotheses* (2009), Nr. 73 (6), S. 892–899. – ISSN 1532–2777

[76] SOUCI, Siegfried W. ; FACHMANN, W. ; KRAUT, Heinrich: *Die Zusammensetzung der Lebensmittel, Nährwert-Tabellen: Food Composition and Nutrition Tables; La composition des aliments Tableaux des valeurs nutritives*. Wissenschaftliche Verlagsges., 2008. – ISBN 3804750389

[77] PRATS, E. ; MONFAR, M. ; CASTELLÀ, J. ; IGLESIAS, R. ; ALEMANY, M.: Energy intake of rats fed a cafeteria diet. In: *Physiology & Behavior* (1989), Nr. 45, S. 263–272

[78] KRISTEN BRUINSMA ; DOUGLAS L.TAREN: Chocolate: Food or Drug? In: *J Am Diet Assoc* (1999), Nr. 99 (10), S. 1249–1256. – ISSN 0002–8223

[79] ROGERS, Peter J. ; SMIT, Hendrik J.: Food Craving and Food "Addiction": A Critical Review of the Evidence From a Biopsychological Perspective. In: *Pharmacology, Biochemistry and Behavior* (2000), Nr. 66, S. 3–14

[80] MICHENER, Willa ; ROZIN, Paul: Pharmacological versus sensory factors in the satiation of chocolate craving. In: *Physiology & Behavior* (1994), Nr. 56, S. 419–422

[81] SMIT, Hendrik J.: Theobromine and the pharmacology of cocoa. In: *Handbook of experimental pharmacology* (2011), Nr. 200, S. 201–234. – ISSN 0171–2004

[82] KUO, Yu-Ting ; HERLIHY, Amy H. ; SO, Po-Wah ; BHAKOO, Kishore K. ; BELL, Jimmy D.: In vivo measurements of T1 relaxation times in mouse brain associated with different modes of systemic administration of manganese chloride. In: *Journal of magnetic resonance imaging : JMRI* (2005), Nr. 21 (4), S. 334–339. – ISSN 1053–1807

[83] SOUSA, Paulo L. ; SOUZA, Sandra L. ; SILVA, Afonso C. ; SOUZA, Ricardo E. ; CASTRO, Raul Manhaes d.: Manganese-enhanced magnetic resonance imaging (MEMRI) of rat brain after systemic administration of MnCl2: Changes in T1 relaxation times during postnatal development. In: *Journal of Magnetic Resonance Imaging* (2007), Nr. 25, S. 32–38. – ISSN 1522–2586

[84] CHEN, Wei ; TENNEY, Jeff ; KULKARNI, Praveen ; KING, Jean A.: Imaging unconditioned fear response with manganese-enhanced MRI (MEMRI). In: *NeuroImage* (2007), Nr. 37, S. 221–229

[85] GOZZI, A. ; SCHWARZ, A. ; CRESTAN, V. ; BIFONE, A.: Pharmacological Manganese-Enhanced MRI (phMEMRI) without osmotic breakdown of the Blood Brain Barrier. In: *Proc. Intl. Soc. Mag. Reson. Med.* (2008), Nr. 16, S. 2314

[86] TÉTRAULT, Samuel ; CHEVER, Oana ; SIK, Attila ; AMZICA, Florin: Opening of the blood-brain barrier during isoflurane anaesthesia. In: *The European journal of neuroscience* (2008), Nr. 28 (7), S. 1330–1341. – ISSN 1460–9568

[87] CHUANG, Kai-Hsiang ; KORETSKY, Alan P. ; SOTAK, Christopher H.: Temporal changes in the T1 and T2 relaxation rates (DeltaR1 and DeltaR2) in the rat brain are consistent with the tissue-clearance rates of elemental manganese. In: *Magnetic resonance in medicine : official journal of the Society of Magnetic Resonance in Medicine / Society of Magnetic Resonance in Medicine* (2009), Nr. 61, S. 1528–1532. – ISSN 1522–2594

[88] RISAU, Werner ; WOLBURG, Hartwig: Development of the blood-brain barrier. In: *Trends in Neurosciences* (1990), Nr. 13 (5), S. 174–178. – ISSN 0166–2236

[89] CAPMAS, P. ; SALOMON, L. J. ; PICONE, O. ; FUCHS, F. ; FRYDMAN, R. ; SENAT, M. V.: Using Z-scores to compare biometry data obtained during prenatal ultrasound screening by midwives and physicians. In: *Prenatal diagnosis* (2010), Nr. 30 (1), S. 40–42. – ISSN 1097–0223

[90] MIZUMURA, Sunao ; KUMITA, Shin-ichiro: Stereotactic statistical imaging analysis of the brain using the easy Z-score imaging system for sharing a normal database. In: *Radiation medicine* (2006), Nr. 24 (7), S. 545–552. – ISSN 0288–2043

[91] NEWCOMBE, F. ; RATCLIFF, G.: Handedness, speech lateralization and ability. In: *Neuropsychologia* (1973), Nr. 11 (4), S. 399–407. – ISSN 0028–3932

[92] GAO, Huanmin ; MEIZENG, Zhang: Asymmetry in the brain influenced the neurological deficits and infarction volume following the middle cerebral artery occlusion in rats. In: *Behav Brain Funct* (2008), Nr. 4 (57)

[93] CAPPER-LOUP, Christine ; KAELIN-LANG, Alain: Lateralization of dynorphin gene expression in the rat striatum. In: *Neuroscience Letters* (2008), Nr. 447, S. 106–108

[94] LISTER, James P. ; TONKISS, John ; BLATT, Gene J. ; KEMPER, Thomas L. ; DEBASSIO, William A. ; GALLER, Janina R. ; ROSENE, Douglas L.: Asymmetry of neuron numbers in the hippocampal formation of prenatally malnourished and normally nourished rats: A stereological investigation. In: *Hippocampus* (2006), Nr. 16, S. 946–958. – ISSN 1098–1063

[95] ESCHENKO, O. ; CANALS, S. ; SIMANOVA, I. ; BEYERLEIN, M. ; MURAYAMA, Y. ; LOGOTHETIS, N. K.: Mapping of functional brain activity in freely behaving rats during voluntary running using manganese-enhanced MRI: Implication for longitudinal studies. In: *NeuroImage* (2010), Nr. 49 (3), S. 2544–2555

[96] MENDOZA, J. ; ANGELES-CASTELLANOS, M. ; ESCOBAR, C.: Entrainment by a palatable meal induces food-anticipatory activity and c-Fos expression in reward-related areas of the brain. In: *Neuroscience* (2005), Nr. 133 (1), S. 293–303. – ISSN 0306–4522

[97] HSU, Cynthia T. ; PATTON, Danica F. ; MISTLBERGER, Ralph E. ; STEELE, Andrew D.: Palatable meal anticipation in mice. In: *PloS one* (2010), Nr. 5 (9), S. e12903. – ISSN 1932–6203

[98] ANGELES-CASTELLANOS, M. ; SALGADO-DELGADO, R. ; RODRÍGUEZ, K. ; BUIJS, R. M. ; ESCOBAR, C.: Expectancy for food or expectancy for chocolate reveals timing systems for metabolism and reward. In: *Neuroscience* (2008), Nr. 155 (1), S. 297–307. – ISSN 0306–4522

[99] KOVÁCS, Eva G. ; SZALAY, F. ; HALASY, Katalin: Fasting-induced changes of neuropeptide immunoreactivity in the lateral septum of male rats. In: *Acta biologica Hungarica* (2005), Nr. 56 (3-4), S. 185–197. – ISSN 0236–5383

[100] OLIVEIRA, L. A. ; GENTIL, C. G. ; COVIAN, M. R.: Role of the septal area in feeding behavior elicited by electrical stimulation of the lateral hypothalamus of the rat. In: *Brazilian journal of medical and biological research = Revista brasileira de pesquisas médicas e biológicas / Sociedade Brasileira de Biofísica ... [et al.]* 23 (1990), Nr. 23 (1), S. 49–58. – ISSN 0100–879X

[101] MARTIN, Jessica ; TIMOFEEVA, Elena: Intermittent access to sucrose increases sucrose-licking activity and attenuates restraint stress-induced activation of the lateral septum. In: *American journal of physiology. Regulatory, integrative and comparative physiology* (2010). – ISSN 1522–1490

[102] ANGELES-CASTELLANOS, M. ; MENDOZA, J. ; ESCOBAR, C.: Restricted feeding schedules phase shift daily rhythms of c-Fos and protein Per1 immunoreactivity in corticolimbic regions in rats. In: *Neuroscience* (2007), Nr. 144 (1), S. 344–355

[103] HARROLD, Joanne A. ; DOVEY, Terence ; CAI, Xue-Jun ; HALFORD, Jason C. G. ; PINKNEY, Jonathon: Autoradiographic analysis of ghrelin receptors in the rat hypothalamus. In: *Brain research* (2008), Nr. 1196, S. 59–64. – ISSN 0006–8993

[104] ZHU, Jing-Ning ; LI, Hong-Zhao ; DING, Yi ; WANG, Jian-Jun: Cerebellar modulation of feeding-related neurons in rat dorsomedial hypothalamic nucleus. In: *Journal of neuroscience research* (2006), Nr. 84 (7), S. 1597–1609. – ISSN 0360–4012

[105] KURAMOCHI, Motoki ; ONAKA, Tatsushi ; KOHNO, Daisuke ; KATO, Satoshi ; YADA, Toshihiko: Galanin-like peptide stimulates food intake via activation of neuropeptide Y neurons in the hypothalamic dorsomedial nucleus of the rat. In: *Endocrinology* 147 (2006), Nr. 147 (4), S. 1744–1752. – ISSN 0013–7227

[106] SWIERGIEL, A. H. ; PETERS, G.: Injection of noradrenaline into the hypothalamic paraventricular nucleus produces vigorous gnawing in satiated rats. In: *Life Sciences* (1987), Nr. 41, S. 2251–2254. – ISSN 0024–3205

[107] SWIERGIEL, Artur H. ; WIECZOREK, Marek: Noradrenaline-induced feeding responses in the rat do not depend on food characteristics. In: *Acta neurobiologiae experimentalis* (2008), Nr. 68 (3), S. 354–361. – ISSN 0065–1400

[108] CHANG, Chun-hui ; MAREN, Stephen: Strain difference in the effect of infralimbic cortex lesions on fear extinction in rats. In: *Behavioral neuroscience* (2010), Nr. 124 (3), S. 391–397. – ISSN 0735–7044

[109] VALDÉS, José L. ; MALDONADO, Pedro ; RECABARREN, Mónica ; FUENTES, Rómulo ; TORREALBA, Fernando: The infralimbic cortical area commands the

behavioral and vegetative arousal during appetitive behavior in the rat. In: *The European journal of neuroscience* (2006), Nr. 23 (5), S. 1352–1364. – ISSN 1460-9568

[110] BAILEY, E. F.: A tasty morsel: the role of the dorsal vagal complex in the regulation of food intake and swallowing. Focus on "BDNF/TrkB signaling interacts with GABAergic system to inhibit rhythmic swallowing in the rat," by Bariohay et al. In: *American journal of physiology. Regulatory, integrative and comparative physiology* (2008), Nr. 295, S. 1048–1049. – ISSN 1522–1490

[111] BERTHOUD, Hans-Rudolf: Multiple neural systems controlling food intake and body weight. In: *Neuroscience & Biobehavioral Reviews* (2002), Nr. 26, S. 393–428

[112] KELLEY, Ann E.: Ventral striatal control of appetitive motivation: role in ingestive behavior and reward-related learning. In: *Neuroscience and biobehavioral reviews* (2004), Nr. 27 (8), S. 765–776. – ISSN 0149–7634

[113] TURENIUS, Christine I. ; HTUT, Myat M. ; PRODON, Daniel A. ; EBERSOLE, Priscilla L. ; NGO, Phuong T. ; LARA, Raul N. ; WILCZYNSKI, Jennifer L. ; STANLEY, B. G.: GABA-A receptors in the lateral hypothalamus as mediators of satiety and body weight regulation. In: *Brain Research* (2009), Nr. 1262, S. 16–24

[114] SANI, Sepehr ; JOBE, Kirk ; SMITH, Adam ; KORDOWER, Jeffrey H. ; BAKAY, Roy A. E.: Deep brain stimulation for treatment of obesity in rats. In: *Journal of neurosurgery* (2007), Nr. 107 (4), S. 809–813. – ISSN 0022–3085

[115] CHEN, Jen-Yung ; DI LORENZO, Patricia M.: Responses to binary taste mixtures in the nucleus of the solitary tract: neural coding with firing rate. In: *Journal of neurophysiology* (2008), Nr. 99, S. 2144–2157. – ISSN 0022–3077

[116] FREDRIKSSON, Robert ; HÄGGLUND, Maria ; OLSZEWSKI, Pawel K. ; STEPHANSSON, Olga ; JACOBSSON, Josefin A. ; OLSZEWSKA, Agnieszka M. ; LEVINE, Allen S. ; LINDBLOM, Jonas ; SCHIÖTH, Helgi B.: The obesity gene, FTO, is of ancient origin, up-regulated during food deprivation and expressed in neurons of feeding-related nuclei of the brain. In: *Endocrinology* (2008), Nr. 149 (5), S. 2062–2071. – ISSN 0013–7227

[117] KOTZ, C. M. ; BILLINGTON, C. J. ; LEVINE, A. S.: Opioids in the nucleus of the solitary tract are involved in feeding in the rat. In: *The American journal of physiology* (1997), Nr. 272, S. R1028–32. – ISSN 0002–9513

[118] HYDE, T. M. ; MISELIS, R. R.: Effects of area postrema/caudal medial nucleus of solitary tract lesions on food intake and body weight. In: *The American journal of physiology* (1983), Nr. 244 (4), S. R577–87. – ISSN 0002–9513

Literaturverzeichnis

[119] SZILY, Erika ; KÉRI, Szabolcs: Emotion-related brain regions. In: *Ideggyógyászati szemle* (2008), Nr. 61 (3-4), S. 77–86. – ISSN 0019–1442

[120] WIRTSHAFTER, D.: The control of ingestive behavior by the median raphe nucleus. In: *Appetite* (2001), Nr. 36, S. 99–105. – ISSN 0195–6663

[121] PRZYDZIAL, Magdalena J. ; GARFIELD, Alastair S. ; LAM, Daniel D. ; MOORE, Stephen P. ; EVANS, Mark L. ; HEISLER, Lora K.: Nutritional state influences Nociceptin/Orphanin FQ peptide receptor expression in the dorsal raphe nucleus. In: *Behavioural brain research* (2010), Nr. 206 (2), S. 313–317. – ISSN 0166–4328

[122] ARORA, Sarika ; ANUBHUTI: Role of neuropeptides in appetite regulation and obesity–a review. In: *Neuropeptides* (2006), Nr. 40 (6), S. 375–401. – ISSN 0143–4179

[123] SMITH, Clayton A. ; COUNTRYMAN, Renee A. ; SAHUQUE, Lacey L. ; COLOMBO, Paul J.: Time-courses of Fos expression in rat hippocampus and neocortex following acquisition and recall of a socially transmitted food preference. In: *Neurobiology of learning and memory* (2007), Nr. 88 (1), S. 65–74. – ISSN 1095–9564

[124] BOIX-TRELIS, Núria ; VALE-MARTÍNEZ, Anna ; GUILLAZO-BLANCH, Gemma ; MARTÍ-NICOLOVIUS, Margarita: Muscarinic cholinergic receptor blockade in the rat prelimbic cortex impairs the social transmission of food preference. In: *Neurobiology of learning and memory* (2007), Nr. 87 (4), S. 659–668. – ISSN 1095–9564

[125] BOURET, Sebastien ; SARA, Susan J.: Reward expectation, orientation of attention and locus coeruleus-medial frontal cortex interplay during learning. In: *The European journal of neuroscience* (2004), Nr. 20 (3), S. 791–802. – ISSN 1460–9568

[126] TZSCHENTKE, T. M. ; SCHMIDT, W. J.: Discrete quinolinic acid lesions of the rat prelimbic medial prefrontal cortex affect cocaine- and MK-801-, but not morphine- and amphetamine-induced reward and psychomotor activation as measured with the place preference conditioning paradigm. In: *Behavioural brain research* (1998), Nr. 97 (1-2), S. 115–127. – ISSN 0166–4328

[127] SCHMIDT, E. D. ; VOORN, Pieter ; BINNEKADE, Rob ; SCHOFFELMEER, Anton N. M. ; VRIES, Taco J.: Differential involvement of the prelimbic cortex and striatum in conditioned heroin and sucrose seeking following long-term extinction. In: *The European journal of neuroscience* (2005), Nr. 22 (9), S. 2347–2356. – ISSN 1460–9568

[128] MIGUEL-HIDALGO, J. ; SHOYAMA, Y. ; WANZO, V.: Infusion of gliotoxins or a gap junction blocker in the prelimbic cortex increases alcohol preference in Wistar rats. In: *Journal of psychopharmacology (Oxford, England)* (2009), Nr. 23 (5), S. 550–557. – ISSN 0269–8811

Literaturverzeichnis

[129] MARTIN-FARDON, Rémi ; CICCOCIOPPO, Roberto ; AUJLA, Harinder ; WEISS, Friedbert: The dorsal subiculum mediates the acquisition of conditioned reinstatement of cocaine-seeking. In: *Neuropsychopharmacology : official publication of the American College of Neuropsychopharmacology* (2008), Nr. 33 (8), S. 1827–1834. – ISSN 1740–634X

[130] KNOPP, Andreas ; FRAHM, Christiane ; FIDZINSKI, Pawel ; WITTE, Otto W. ; BEHR, Joachim: Loss of GABAergic neurons in the subiculum and its functional implications in temporal lobe epilepsy. In: *Brain : a journal of neurology* (2008), Nr. 131 (6), S. 1516–1527. – ISSN 1460–2156

[131] RIEGERT, C. ; GALANI, R. ; HEILIG, S. ; LAZARUS, C. ; COSQUER, B. ; CASSEL, J-C: Electrolytic lesions of the ventral subiculum weakly alter spatial memory but potentiate amphetamine-induced locomotion. In: *Behavioural brain research* (2004), Nr. 152 (1), S. 23–34. – ISSN 0166–4328

[132] IKEMOTO, Satoshi: Dopamine reward circuitry: Two projection systems from the ventral midbrain to the nucleus accumbens-olfactory tubercle complex. In: *Brain Research Reviews* (2007), Nr. 56, S. 27–78

[133] ZAHM, Daniel S. ; BECKER, Mary L. ; FREIMAN, Alexander J. ; STRAUCH, Sara ; DEGARMO, Beth ; GEISLER, Stefanie ; MEREDITH, Gloria E. ; MARINELLI, Michela: Fos after single and repeated self-administration of cocaine and saline in the rat: emphasis on the Basal forebrain and recalibration of expression. In: *Neuropsychopharmacology : official publication of the American College of Neuropsychopharmacology* (2010), Nr. 35 (2), S. 445–463. – ISSN 1740–634X

[134] BERRIDGE, Kent C.: Food reward: Brain substrates of wanting and liking. In: *Neuroscience & Biobehavioral Reviews* (1996), Nr. 20, S. 1–25

[135] ROOT, David H. ; FABBRICATORE, Anthony T. ; MA, Sisi ; BARKER, David J. ; WEST, Mark O.: Rapid phasic activity of ventral pallidal neurons during cocaine self-administration. In: *Synapse (New York, N.Y.)* (2010), Nr. 64 (9), S. 704–713. – ISSN 1098–2396

[136] HABER, Suzanne N. ; KNUTSON, Brian: The reward circuit: linking primate anatomy and human imaging. In: *Neuropsychopharmacology : official publication of the American College of Neuropsychopharmacology* (2010), Nr. 35 (1), S. 4–26. – ISSN 1740–634X

[137] THAM, Wendy W. P. ; STEVENSON, Richard J. ; MILLER, Laurie A.: The functional role of the medio dorsal thalamic nucleus in olfaction. In: *Brain Research Reviews* (2009), Nr. 62, S. 109–126

[138] HILLMAN, Kristin L. ; BILKEY, David K.: Neurons in the rat anterior cingulate cortex dynamically encode cost-benefit in a spatial decision-making task. In:

The Journal of neuroscience : the official journal of the Society for Neuroscience (2010), Nr. 30 (22), S. 7705–7713. – ISSN 1529–2401

[139] OYAMA, Kei ; HERNÁDI, István ; IIJIMA, Toshio ; TSUTSUI, Ken-Ichiro: Reward prediction error coding in dorsal striatal neurons. In: *The Journal of neuroscience : the official journal of the Society for Neuroscience* (2010), Nr. 30 (34), S. 11447–11457. – ISSN 1529–2401

[140] LANSINK, Carien S. ; GOLTSTEIN, Pieter M. ; LANKELMA, Jan V. ; PENNARTZ, Cyriel M. A.: Fast-spiking interneurons of the rat ventral striatum: temporal coordination of activity with principal cells and responsiveness to reward. In: *The European journal of neuroscience* (2010), Nr. 32 (3), S. 494–508. – ISSN 1460–9568

[141] LI, Xia ; LI, Jie ; GARDNER, Eliot L. ; XI, Zheng-Xiong: Activation of mGluR7s inhibits cocaine-induced reinstatement of drug-seeking behavior by a nucleus accumbens glutamate-mGluR2/3 mechanism in rats. In: *Journal of neurochemistry* (2010), Nr. 114 (5), S. 1368–1380. – ISSN 1471–4159

[142] YEFET, Keren ; MERHAV, Maayan ; KUULMANN-VANDER, Shelly ; ELKOBI, Alina ; BELELOVSKY, Katya ; JACOBSON-PICK, Shlomit ; MEIRI, Noam ; ROSENBLUM, Kobi: Different signal transduction cascades are activated simultaneously in the rat insular cortex and hippocampus following novel taste learning. In: *The European journal of neuroscience* (2006), Nr. 24 (5), S. 1434–1442. – ISSN 1460–9568

[143] NAQVI, Nasir H. ; BECHARA, Antoine: The hidden island of addiction: the insula. In: *Trends in Neurosciences* (2009), Nr. 32, S. 56–67. – ISSN 0166–2236

[144] TAKANO, Yuji ; TANAKA, Tomoko ; TAKANO, Haruka ; HIRONAKA, Naoyuki: Hippocampal theta rhythm and drug-related reward-seeking behavior: an analysis of cocaine-induced conditioned place preference in rats. In: *Brain research* (2010), Nr. 1342, S. 94–103. – ISSN 0006–8993

[145] DUUREN, Esther van ; PLASSE, Geoffrey van d. ; LANKELMA, Jan ; JOOSTEN, Ruud N. J. M. A. ; FEENSTRA, Matthijs G. P. ; PENNARTZ, Cyriel M. A.: Single-cell and population coding of expected reward probability in the orbitofrontal cortex of the rat. In: *The Journal of neuroscience : the official journal of the Society for Neuroscience* (2009), Nr. 29 (28), S. 8965–8976. – ISSN 1529–2401

[146] WINSTANLEY, Catharine A. ; OLAUSSON, Peter ; TAYLOR, Jane R. ; JENTSCH, J. D.: Insight into the relationship between impulsivity and substance abuse from studies using animal models. In: *Alcoholism, clinical and experimental research* (2010), Nr. 34 (8), S. 1306–1318. – ISSN 1530–0277

[147] DENBLEYKER, M. ; NICKLOUS, D. M. ; WAGNER, P. J. ; WARD, H. G. ; SIMANSKY, K. J.: Activating mu-opioid receptors in the lateral parabrachial nucleus increases c-Fos expression in forebrain areas associated with caloric regulation, reward and cognition. In: *Neuroscience* (2009), Nr. 162 (2), S. 224–233. – ISSN 0306-4522

[148] DAVERN, Pamela J. ; MCKINLEY, Michael J.: Forebrain regions affected by lateral parabrachial nucleus serotonergic mechanisms that influence sodium appetite. In: *Brain research* (2010), Nr. 1339, S. 41–48. – ISSN 0006-8993

[149] BIASI, Mariella de ; SALAS, Ramiro: Influence of neuronal nicotinic receptors over nicotine addiction and withdrawal. In: *Experimental biology and medicine (Maywood, N.J.)* (2008), Nr. 233 (8), S. 917–929. – ISSN 1535-3702

[150] TARASCHENKO, Olga D. ; RUBBINACCIO, Heather Y. ; SHULAN, Joseph M. ; GLICK, Stanley D. ; MAISONNEUVE, Isabelle M.: Morphine-induced changes in acetylcholine release in the interpeduncular nucleus and relationship to changes in motor behavior in rats. In: *Neuropharmacology* (2007), Nr. 53 (1), S. 18–26. – ISSN 0028-3908

[151] CHEN, Billy T. ; HOPF, F. W. ; BONCI, Antonello: Synaptic plasticity in the mesolimbic system: therapeutic implications for substance abuse. In: *Annals of the New York Academy of Sciences* (2010), Nr. 1187, S. 129–139. – ISSN 1749-6632

[152] BACKES, E. N. ; HEMBY, S. E.: Contribution of ventral tegmental GABA receptors to cocaine self-administration in rats. In: *Neurochemical research* (2008), Nr. 33 (3), S. 459–467. – ISSN 0364-3190

[153] LU, Lin ; WANG, Xi ; WU, Ping ; XU, Chunmei ; ZHAO, Mei ; MORALES, Marisela ; HARVEY, Brandon K. ; HOFFER, Barry J. ; SHAHAM, Yavin: Role of ventral tegmental area glial cell line-derived neurotrophic factor in incubation of cocaine craving. In: *Biological psychiatry* (2009), Nr. 66 (2), S. 137–145. – ISSN 1873-2402

[154] WEBB, Ian C. ; BALTAZAR, Ricardo M. ; LEHMAN, Michael N. ; COOLEN, Lique M.: Bidirectional interactions between the circadian and reward systems: is restricted food access a unique zeitgeber? In: *The European journal of neuroscience* (2009), Nr. 30 (9), S. 1739–1748. – ISSN 1460-9568

[155] FREEMAN, W. M. ; BREBNER, K. ; AMARA, S. G. ; REED, M. S. ; POHL, J. ; PHILLIPS, A. G.: Distinct proteomic profiles of amphetamine self-administration transitional states. In: *The pharmacogenomics journal* (2005), Nr. 5 (3), S. 203–214. – ISSN 1470-269X

Literaturverzeichnis

[156] TURNER, Michael S. ; GRAY, Thackery S. ; MICKIEWICZ, Amanda L. ; NAPIER, T. C.: Fos expression following activation of the ventral pallidum in normal rats and in a model of Parkinson's Disease: implications for limbic system and basal ganglia interactions. In: *Brain structure & function* (2008), Nr. 213 (1-2), S. 197–213. – ISSN 1863–2653

[157] O'MARA, Shane: The subiculum: what it does, what it might do, and what neuroanatomy has yet to tell us. In: *Journal of anatomy* (2005), Nr. 207 (3), S. 271–282. – ISSN 0021–8782

[158] BJÖRK, Karl ; SJÖGREN, Benita ; SVENNINGSSON, Per: Regulation of serotonin receptor function in the nervous system by lipid rafts and adaptor proteins. In: *Experimental cell research* (2010), Nr. 316 (8), S. 1351–1356. – ISSN 1090–2422

[159] MICHELSEN, Kimmo A. ; PRICKAERTS, Jos ; STEINBUSCH, Harry W. M.: The dorsal raphe nucleus and serotonin: implications for neuroplasticity linked to major depression and Alzheimer's disease. In: *Progress in brain research* (2008), Nr. 172, S. 233–264. – ISSN 0079–6123

[160] CHASE, Michael H.: Confirmation of the consensus that glycinergic postsynaptic inhibition is responsible for the atonia of REM sleep. In: *Sleep* (2008), Nr. 31 (11), S. 1487–1491. – ISSN 0161–8105

[161] LUPPI, Pierre-Hervé ; GERVASONI, Damien ; VERRET, Laure ; GOUTAGNY, Romain ; PEYRON, Christelle ; SALVERT, Denise ; LEGER, Lucienne ; FORT, Patrice: Paradoxical (REM) sleep genesis: the switch from an aminergic-cholinergic to a GABAergic-glutamatergic hypothesis. In: *Journal of physiology, Paris* (2006), Nr. 100 (5-6), S. 271–283. – ISSN 0928–4257

[162] SASAKI, Shigeto ; YOSHIMURA, Kazuya ; NAITO, Kimisato: The neural control of orienting: role of multiple-branching reticulospinal neurons. In: *Progress in brain research* (2004), S. 143 (383–389). – ISSN 0079–6123

[163] KOHYAMA, J. ; SHIMOHIRA, M. ; IWAKAWA, Y.: Brainstem control of phasic muscle activity during REM sleep: a review and hypothesis. In: *Brain & development* (1994), Nr. 16 (2), S. 81–91. – ISSN 0387–7604

[164] RAMOS, J. M. ; CASTILLO, M. E. ; PUERTO, A.: Salivatory neurons in the brainstem nucleus parvocellularis of the rat: effects of electrolytic lesions. In: *Brain research bulletin* (1988), Nr. 21 (4), S. 547–555. – ISSN 0361–9230

[165] ISHIKAWA, T. ; YANG, H. ; TACHÉ, Y.: Microinjection of bombesin into the ventrolateral reticular formation inhibits peripherally stimulated gastric acid secretion through spinal pathways in rats. In: *Brain research* (2001), Nr. 918 (1-2), S. 1–9. – ISSN 0006–8993

[166] BOCKSTAELE, E. J. ; ASTON-JONES, G.: Integration in the ventral medulla and coordination of sympathetic, pain and arousal functions. In: *Clinical and experimental hypertension (New York, N.Y. : 1993)* (1995), Nr. 17 (1-2), S. 153–165. – ISSN 1064–1963

[167] DERGACHEVA, Olga ; WANG, Xin ; LOVETT-BARR, Mary R. ; JAMESON, Heather ; MENDELOWITZ, David: The lateral paragigantocellular nucleus modulates parasympathetic cardiac neurons; a mechanism for rapid eye movement sleep-dependent changes in heart rate. In: *Journal of neurophysiology* (2010). – ISSN 1522–1598

[168] REINOSO SUÁREZ, Fernando: Modulation by the GABA of the ventro-oral-pontine reticular REM sleep-inducing neurons. In: *Anales de la Real Academia Nacional de Medicina* (2007), Nr. 124 (2), S. 397–413. – ISSN 0034–0634

[169] HARRIS, Cameron D.: Neurophysiology of sleep and wakefulness. In: *Respiratory care clinics of North America* (2005), Nr. 11 (4), S. 567–586. – ISSN 1078–5337

[170] MONTI, Jaime M. ; MONTI, Daniel: The involvement of dopamine in the modulation of sleep and waking. In: *Sleep medicine reviews* (2007), Nr. 11 (2), S. 113–133. – ISSN 1087–0792

[171] BJORVATN, B. ; URSIN, R.: Changes in sleep and wakefulness following 5-HT1A ligands given systemically and locally in different brain regions. In: *Reviews in the neurosciences* (1998), Nr. 9 (4), S. 265–273. – ISSN 0334–1763

[172] JONES, B. E.: Paradoxical sleep and its chemical/structural substrates in the brain. In: *Neuroscience* (1991), Nr. 40 (3), S. 637–656. – ISSN 0306–4522

[173] PRICHARD, J. R. ; ARMACANQUI, Hilda S. ; BENCA, Ruth M. ; BEHAN, Mary: Light-dependent retinal innervation of the rat superior colliculus. In: *Anatomical record (Hoboken, N.J. : 2007)* (2007), Nr. 290 (3), S. 341–348. – ISSN 1932–8486

[174] KLOOSTER, J. ; VRENSEN, G. F. ; MÜLLER, L. J. ; WANT, J. J. d.: Efferent projections of the olivary pretectal nucleus in the albino rat subserving the pupillary light reflex and related reflexes. A light microscopic tracing study. In: *Brain research* (1995), Nr. 688 (1-2), S. 34–46. – ISSN 0006–8993

[175] STEININGER, Teresa L. ; KILDUFF, Thomas S. ; BEHAN, Mary ; BENCA, Ruth M. ; LANDRY, Charles F.: Comparison of hypocretin/orexin and melanin-concentrating hormone neurons and axonal projections in the embryonic and postnatal rat brain. In: *Journal of chemical neuroanatomy* (2004), Nr. 27 (3), S. 165–181. – ISSN 1873–6300

[176] LÉGER, Lucienne ; SAPIN, Emilie ; GOUTAGNY, Romain ; PEYRON, Christelle ; SALVERT, Denise ; FORT, Patrice ; LUPPI, Pierre-Hervé: Dopaminergic neurons

expressing Fos during waking and paradoxical sleep in the rat. In: *Journal of chemical neuroanatomy* (2010), Nr. 39 (4), S. 262–271. – ISSN 1873–6300

[177] REEP, Roger L. ; CORWIN, James V.: Posterior parietal cortex as part of a neural network for directed attention in rats. In: *Neurobiology of learning and memory* (2009), Nr. 91 (2), S. 104–113. – ISSN 1095–9564

[178] SANTIS, Stratos ; KASTELLAKIS, Andreas ; KOTZAMANI, Dimitra ; PITAROKOILI, Kalliopi ; KOKONA, Despoina ; THERMOS, Kyriaki: Somatostatin increases rat locomotor activity by activating sst(2) and sst (4) receptors in the striatum and via glutamatergic involvement. In: *Naunyn-Schmiedeberg's archives of pharmacology* (2009), Nr. 379 (2), S. 181–189. – ISSN 0028–1298

[179] GROEN, Thomas van ; KADISH, Inga ; WYSS, J. M.: The role of the laterodorsal nucleus of the thalamus in spatial learning and memory in the rat. In: *Behavioural brain research* (2002), Nr. 136 (2), S. 329–337. – ISSN 0166–4328

[180] FURTAK, Sharon C. ; WEI, Shau-Ming ; AGSTER, Kara L. ; BURWELL, Rebecca D.: Functional neuroanatomy of the parahippocampal region in the rat: the perirhinal and postrhinal cortices. In: *Hippocampus* (2007), Nr. 17 (9), S. 709–722. – ISSN 1050–9631

[181] CIPOLOTTI, L. ; HUSAIN, M. ; CRINION, J. ; BIRD, C. M. ; KHAN, S. S. ; LOSSEFF, N. ; HOWARD, R. S. ; LEFF, A. P.: The role of the thalamus in amnesia: a tractography, high-resolution MRI and neuropsychological study. In: *Neuropsychologia* (2008), Nr. 46 (11), S. 2745–2758. – ISSN 0028–3932

[182] GUILLAUMIN, S. ; DAHHAOUI, M. ; CASTON, J.: Cerebellum and memory: an experimental study in the rat using a passive avoidance conditioning test. In: *Physiology & behavior* (1991), Nr. 49 (3), S. 507–511. – ISSN 0031–9384

[183] SHIBATA, H.: Organization of retrosplenial cortical projections to the laterodorsal thalamic nucleus in the rat. In: *Neuroscience research* (2000), Nr. 38 (3), S. 303–311. – ISSN 0168–0102

[184] WARBURTON, E. C. ; BAIRD, A. L. ; AGGLETON, J. P.: Assessing the magnitude of the allocentric spatial deficit associated with complete loss of the anterior thalamic nuclei in rats. In: *Behavioural brain research* (1997), Nr. 87 (2), S. 223–232. – ISSN 0166–4328

[185] LANGLAIS, P. J. ; SAVAGE, L. M.: Thiamine deficiency in rats produces cognitive and memory deficits on spatial tasks that correlate with tissue loss in diencephalon, cortex and white matter. In: *Behavioural brain research* (1995), Nr. 68 (1), S. 75–89. – ISSN 0166–4328

[186] DUPREZ, Thierry P. ; SERIEH, Basel A. ; RAFTOPOULOS, Christian: Absence of memory dysfunction after bilateral mammillary body and mammillothalamic

tract electrode implantation: preliminary experience in three patients. In: *AJNR. American journal of neuroradiology* (2005), Nr. 26 (1), S. 195–7; author reply 197–8. – ISSN 0195–6108

[187] VANN, Seralynne D. ; ERICHSEN, Jonathan T. ; O'MARA, Shane M. ; AGGLETON, John P.: Selective disconnection of the hippocampal formation projections to the mammillary bodies produces only mild deficits on spatial memory tasks: Implications for fornix function. In: *Hippocampus* (2010). – ISSN 1098–1063

[188] WILSON, Donald A. ; YAN, Xiaodan: Sleep-like states modulate functional connectivity in the rat olfactory system. In: *Journal of neurophysiology* (2010). – ISSN 1522–1598

[189] MATSUTANI, S.: Trajectory and terminal distribution of single centrifugal axons from olfactory cortical areas in the rat olfactory bulb. In: *Neuroscience* (2010), Nr. 169 (1), S. 436–448. – ISSN 0306–4522

[190] JOLKKONEN, E. ; MIETTINEN, R. ; PITKÄNEN, A.: Projections from the amygdalo-piriform transition area to the amygdaloid complex: a PHA-l study in rat. In: *The Journal of comparative neurology* (2001), Nr. 432 (4), S. 440–465. – ISSN 0021–9967

[191] MIYAMICHI, Kazunari ; AMAT, Fernando ; MOUSSAVI, Farshid ; WANG, Chen ; WICKERSHAM, Ian ; WALL, Nicholas R. ; TANIGUCHI, Hiroki ; TASIC, Bosiljka ; HUANG, Z. J. ; HE, Zhigang ; CALLAWAY, Edward M. ; HOROWITZ, Mark A. ; LUO, Liqun: Cortical representations of olfactory input by trans-synaptic tracing. In: *Nature* (2010). – ISSN 00280836

[192] MOORE, R. Y. ; WEIS, R. ; MOGA, M. M.: Efferent projections of the intergeniculate leaflet and the ventral lateral geniculate nucleus in the rat. In: *The Journal of comparative neurology* (2000), Nr. 420 (3), S. 398–418. – ISSN 0021–9967

[193] BORN, Gesche ; SCHMIDT, Matthias: A reciprocal connection between the ventral lateral geniculate nucleus and the pretectal nuclear complex and the superior colliculus: an in vitro characterization in the rat. In: *Visual neuroscience* (2008), Nr. 25 (1), S. 39–51. – ISSN 0952–5238

[194] WATANABE, T. ; MICHAELIS, T. ; FRAHM, J.: Mapping of retinal projections in the living rat using high-resolution 3D gradient-echo MRI with Mn2+-induced contrast. In: *Magnetic resonance in medicine : official journal of the Society of Magnetic Resonance in Medicine / Society of Magnetic Resonance in Medicine* (2001), Nr. 46, S. 424–429. – ISSN 1522–2594

[195] HAGER, Audrey M. ; DRINGENBERG, Hans C.: Assessment of different induction protocols to elicit long-term depression (LTD) in the rat visual cortex in vivo. In: *Brain research* (2010), Nr. 1318, S. 33–41. – ISSN 0006–8993

[196] RASMUSSON, D. D. ; SMITH, S. A. ; SEMBA, K.: Inactivation of prefrontal cortex abolishes cortical acetylcholine release evoked by sensory or sensory pathway stimulation in the rat. In: *Neuroscience* (2007), Nr. 149 (1), S. 232–241. – ISSN 0306–4522

[197] DAHL, Christoph D. ; LOGOTHETIS, Nikos K. ; KAYSER, Christoph: Spatial organization of multisensory responses in temporal association cortex. In: *The Journal of neuroscience : the official journal of the Society for Neuroscience* (2009), Nr. 29 (38), S. 11924–11932. – ISSN 1529–2401

[198] SIA, Y. ; BOURNE, J. A.: The rat temporal association cortical area 2 (Te2) comprises two subdivisions that are visually responsive and develop independently. In: *Neuroscience* (2008), Nr. 156 (1), S. 118–128. – ISSN 0306–4522

[199] MALMIERCA, Manuel S.: The structure and physiology of the rat auditory system: an overview. In: *International review of neurobiology* (2003), Nr. 56, S. 147–211. – ISSN 0074–7742

[200] RINNE, Teemu ; STECKER, G. C. ; KANG, Xiaojian ; YUND, E. W. ; HERRON, Timothy J. ; WOODS, David L.: Attention modulates sound processing in human auditory cortex but not the inferior colliculus. In: *Neuroreport* (2007), Nr. 18 (13), S. 1311–1314. – ISSN 1473–558X

[201] MONCONDUIT, L. ; BOURGEAIS, L. ; BERNARD, J. F. ; LE BARS, D. ; VILLANUEVA, L.: Ventromedial thalamic neurons convey nociceptive signals from the whole body surface to the dorsolateral neocortex. In: *The Journal of neuroscience : the official journal of the Society for Neuroscience* (1999), Nr. 19 (20), S. 9063–9072. – ISSN 1529–2401

[202] MONCONDUIT, Lénaïc ; VILLANUEVA, Luis: The lateral ventromedial thalamic nucleus spreads nociceptive signals from the whole body surface to layer I of the frontal cortex. In: *The European journal of neuroscience* (2005), Nr. 21 (12), S. 3395–3402. – ISSN 1460–9568

[203] KLOCKGETHER, T. ; TURSKI, L. ; SCHWARZ, M. ; SONTAG, K. H.: Motor actions of excitatory amino acids and their antagonists within the rat ventromedial thalamic nucleus. In: *Brain research* (1986), Nr. 399 (1), S. 1–9. – ISSN 0006–8993

[204] LI, A. H. ; HWANG, H. M. ; TAN, P. P. ; WU, T. ; WANG, H. L.: Neurotensin excites periaqueductal gray neurons projecting to the rostral ventromedial medulla. In: *Journal of neurophysiology* (2001), Nr. 85 (4), S. 1479–1488. – ISSN 0022–3077

[205] EIPPERT, Falk ; BINGEL, Ulrike ; SCHOELL, Eszter ; YACUBIAN, Juliana ; BÜCHEL, Christian: Blockade of endogenous opioid neurotransmission enhances acquisition of conditioned fear in humans. In: *The Journal of neuroscience : the*

official journal of the Society for Neuroscience (2008), Nr. 28 (21), S. 5465–5472. – ISSN 1529–2401

[206] SEWARDS, Terence V. ; SEWARDS, Mark: Separate, parallel sensory and hedonic pathways in the mammalian somatosensory system. In: *Brain research bulletin* (2002), Nr. 58 (3), S. 243–260. – ISSN 0361–9230

[207] CRICK, Francis C. ; KOCH, Christof: What is the function of the claustrum? In: *Philosophical transactions of the Royal Society of London. Series B, Biological sciences* (2005), Nr. 360, S. 1271–1279. – ISSN 0962–8436

[208] REFINETTI, R. ; CARLISLE, H. J.: Effects of anterior and posterior hypothalamic temperature changes on thermoregulation in the rat. In: *Physiology & behavior* (1986), Nr. 36 (6), S. 1099–1103. – ISSN 0031–9384

[209] TAKAHASHI, Lorey K. ; CHAN, Megan M. ; PILAR, Mark L.: Predator odor fear conditioning: current perspectives and new directions. In: *Neuroscience and biobehavioral reviews* (2008), Nr. 32 (7), S. 1218–1227. – ISSN 0149–7634

[210] ALLEN, L. F. ; INGLIS, W. L. ; WINN, P.: Is the cuneiform nucleus a critical component of the mesencephalic locomotor region? An examination of the effects of excitotoxic lesions of the cuneiform nucleus on spontaneous and nucleus accumbens induced locomotion. In: *Brain research bulletin* (1996), Nr. 41 (4), S. 201–210. – ISSN 0361–9230

[211] SATOH, Yoshihide ; ISHIZUKA, Ken'Ichi ; MURAKAMI, Toshiki: Facilitation of the jaw reflexes by stimulation of the red nucleus in the rat. In: *Brain research* (2003), Nr. 978 (1-2), S. 51–58. – ISSN 0006–8993

[212] WHISHAW, I. Q. ; GORNY, B. ; SARNA, J.: Paw and limb use in skilled and spontaneous reaching after pyramidal tract, red nucleus and combined lesions in the rat: behavioral and anatomical dissociations. In: *Behavioural brain research* (1998), Nr. 93 (1-2), S. 167–183. – ISSN 0166–4328

[213] JARRATT, H. ; HYLAND, B.: Neuronal activity in rat red nucleus during forelimb reach-to-grasp movements. In: *Neuroscience* (1999), Nr. 88 (2), S. 629–642. – ISSN 0306–4522

[214] WHISHAW, I. Q. ; GORNY, B.: Does the red nucleus provide the tonic support against which fractionated movements occur? A study on forepaw movements used in skilled reaching by the rat. In: *Behavioural brain research* (1996), Nr. 74 (1-2), S. 79–90. – ISSN 0166–4328

[215] ZHANG, Jingdong ; PENDLEBURY, William W. ; LUO, Pifu: Synaptic organization of monosynaptic connections from mesencephalic trigeminal nucleus neurons to hypoglossal motoneurons in the rat. In: *Synapse (New York, N.Y.)* (2003), Nr. 49 (3), S. 157–169. – ISSN 1098–2396

[216] TORREALBA, Fernando ; VALDÉS, José L.: The parietal association cortex of the rat. In: *Biological research* (2008), Nr. 41 (4), S. 369–377. – ISSN 0717–6287

[217] SWITHERS, S. E. ; DOERFLINGER, A. ; DAVIDSON, T. L.: Consistent relationships between sensory properties of savory snack foods and calories influence food intake in rats. In: *International journal of obesity (2005)* (2006), Nr. 30 (11), S. 1685–1692. – ISSN 0307–0565

[218] Foto von Tobias Hoch auf dem Buchcover: Glasow Fotografie, Erlangen.

Die VDM Verlagsservicegesellschaft sucht für wissenschaftliche Verlage abgeschlossene und herausragende

Dissertationen, Habilitationen, Diplomarbeiten, Master Theses, Magisterarbeiten usw.

für die kostenlose Publikation als Fachbuch.

Sie verfügen über eine Arbeit, die hohen inhaltlichen und formalen Ansprüchen genügt, und haben Interesse an einer honorarvergüteten Publikation?

Dann senden Sie bitte erste Informationen über sich und Ihre Arbeit per Email an *info@vdm-vsg.de*.

Sie erhalten kurzfristig unser Feedback!

VDM Verlagsservicegesellschaft mbH
Dudweiler Landstr. 99   Telefon +49 681 3720 174
D - 66123 Saarbrücken   Fax   +49 681 3720 1749
www.vdm-vsg.de

Die VDM Verlagsservicegesellschaft mbH vertritt

Printed by Books on Demand GmbH, Norderstedt / Germany